环境科学基础

主　编　郝鹏鹏
参　编　乔　玮　　任冬梅

知识产权出版社
全国百佳图书出版单位

内容提要

  本书面向高等学校环境科学与工程及相关专业，为环境科学基础课程的学习用书，包括了环境科学与环境工程学的基本内容，指明了当今环境问题的严重性及环境治理的紧迫性。系统全面地介绍了环境污染问题中的大气污染与防治、水污染与防治、固体废弃物污染与防治、环境物理性污染与防治、环境监测、环境质量评价、环境保护与可持续发展等问题。本书在编写过程中，参考了大量国内外文献资料，注意吸收了新的内容。

责任编辑：国晓健

图书在版编目（CIP）数据

环境科学基础/郝鹏鹏主编．—北京：知识产权出版社，2012.10

ISBN 978-7-5130-1462-5

Ⅰ．①环⋯　Ⅱ．①郝⋯　Ⅲ．①环境科学—高等学校—教材　Ⅳ．①X

中国版本图书馆 CIP 数据核字（2012）第 195486 号

环境科学基础

HUANJING KEXUE JICHU

主　编　郝鹏鹏

参　编　乔　玮　任冬梅

出版发行：知识产权出版社			
社　　址：北京海淀区马甸南村 1 号		邮　　编：100088	
网　　址：http://www.ipph.cn		邮　　箱：bjb@cnipr.com	
发行电话：010-82000860 转 8101/8102		传　　真：010-82005070/82000893	
责编电话：010-82000860 转 8325		责编邮箱：guoxiaojian@cnipr.com	
印　　刷：北京中献拓方科技发展有限公司		经　　销：新华书店及相关销售网点	
开　　本：787 mm×1 092 mm　1/16		印　　张：18	
版　　次：2012 年 10 月第 1 版		印　　次：2012 年 10 月第 1 次印刷	
字　　数：372 千字		定　　价：49.00 元	

ISBN 978-7-5130-1462-5/X·018（4334）

前　言

　　进入 21 世纪以来，科学技术日新月异，世界经济迅猛发展，人类社会不断前进。与此同时，世界人口剧增，人类的生产和生活活动给地球生态系统带来了巨大压力。人类活动消耗了无穷的资源，排放了大量的污染物，造成了大气、水体、土壤的严重污染，导致了生态系统的破坏与退化，引发了温室效应、酸雨、臭氧层耗损等全球性环境问题。在当今世界，已有的环境问题尚未解决，新的环境问题又不断产生。

　　环境是人类生存和发展的基本前提。环境为我们的生存和发展提供了必需的资源和条件。随着社会经济的发展，环境问题已经作为一个不可回避的重要问题提上了各国政府的议事日程。保护环境，减轻环境污染，遏制生态恶化趋势，已经成为社会管理的重要任务。对于我们国家，保护环境是我国的一项基本国策。解决全国突出的环境问题，促进经济、社会与环境的协调发展和实施可持续发展战略，是政府面临的重要而又艰巨的任务。为了解决环境问题，我们不仅要进行末端治理，更要注意源头预防。

　　在此新形势下，环境科学技术也在不断发展进步，现代环境生物技术的发展、先进环境分析技术的应用以及循环经济、清洁生产、生态工业园等可持续发展思想理论的实践等，给环境科学注入了新的活力，促进了环境科学的快速发展。

　　目前，已有越来越多的高等学校开设了环境科学或环境工程专业。作为一名环境保护工作者，需要对环境科学、环境工程学、环境管理学、环境法学等知识进行全面的了解和掌握。本书面向高等学校环境科学与工程及相关专业，为环境科学基础课程的学习用书。本书系统地介绍了环境科学的基本知识，阐述了环境污染控制的原理和方法及环境质量管理方面的内容。全书包括三大部分共 9 章。第一部分（第 1 章 绪论）概略地介绍了环境、环境问题、环境污染等基本概念以及环境科学的研究内容、研究方法；第二部分（第 2 章 大气污染与防治、第 3 章 水污染与防治、第 4 章 固体废物处理与处置、第 5 章 环境物理性污染与防治）详细地介绍了当今主要的环境污染（包括大气污染、水污染、固体废弃物污染、环境物理性污染）的污染控制原理及措施；第三部分（第 6 章 环境监测与现代环境分析技术、第 7 章 环境质量评价、第 8 章 环境保护与可持续发展、第 9 章 环境保护法律法规）着重介绍了环境质量管理涉及的环境监测、环境质量评价、环境保护法律法规等以及可持续发展的理念、实施途径。希望读者通过对本书的阅读和使用，能够掌握环境科学的基础知识，提高环境保护意识。

　　本书的主编郝鹏鹏现任首都经济贸易大学讲师，从事环境工程专业的教学和科研工作，主讲《环境科学基础》课程已有 5 年。参与本书编写的还有乔玮（中国石油大学讲师）、任冬梅（首都经济贸易大学讲师）等。

　　本书在编写过程中，广泛汲取了国内外众多专家学者的研究成果，参考了国内外大量文献资料，并引入了很多近几年的新理论、新知识、新技术。在此向所引用的参考文献的作者致以深切的谢意。由于本书内容涉及领域广泛，编者水平有限，难免有疏漏和错误之处，敬请广大专家、读者批评指正。

编者

2012 年 6 月

目　录

第1章 绪 论

环境为我们的生存和发展提供了必需的资源和条件，环境是人类生存和发展的基本前提。然而，随着社会经济的发展，环境问题日益严重，如全球性的温室效应、酸雨等。目前，环境保护已成为世界各国人民共同关心的重大问题。保护环境、减轻污染、遏制生态恶化趋势，是政府管理的重要任务。对于我们国家来说，环境保护是一项基本国策；解决全国突出的环境问题，促进经济、社会与环境的协调发展和实施可持续发展战略，是政府面临的重要而又艰巨的任务。

本章阐述了环境、环境问题、环境污染物、环境科学等基本概念，介绍了当代主要环境问题及特点、环境科学的研究方法和其他与环境保护相关的基础知识。

1.1 环 境

环境（environment）是相对于某一事物而言的，是指围绕着某一事物（通常称其为主体）并对该事物会产生某些影响的所有外界事物（通常称其为客体）。《中华人民共和国环境保护法》对环境概念的阐述为："本法所称环境是指影响人类社会生存和发展的各种天然的和经过人工改造的自然因素总体，包括大气、水、海洋、土地、矿藏、森林、草原、野生动物、自然古迹、人文遗迹、自然保护区、风景名胜区、城市和乡村等。"因此，从环境保护的角度来说，环境是以人类为主体的外部环境，即人类生存、繁衍所必需的相应环境或物质条件的综合体，包括自然环境和人工环境。

1.1.1 自然环境

自然环境（natural environment）是直接或间接影响人类生活、生产的一切自然形式的物质、能量和现象的总体，其构成如图1-1所示。自然环境是未经过人的加工改造而天然存在的环境。自然环境不仅为人类提供了生存、发展的空间，提供了孕育生命的支持系统，而且为人类的生活、生产活动提供了粮食、矿产、林木、能源等原材料和资源。因此，自然环境是人类产生、生存和发展的物质基础。

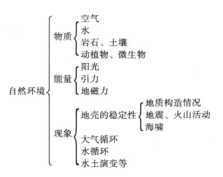

图 1-1　自然环境的构成

1.1.2　人工环境

人工环境（artificial environment）是指由于人类的活动而形成的环境要素，包括人工形成的物质、能量和精神产品，以及人类活动中所形成的人与人之间的关系或称上层建筑，其构成如图 1-2 所示。从远古至今，人类为了满足自身的需求，创造了丰富多彩、堪比自然界鬼斧神工的人工事物。人工环境是人类物质文明和精神文明发展的标志，随着人类文明的演进而不断地丰富和发展。由于带有人类智力劳动和创造的痕迹，人工环境与自然环境在形成、发展、变化以及结构、功能等方面存在本质的差别。从地表以下的矿井、深海航行的潜艇，水面的船只、舰艇，地面上的城市、乡村，空中的飞行器，乃至太空舱等，都是典型的人工环境，各自具有独特的功能和结构，以满足人类的多样化需求。

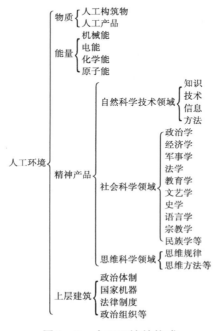

图 1-2　人工环境的构成

1.1.3 环境质量

环境质量（environmental quality）是指一个具体的环境内，环境的总体或环境的某些要素，对人群的生存和繁衍以及社会经济发展的适宜程度，是反映人群的具体要求而形成的对环境评定的一种概念。最早在 20 世纪 60 年代，由于环境问题的日趋严重，人们常用环境质量的好坏来表示环境遭受污染的程度。显然，环境质量是对环境状况的一种描述，这种状况的形成，有来自自然的原因，也有来自人为的原因，而且从某种意义上说，后者是更重要的原因。人为原因是指：污染可以改变环境质量；自然利用的合理与否，同样可以改变环境质量；此外，人群的文化状态也影响着环境质量。因此，环境质量除有所谓大气环境质量、水环境质量、土壤环境质量、城市环境质量之外，还有所谓生产环境质量和文化环境质量。

阅读资料

2011 年中国环境质量

1. 主要污染物削减情况

2011 年，化学需氧量排放总量为 2 499.9 万吨，比上年下降 2.04%；氨氮排放总量为 260.4 万吨，比上年下降 1.52%；二氧化硫排放总量为 2 217.9 万吨，比上年下降 2.21%；氮氧化物排放总量为 2 404.3 万吨，比上年上升 5.73%。其中，农业源化学需氧量排放量为 1 185.6 万吨，比上年下降 1.52%；氨氮排放量为 82.6 万吨，比上年下降 0.41%。

2. 淡水环境

2011 年，全国地表水总体为轻度污染。湖泊（水库）富营养化问题仍突出。长江、黄河、珠江、松花江、淮河、海河、辽河、浙闽片河流、西南诸河和内陆诸河十大水系监测的 469 个国控断面中，Ⅰ～Ⅲ类、Ⅳ～Ⅴ类和劣Ⅴ类水质断面所占比例分别为 61.0%、25.3% 和 13.7%。主要污染指标为化学需氧量、五日生化需氧量和总磷。2011 年，监测的 26 个国控重点湖泊（水库）中，Ⅰ～Ⅲ类、Ⅳ～Ⅴ类和劣Ⅴ类水质的湖泊（水库）所占比例分别为 42.3%、50.0% 和 7.7%。主要污染指标为总磷和化学需氧量（总氮不参与水质评价）。中营养状态、轻度富营养状态和中度富营养状态的湖泊（水库）所占比例分别为 46.2%、46.1% 和 7.7%。与上年相比，滇池由重度富营养状态好转为中度富营养状态，白洋淀由中度富营养状态好转为轻度富营养状态，鄱阳湖、洞庭湖和大明湖由轻度富营养状态好转为中营养状态；于桥水库、大伙房水库和松花湖由中营养状态变为轻度富营养状态；其他湖泊（水库）营养状态均无明显变化。2011 年，全国 113 个环保重点城市共监测 389 个集中式饮用水源地，其中地表水源地 238 个、地下水源地 151 个。环保重点城市年取水总量为 227.3 亿吨，服务人口 1.63 亿人。达标水量为 206.0 亿吨，占 90.6%；不达标水量为 21.3 亿吨，占 9.4%。

2011 年，全国共 200 个城市开展了地下水水质监测，共计 4 727 个监测点。优良—良好—较好水质的监测点比例为 45.0%，较差—极差水质的监测点比例为 55.0%。其中，4 282 个监测点有连续监测数据。与上年相比，17.4% 的监测点水质好转，67.4% 的监测点水质保持稳定，15.2% 的监测点水质变差。176 个城市有连续监测数据。与上年相比，65.9% 的城市地下水水质保持稳定；水质好转和变差的城市比例相当，水质好转的城市主要分布在四川、贵州、西藏、内蒙古和广东等省（自治区），水质变差的城市主要分布在甘肃、青海、浙江、福建、江西、湖北、湖南和云南等省。

2011 年，全国废水排放总量为 652.1 亿吨，化学需氧量排放总量为 2 499.9 万吨，比上年下降 2.04%；氨氮排放总量为 260.4 万吨，比上年下降 1.52%。

3. 海洋环境

2011 年，全国近岸海域水质总体一般。近岸海域监测点位代表面积共 281 012 平方千米。其中，一类、二类、三类、四类和劣四类海水面积分别为 64 809 平方千米、120 739 平方千米、39 127 平方千米、18 008 平方千米和 38 329 平方千米。按监测点位计算，一、二类海水点位比例为 62.8%，比上年提高 0.3 个百分点；三、四类海水点位比例为 20.3%，比上年提高 1.6 个百分点；劣四类海水点位比例为 16.9%，比上年降低 1.9 个百分点。主要污染指标为无机氮和活性磷酸盐。四大海区中，黄海近岸海域水质良好，南海近岸海域水质一般，渤海和东海近岸海域水质差；9 个重要海湾中，黄河口和北部湾水质良好，胶州湾和辽东湾水质差，渤海湾、长江口、杭州湾、闽江口和珠江口水质极差。

4. 大气环境

全国城市环境空气质量总体稳定，酸雨分布区域无明显变化。

2011 年，325 个地级及以上城市（含部分地、州、盟所在地和省辖市）中，环境空气质量达标城市比例为 89.0%，超标城市比例为 11.0%。2011 年，地级及以上城市环境空气中可吸入颗粒物年均浓度达到或优于二级标准的城市占 90.8%，劣于三级标准的城市占 1.2%。可吸入颗粒物年均浓度值为 0.025 毫克/立方米～0.352 毫克/立方米，主要集中分布在 0.060 毫克/立方米～0.100 毫克/立方米。2011 年，地级及以上城市环境空气中二氧化硫年均浓度达到或优于二级标准的城市占 96.0%，无劣于三级标准的城市。二氧化硫年均浓度值为 0.003 毫克/立方米～0.084 毫克/立方米，主要集中分布在 0.020 毫克/立方米～0.060 毫克/立方米。2011 年，地级及以上城市环境空气中二氧化氮年均浓度均达到二级标准，其中达到一级标准的城市占 84.0%。二氧化氮浓度年均值为 0.004 毫克/立方米～0.068 毫克/立方米，主要集中分布在 0.015 毫克/立方米～0.040 毫克/立方米。

2011 年，全国二氧化硫排放总量为 2 217.9 万吨，比上年下降 2.21%；氮氧化物排放总量为 2 404.3 万吨，比上年上升 5.73%。

5. 声环境

2011 年，全国 77.9% 的城市区域噪声总体水平为一级和二级，环境保护重点城市区域噪声总体水平为一级和二级的占 76.1%。全国 98.1% 的城市道路交通噪声总体水平为一级和二级，环境保护重点城市道路交通噪声总体水平为一级和二级的占 99.1%。全国城市各类功能区噪声昼间达标率为 89.4%，夜间达标率为 66.4%。4 类功能区夜间噪声超标较严重。

6. 固体废物

2011 年，全国工业固体废物产生量为 325 140.6 万吨，综合利用量（含利用往年贮存量）为 199 757.4 万吨，综合利用率为 60.5%。

截至 2011 年年底，《全国危险废物和医疗废物处置设施建设规划》中的 334 个项目，已投运和基本建成危废项目 36 个、医废项目 246 个，全国形成危险废物集中处置能力 141.25 万吨/年，医疗废物处置能力 1 454 吨/日。能力建设方面，31 个放射性废物库建设项目已完成；7 个二恶英监测中心已建成投运 4 个，基本建成 2 个，在建 1 个；国家及 31 个省（自治区、直辖市）和 67 个地市成立了固体废物管理中心。

2011 年，全国 24 个省（自治区、直辖市）完成废弃电器电子产品处理发展规划备案工作。废弃电器电子产品处理信息系统建设工作基本完成。对"家电以旧换新"定点拆解处理企业严格环境监管，确保回收的废旧家电得到环境无害化拆解处理。自 2009 年"家电以旧换新"政策实施以来，截至 2011 年年底，全国拆解处理企业共回收废旧家电 8 200 余万台，拆解处理 7 500 余万台。

7. 辐射环境

2011 年，全国辐射环境质量总体良好。环境电离辐射水平保持稳定，核设施、核技术利用项目周围环境电离辐射水平总体未见明显变化；环境电磁辐射水平总体情况较好，电磁辐射发射设施周围环境电磁辐射水平总体未见明显变化。辐射监测数据表明，日本福岛核事故未对中国环境及公众健康产生影响。

8. 自然生态

截至 2011 年年底，全国（不含香港、澳门特别行政区和台湾地区）已建立各种类型、不同级别的自然保护区 2 640 个，总面积约 14 971 万公顷，其中陆域面积约 14 333 万公顷，占国土面积的 14.9%。其中，国家级自然保护区 335 个，面积 9 315 万公顷。

2011 年，实施全国湿地保护工程项目 42 个，新增湿地保护面积 33 万公顷，恢复湿地 2.3 万公顷，新增 4 处国际重要湿地和 68 处国家湿地公园试点。截至 2011 年年底，国际重要湿地达 41 处，面积为 371 万公顷，湿地示范区面积达到 349 万公顷。

中国是世界上生物多样性最为丰富的 12 个国家之一，拥有森林、灌丛、草甸、草原、荒漠、湿地等地球陆地生态系统，以及黄海、东海、南海、黑潮流域海洋生态系统等。拥有高等植物 34 792 种，其中，苔藓植物 2 572 种、蕨类 2 273 种、裸子植物

244 种、被子植物 29 703 种，此外几乎拥有温带的全部木本属。拥有脊椎动物 7 516 种，其中，哺乳类 562 种、鸟类 1 269 种、爬行类 403 种、两栖类 346 种、鱼类 4 936 种。列入国家重点保护野生动物名录的珍稀濒危野生动物共 420 种，大熊猫、朱鹮、金丝猴、华南虎、扬子鳄等数百种动物为中国所特有。已查明真菌达 10 000 多种。

最新统计，入侵中国的外来生物已达 500 种左右，近十年对中国造成严重危害的入侵物种至少 29 种，平均年递增 2 ~ 3 种。初步估计外来物种入侵每年对中国造成的直接或间接损失达 1 198.8 亿元。

9. 土地与农村环境

现有水土流失面积 356.92 万平方千米，占国土总面积的 37.2%。其中水力侵蚀面积 161.22 万平方千米，占国土总面积的 16.8%；风力侵蚀面积 195.70 万平方千米，占国土总面积的 20.4%。

随着农村经济社会的快速发展，农业产业化、城乡一体化进程的不断加快，农村和农业污染物排放量大，农村环境形势严峻。突出表现为部分地区农村生活污染加剧，畜禽养殖污染严重，工业和城市污染向农村转移。

10. 森林

根据第七次全国森林资源清查（2004—2008）结果，全国森林面积 19 545.22 万公顷，森林覆盖率 20.36%。活立木总蓄积 149.13 亿立方米，森林蓄积 137.21 亿立方米。森林面积列世界第 5 位，森林蓄积列世界第 6 位，人工林面积继续保持世界首位。

2011 年，主要林业生物灾害发生面积为 1 168 万公顷。其中，虫害发生面积 845 万公顷，病害发生面积 120 万公顷，鼠（兔）害发生面积 203 万公顷。有害植物发生面积 16 万公顷。

2011 年，全国共发生森林火灾 5 550 起，受害森林面积 2.7 万公顷，因灾伤亡 91 人，分别比上年下降 28%、41% 和 16%，连续三年实现"三下降"。

11. 草原

全国草原面积近 4 亿公顷，约占国土面积的 41.7%，是全国面积最大的陆地生态系统和生态安全屏障。内蒙古、新疆、青海、西藏、四川、甘肃、云南、宁夏、河北、山西、黑龙江、吉林、辽宁等 13 个牧区省（自治区）共有草原面积 3.37 亿公顷，占全国草原总面积的 85.8%；其他省份有草原面积 0.56 亿公顷，占全国草原总面积的 14.2%。

2011 年，全国草原植被总体长势属偏好年份。全国天然草原鲜草总产量达 100 248.26 万吨，较上年增加 2.68%；折合干草约 31 322.01 万吨，载畜能力约为 24 619.93 万羊单位，均较上年增加 2.53%。全国 23 个重点省（自治区、直辖市）鲜草总产量达 93 043.29 万吨，占全国总产量的 92.81%，折合干草约 29 105.10 万吨，载畜能力约为 22 877.38 万羊单位。

2011 年，全国共发生草原火灾 83 起，受害草原面积为 17 473.5 公顷，无人员伤亡和牲畜损失。与上年相比，草原火灾次数减少 26 起，受害草原面积增加 12 315.1 公顷。草原火灾发生次数和火灾损失均处于历史低位水平。草原鼠害危害面积为 3 872.4 万公顷，约占全国草原总面积的 10%，与上年基本持平；草原虫害危害面积为 1 765.8 万公顷，占全国草原总面积的 4.4%，危害面积较上年减少 2.3%。

12. 气候与自然灾害

2011 年，中国气候总体呈现暖干特征。气候年景正常，未出现大范围严重干旱和流域性严重洪涝灾害，粮食主产区光、温、水匹配较好，但区域性、阶段性气象灾害发生频繁。全国降水异常偏少，季节差异明显；气温略偏高，冷暖起伏大。

2011 年，全国暴雨洪涝受灾面积 686 万公顷，较 1990—2010 年平均值明显偏少，也明显少于 2010 年，属暴雨洪涝灾害偏轻年份，但阶段性降水特征明显。

2011 年，全国共发生各类地质灾害 15 664 起，其中，滑坡 11 490 起、崩塌 2 319 起、泥石流 1 380 起、地面塌陷 360 起、地裂缝 86 起、地面沉降 29 起；造成人员伤亡的地质灾害 119 起，造成 245 人死亡、32 人失踪、138 人受伤；直接经济损失 40.1 亿元。与上年相比，发生数量、造成的死亡失踪人数和直接经济损失分别下降 48.9%、90.5% 和 37.2%。全国地质灾害主要集中在中西部、西南局部、华南局部、华东部分地区。

2011 年，中国大陆地区共发生 5.0 级以上地震 17 次，有 15 次地震灾害事件，共造成中国大陆地区约 184 万人受灾，32 人死亡，506 人受伤；受灾面积约 54 092 平方千米；造成房屋 1 712 008 平方米毁坏，1 251 726 平方米严重破坏，8 842 710 平方米中等破坏，6 737 283 平方米轻微破坏；直接经济损失 60.11 亿元。

2011 年，全海域共发现赤潮 55 次，累计面积 6 076 平方千米。赤潮发现次数和累计面积为近 5 年来最低。东海发现赤潮次数最多，为 23 次；黄海赤潮累计面积最大，为 4 242 平方千米。黄海和南海沿岸海域共发现绿潮 2 次。黄海沿岸海域漂浮浒苔分布面积和覆盖面积最大分别为 26 400 平方千米和 560 平方千米；南海南澳岛深澳近岸海域漂浮条浒苔最大分布面积为 0.07 平方千米。2011 年，在全国滨海地区开展海水入侵和土壤盐渍化监测结果表明，渤海滨海平原地区依然是海水入侵和土壤盐渍化严重地区，黄海、东海和南海局部滨海地区海水入侵和土壤盐渍化呈加重趋势。重点岸段海岸侵蚀状况的现场监测、航空和卫星遥感监测结果表明，中国砂质海岸和粉砂淤泥质海岸侵蚀严重，侵蚀范围扩大，局部地区侵蚀速度呈加大趋势。

（资料来源：中华人民共和国环境保护部，《2011 中国环境状况公报》，2012 年 5 月 25 日）

1.2　环境问题

环境问题（environmental problems）是指作为中心事物的人类与周围事物的环境之

间的矛盾。人类生活在环境之中，其生产和生活不可避免地对环境产生影响。这些影响有些是积极的，对环境起着改善和美化的作用；有些则是消极的，对环境起着退化和破坏的作用。

在人类社会发展的不同阶段，环境问题也呈现不同的特点。人类社会早期，人口数量少，环境问题主要表现为因乱采、乱捕破坏人类聚居的局部地区的生物资源而引起生活资料缺乏甚至饥荒，或者因为用火不慎而烧毁大片森林和草地等。进入以农业生产为主的奴隶社会和封建社会后，在人口集中的城市，各种手工业作坊和居民抛弃生活垃圾，是主要的环境问题。然而，自工业革命以后，特别是进入20世纪以来，科学技术飞速进步，人类干扰自然界、改造自然界的力量空前强大，在经济快速发展的同时，环境也付出了巨大代价：环境污染出现了范围扩大、难以防范、危害严重的特点，局部地区的严重环境污染导致"公害"病和重大公害事件的出现；自然环境的破坏造成资源稀缺甚至枯竭；自然环境和自然资源越来越难以承受高速工业化、人口剧增和城市化的巨大压力，世界自然灾害显著增加。

环境问题多种多样，归纳起来有两大类（见图1-3）：一类是由自然演变和自然灾害引起的原生环境问题，又称第一环境问题，如火山活动、地震、台风、洪涝、干旱、滑坡等；一类是由人类活动引起的次生环境问题，也叫第二环境问题和"公害"，一般分为环境污染和环境破坏两大类，如乱砍滥伐引起的森林植被的破坏、过度放牧引起的草原退化、大面积开垦草原引起的沙漠化和土地沙化、工业生产造成的环境恶化等。

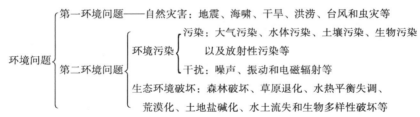

图1-3 环境问题的分类

1.2.1 环境问题的产生与发展

随着人类的出现，生产力的发展和人类文明的提高，环境问题也相伴产生，并由小范围、低程度危害，发展到大范围、对人类生存造成不容忽视的危害；即由轻度污染、轻度危害向重污染、重危害方向发展。依据环境问题产生的先后和轻重程度，环境问题的产生和发展，可大致分为三个阶段。

第一阶段：环境问题的产生与生态环境早期破坏

这一阶段包括人类出现以后直至产业革命的漫长时期，所以又称早期环境问题。到封建社会时期，由于生产工具不断进步，生产力逐渐提高，人类学会了驯化野生动物，出现了耕作业和渔牧业的劳动分工，即人类社会的第一次劳动大分工。随着耕作业的发展，人类利用和改造环境的力量越来越强大，与此同时也产生了相应的环境问题。大量森林被砍伐，草原被破坏，引起严重的水土流失；兴修水利事业，往往又引起土壤盐碱化和沼泽化等。

第二阶段："公害"加剧和城市环境问题突出

自工业革命以后，特别是进入 20 世纪以来，科学技术飞速进步，经济快速发展，与此同时，环境也付出了巨大代价。

一方面，环境污染出现了范围扩大、难以防范、危害严重的特点，局部地区的严重环境污染导致"公害"病和重大公害事件的出现。例如，20 世纪 30 年代至 60 年代，震惊世界的环境污染事件频繁发生，使众多人群非正常死亡、残废、患病，其中最严重的有八起污染事件，被称为"八大公害"事件。

（1）比利时马斯河谷烟雾事件

1930 年 12 月 1—5 日，在比利时的马斯河谷工业区，外排的工业有害废气（主要是二氧化硫）和粉尘对人体健康造成了综合影响，其中毒症状为咳嗽、流泪、恶心、呕吐，一周内有几千人发病，近 60 人死亡，市民中心脏病、肺病患者的死亡率增高，家畜的死亡率也大大增高。

（2）美国洛杉矶烟雾事件

1943 年 5—10 月，美国洛杉矶市的大量汽车废气产生的光化学烟雾，造成大多数居民患眼睛红肿、喉炎、呼吸道疾患恶化等疾病，65 岁以上的老人死亡 400 多人。

（3）美国多诺拉烟雾事件

1948 年 10 月 26—30 日，美国宾夕法尼亚州多诺拉镇大气中的二氧化硫以及其他氧化物与大气烟尘共同作用，生成硫酸烟雾，使大气严重污染，4 天内 42% 的居民患病，17 人死亡，其中毒症状为咳嗽、呕吐、腹泻、喉痛。

（4）英国伦敦烟雾事件

1952 年 12 月 5—8 日，英国伦敦由于冬季燃煤引起的煤烟形成烟雾，导致 5 天时间内 4 000 多人死亡。

（5）日本水俣病事件

1953—1968 年，在日本熊本县水俣湾，由于人们食用了海湾中含汞污水污染的鱼虾、贝类及其他水生动物，造成近万人中枢神经疾患，其中甲基汞中毒患者 283 人中有 66 人死亡。

（6）日本四日市哮喘病事件

1955—1961 年，日本的四日市由于石油冶炼和工业燃油产生的废气严重污染大气，引起居民呼吸道疾患骤增，尤其是使哮喘病的发病率大大提高。

（7）日本爱知县米糠油事件

1963 年 3 月，在日本爱知县一带，由于对生产米糠油业的管理不善，造成多氯联苯污染物混入米糠油内，人们食用了这种被污染的油之后，酿成有 13 000 多人中毒，数十万只鸡死亡的严重污染事件。

（8）日本富山骨痛病事件

1955—1968 年，生活在日本富山平原地区的人们，因为饮用了含镉的河水，食用了含镉的大米及其他含镉的食物，导致骨软症，骨骼变形、身长缩短、骨脆易折、疼痛难忍，就诊患者 258 人，其中因此死亡者达 207 人。

另一方面，自然环境的破坏造成资源稀缺甚至枯竭，自然环境和自然资源越来越难以承受高速工业化、人口剧增和城市化的巨大压力，出现了"城市病"问题（urban problem）。所谓城市病是指现代大城市中普遍存在的人口过多、用水用电紧张、交通拥堵、环境恶化等社会问题以及由于上述原因使城市人容易患的身心疾病。城市病的具体表现为：市区土地日益减少、人口密度过高、居住环境窄迫、房屋不足、交通拥堵、城市蔓延、市区破落、污染、生活指数高、生活紧张、犯罪案件多、疾病多、意外频生、人口老化等。

阅读资料

世界环境污染的"十大事件"

从 1972 年至 1992 年间，世界范围内的重大污染事件屡屡发生，其中著名的有十起，称之为"十大事件"：

1. 北美死湖事件

美国东北部和加拿大东南部是西半球工业最发达的地区，每年向大气中排放二氧化硫 2 500 多万吨。其中约有 380 万吨由美国飘到加拿大，100 多万吨由加拿大飘到美国。70 年代开始，这些地区出现了大面积酸雨区。美国受酸雨影响的水域达 3.6 万平方千米，23 个州的 17 059 个湖泊有 9 400 个酸化变质。最强的酸性雨降在弗吉尼亚州，酸度值（pH）1.4。纽约州阿迪龙达克山区，1930 年只有 4% 的湖无鱼，1975 年近 50% 的湖泊无鱼，其中 200 个是死湖，听不见蛙声，死一般寂静。加拿大受酸雨影响的水域达 5.2 万平方千米，5 000 多个湖泊明显酸化。多伦多 1979 年平均降水酸度值（pH）3.5，比番茄汁还要酸，安大略省萨德伯里周围 1 500 多个湖泊池塘漂浮死鱼，湖滨树木枯萎。

2. 卡迪兹号油轮事件

1978 年 3 月 16 日，美国 22 万吨的超级油轮"亚莫克·卡迪兹号"，满载伊朗原油向荷兰鹿特丹驶去，航行至法国布列塔尼海岸触礁沉没，漏出原油 22.4 万吨，污染了 350 千米长的海岸带。仅牡蛎就死掉 9 000 多吨，海鸟死亡 2 万多吨。海事本身损失 1 亿多美元，污染的损失及治理费用却达 5 亿多美元，而给被污染区域的海洋生态环境造成的损失更是难以估量。

3. 墨西哥湾井喷事件

1979 年 6 月 3 日，墨西哥石油公司在墨西哥湾南坎佩切湾尤卡坦半岛附近海域的伊斯托克 1 号平台钻机打入水下 3 625 米深的海底油层时，突然发生严重井喷，平台陷入熊熊火海之中，原油以每天 4 080 吨的流量向海面喷射。后来在伊斯托克井 800 米以外海域抢打两眼引油副井，分别于 9 月中、10 月初钻成，减轻了主井压力，喷势才得以稍减。直到 1980 年 3 月 24 日井喷才完全停止，历时 296 天，其流失原油 45.36 万吨，以世界海上最大井喷事故载入史册，这次井喷造成 10 毫米厚的原油顺潮北流，涌向墨西哥和美国海岸。黑油带长 480 千米，宽 40 千米，覆盖 1.9 万平方千米的海面，使这一带的海洋环境受到严重污染。

4. 库巴唐"死亡谷"事件

巴西圣保罗以南 60 千米的库巴唐市，20 世纪 80 年代以"死亡之谷"闻名于世。该市位于山谷之中，60 年代引进炼油、石化、炼铁等外资企业 300 多家，人口剧增至 15 万，成为圣保罗的工业卫星城。企业主只顾赚钱，随意排放废气废水，谷地浓烟弥漫、臭水横流，有 20% 的人得了呼吸道过敏症，医院挤满了接受吸氧治疗的儿童和老人，使 2 万多贫民窟居民严重受害。1984 年 2 月 25 日，一条输油管破裂，10 万加仑油熊熊燃烧，烧死百余人，烧伤 400 多人。1985 年 1 月 26 日，一家化肥厂泄漏 50 吨氨气，30 人中毒，8 000 人撤离。市郊 60 平方千米森林陆续枯死，山岭光秃，遇雨便滑坡，大片贫民窟被摧毁。

5. 西德森林枯死病事件

原西德共有森林 740 万公顷，到 1983 年为止有 34% 染上枯死病，每年枯死的蓄积量占同年森林生长量的 21% 多，先后有 80 多万公顷森林被毁。这种枯死病来自酸雨之害。在巴伐利亚国家公园，由于酸雨的影响，几乎每棵树都得了病，景色面目全非。黑森州海拔 500 米以上的枞树相继枯死，全州 57% 的松树病入膏肓。巴登—符腾堡州的"黑森林"，是因枞树、松绿的发黑而得名，是欧洲著名的度假胜地，也有一半树染上枯死病，树叶黄褐脱落，其中 46 万亩完全死亡。汉堡也有 3/4 的树木面临死亡。当时鲁尔工业区的森林里，到处可见秃树、死鸟、死蜂，该区儿童每年有数万人感染特殊的喉炎症。

6. 印度博帕尔公害事件

1984 年 12 月 3 日凌晨，震惊世界的印度博帕尔公害事件发生。午夜，坐落在博帕尔市郊的"联合碳化杀虫剂厂"一座存储 45 吨异氰酸甲酯贮槽的保安阀出现毒气泄漏事故。1 小时后有毒烟雾袭向这个城市，形成了一个方圆 25 英里的毒雾笼罩区。首先是邻近的两个小镇上，有数百人在睡梦中死亡。随后，火车站里的一些乞丐死亡。毒雾扩散时，居民有的以为是"瘟疫降临"，有的以为是"原子弹爆炸"，有的以为是"地震发生"，有的以为是"世界末日来临"。一周后，有 2 500 人死于这场污染事故，另有 1 000 多人危在旦夕，3 000 多人病入膏肓。在这一污染事故中，有 15 万人因受污染危害而进入医院就诊，事故发生4天后，受害的病人还以每分钟一人的速度增加。这次事故还使20多万人双目失明。博帕尔的这次公害事件是有史以来最严重的因事故性污染而造成的惨案。

7. 切尔诺贝利核漏事件

1986年4月27日早晨，前苏联乌克兰切尔诺贝利核电站一组反应堆突然发生核漏事故，引起一系列严重后果。带有放射性物质的云团随风飘到丹麦、挪威、瑞典和芬兰等国，瑞典东部沿海地区的辐射剂量超过正常情况时的100倍。核事故使乌克兰地区10%的小麦受到影响，此外由于水源污染，使前苏联和欧洲国家的畜牧业大受其害。当时预测，这场核灾难，还可能导致日后10年中10万居民患肺癌和骨癌而死亡。

8. 莱茵河污染事件

1986年11月1日深夜，瑞士巴富尔市桑多斯化学公司仓库起火，装有1 250吨剧毒农药的钢罐爆炸，硫、磷、汞等毒物随着百余吨灭火剂进入下水道，排入莱茵河。警报传向下游瑞士、德国、法国、荷兰四国835千米沿岸城市。剧毒物质构成70千米长的微红色飘带，以每小时4公里速度向下游流去，流经地区鱼类死亡，沿河自来水厂全部关闭，改用汽车向居民送水，接近海口的荷兰，全国与莱茵河相通的河闸全部关闭。翌日，化工厂有毒物质继续流入莱茵河，后来用塑料塞堵住了下水道。8天后，塞子在水的压力下脱落，几十吨含有汞的物质流入莱茵河，造成又一次污染。11月21日，德国巴登市的苯胺和苏打化学公司冷却系统故障，又使2吨农药流入莱茵河，使河水含毒量超标准200倍。这次污染使莱茵河的生态受到了严重破坏。

9. 雅典"紧急状态事件"

1989年11月2日上午9时，希腊首都雅典市中心大气质量监测站显示，空气中二氧化碳浓度318毫克/立方米，超过国家标准（200毫克/立方米）59%，发出了红色危险信号。11时浓度升至604毫克/立方米，超过500毫克/立方米紧急危险线。中央政府当即宣布雅典进入"紧急状态"，禁止所有私人汽车在市中心行驶，限制出租汽车和摩托车行驶，并下令熄灭所有燃料锅炉，主要工厂削减燃料消耗量50%，学校一律停课。中午，二氧化碳浓度增至631毫克/立方米，超过历史最高纪录。一氧化碳浓度也突破危险线。许多市民出现头疼、乏力、呕吐、呼吸困难等中毒症状。市区到处响起救护车的呼啸声。下午16时30分，戴着防毒面具的自行车队在大街上示威游行，高喊"要污染，还是要我们！""请为排气管安上过滤嘴！"

10. 海湾战争油污染事件

据估计，1990年8月2日至1991年2月28日海湾战争期间，先后泄入海湾的石油达150万吨。1991年多国部队对伊拉克空袭后，科威特油田到处起火。1月22日科威特南部的瓦夫腊油田被炸，浓烟蔽日，原油顺海岸流入波斯湾。随后，伊拉克占领的科威特米纳艾哈麦迪开闸放油入海。科威特南部的输油管也多处破裂，原油滔滔入海。1月25日，科威特接近沙特的海面上形成长16千米，宽3千米的油带，每天以

24 千米的速度向南扩展，部分油膜起火燃烧，冒出的黑烟遮没阳光，伊朗南部降了"黏糊糊的黑雨"。至 2 月 2 日，油膜展宽 16 千米，长 90 千米，逼近巴林，危及沙特。迫使两国架设浮栏，保护海水淡化厂水源。这次海湾战争酿成的油污染事件，在短时间内就使数万只海鸟丧命，并毁灭了波斯湾一带大部分海洋生物。

（资料来源：世界环境污染最著名的"八大公害"和"十大事件"，《管理与财富》，2007 年第 1 期）

第三阶段：全球环境问题出现

全球环境问题（global environmental problems），也称国际环境问题或地球环境问题，是指超越国家的国界和管辖范围的、区域性和全球性的环境污染和生态破坏问题。进入 20 世纪 80 年代以来，随着经济的发展，具有全球性影响的环境问题日益突出，出现了温室效应、臭氧层破坏、全球气候变化、酸雨、物种灭绝、土地沙漠化、森林锐减、越境污染、海洋污染、野生物种减少、热带雨林减少、土壤侵蚀等大范围的和全球性的环境危机，严重威胁着全人类的生存和发展。为应对全球环境问题，国际社会在经济、政治、科技、贸易等方面形成了广泛的合作关系，并建立起了一个庞大的国际环境条约体系，如《保护臭氧层维也纳公约》（1985 年）、《关于消耗臭氧物质的蒙特利尔协定书》（1987 年）、《核事故及早通报公约》（1986 年）、《核事故或辐射紧急情况援助公约》（1986 年）、《控制危险废物越境转移及其处置的巴塞尔公约》（1989 年）、《京都议定书》（1997 年）、《关于持久性有机污染物的斯德哥尔摩公约》（2001 年）等。

阅读资料

全球环境问题依然严重

2007 年 10 月 25 日，联合国环境规划署（UNEP）发布的《全球环境展望：为了发展保护环境》（Global Environment Outlook：environment for de-velopment，简称 GEO-4）指出，目前诸如气候变化、物种灭绝、越来越多的人口需要养活等威胁地球的主要问题中有许多尚未解决，而且所有这些问题都会将人类的生存置于危险境地。

这份报告是世界环境与发展委员会（布伦特兰委员会）在其创新性报告《我们共同的未来》发表 20 年之后推出的报告。

据悉，GEO-4 是 UNEP 最为重要的系列报告中最新一期报告。它对全球目前诸如大气、土地、水资源、生物多样性等状况做出了评估，阐述了自 1987 年以来全球环境所发生的变化，并明确了要优先采取哪些措施。GEO-4 是一份有关全球环境的涵盖内容最广的报告，由全世界大约 390 名专家起草，并经过全世界 1 000 多人的审阅。

1. 气候变化影响全球七大地区

GEO-4 报告首次强调气候变化可能对非洲等 7 个地区带来影响。

13

在非洲，土地退化甚至包括沙漠化都是威胁；自 1981 年以来，人均食品生产量已经下降 12%；发达国家不公正的补贴政策一直是非洲食品生产量提高的阻碍。

亚太地区首先应当注意的问题包括城市空气质量、淡水资源、生态系统退化、农用土地使用以及不断增加的废弃物等。在过去的 10 年里，饮用水供应取得了长足的进步，但是电子废弃物及危险废弃物的非法买卖已经成为新的问题。

在欧洲，随着收入的提高以及家庭数量的不断增加，已产生了各种问题，包括不可持续的生产与消费方式、能耗高、城市空气质量低以及运输紧张等。这个地区另外亟须解决的问题是生物多样性的缺失、土地用途的改变以及淡水资源的压力。

拉丁美洲以及加勒比海地区正面临着城市扩大、生物多样性缺失、海岸线被污染、海洋污染以及难以应对气候变化的问题。现在这一地区保护区域面积已达 12%。在亚马逊河流域，森林砍伐率正在逐年下降。

北美正在努力解决气候变化带来的问题，使用何种能源、城市扩大以及淡水资源等问题全都联系在了一起。大型车辆的使用、燃料经济标准较低、轿车数量的不断增加以及长距离旅行都阻碍了能源利用率的提高。

对于西亚来说，首先要考虑的是淡水资源、土地退化、海岸及海洋生态系统、城市管理以及地区安全方面的问题。水相关疾病以及国际水资源共享的问题同样应该得到重视。

两极地区已经感受到了气候变化带来的影响。由于环境中汞的含量越来越高，加上不易分解的有机污染物，当地人民的食品安全及健康受到了威胁。预计修复臭氧层还需要再花费 50 年的时间。

2. 气温升高 2℃是一道坎

报告指出，现在气候变化给我们的生活带来的影响"清晰明了"，而且人们一致认为人类的活动对这种变化起了决定性作用。自 1906 年以来，全球温度升高了大约 0.74℃。对本世纪的温度升高状况，最乐观的估计是预计还会升高 1.8℃ ~4℃。有些科学家认为全球平均温度比工业化前水平升高 2℃是一道坎，超过这道坎就极有可能造成重大的、不可逆转的危害。

冰核的成分显示目前二氧化碳和甲烷的含量远远超过了过去 50 万年期间自然变化的范围。地球的气候变化进入了一个全新的史无前例的状态。与世界其他地方相比，北极平均温度上升的速度要快两倍。在可以预见的将来，由海水因热膨胀以及冰川和冰层的融化而造成的海平面上升还会继续下去，可能造成严重的后果：因为全世界有 60% 以上的人口居住在离海岸线不到 100 千米的地方。

报告同时指出，目前的趋势对于稳定温室气体排放并没有多少好处。1990 年到 2003 年期间，航空运输里程数增加了 80%；船运荷载量从 1990 年的 40 亿吨增加到了 2005 年的 71 亿吨。每个领域都使能源需求大大增加。

尽管消耗臭氧层的物质很大程度被淘汰，其成就也"令人瞩目"，但是南极上空的臭氧层空洞比过去更大了，使有害的太阳紫外线辐射得以到达地球表面。

在欧洲和北美洲，酸雨已经不是大问题了（这是近几十年来成功的故事之一），但是在墨西哥、印度和中国等国家，这依然是很大的问题。

3. 污染和食物短缺加剧

报告指出，因环境原因而导致的疾病占所有疾病的 1/4。估计全世界每年有 200 万人因室内或室外空气污染而过早死亡。发达国家在治理污染方面所取得的一些成就是以牺牲发展中国家的利益为代价的，他们正在将其工业生产及其影响出口到发展中国家。

在食物方面，因病虫害而给全球农业生产所带来的损失估计有 14%。报告指出，自 1987 年以来，农作物种植面积的扩大已经放缓了速度，但是土地的使用密度却急剧上升。这种不可持续的土地使用方式造成了土壤退化，成为了与气候变化及生物多样性损失一样严重的威胁。它通过污染、土壤侵蚀、富营养化、缺水、土地含盐量增加以及生态圈的断裂已经威胁到全球 1/3 的人口。人口增长、过度消费以及不断从消费谷物变为消费肉类，这些都使将来对食品的需求会比目前的数字增加 2.5 ~ 3.5 倍。

而全球生物多样性所面临的形势不容乐观。报告经过综合评估，认为 60% 的生态系统的功能已经退化或正被以不可持续的方式在使用，从 1987 年到 2003 年淡水脊椎动物的总数平均减少了将近 50%，比陆地和海洋物种减少的速度快很多。

4. 全球水环境状况严峻

报告提供的数据显示，在世界的各大河流中，每年有 10% 因灌溉需求有部分时间不能抵达大海。

在发展中国家，每年大约有 300 万人死于水相关疾病，他们中绝大部分还不到 5 岁。估计有 26 亿人缺少良好的卫生服务。到 2025 年，预计在发展中国家水的浪费率将上升 50%，而在发达国家也要上升 18%。这种上升态势不但对水生态系统有潜在影响，而且必须考虑诸如止痛片和抗生素这类个人护理产品及医药品对水生态系统的影响。

（资料来源：中国环境报/2007 年/11 月/2 日/第 005 版）

1.2.2　当代环境问题

1. 当代环境问题的特点

（1）从区域性环境污染扩散到全球性环境问题

20 世纪初，世界人口只有 16 亿，工业化地区极少，大部分地区尚未大规模开发。然而，在最近的 100 多年里，世界人口猛增 3 倍多；特别是近 60 年来，世界人口的指数级增长被科学家们惊呼为"人口爆炸"；2011 年 10 月 31 日凌晨，作为全球第 70 亿名人口象征性成员的丹妮卡·卡马乔在菲律宾降生。在人口激增的同时，工业化也蔓延到世界上更多的地区，工业生产迅速增长，世界经济快速发展。与此相伴的是环境问题也从区域性环境污染扩展为全球性环境问题。

20 世纪 80 年代以来，环境问题从区域性向全球性扩展，从局部性向整体性扩展，从小规模向大规模扩展，已成为严重的全球性问题。主要表现在以下 4 个方面。

☞ 环境问题在全球范围内出现；

☞ 环境问题的影响危及全球人类；

☞ 环境问题的形成与全人类的活动有关；

☞ 环境问题的解决是全球性的。

总之，环境问题从区域性环境污染扩展到全球性问题，全面地影响了人类的生产和生活，使人类在地球上的生存产生了危机，向人类提出了严峻的挑战。

（2）从第一代环境问题扩展到第二代环境问题

全球性环境问题的产生促使第一代环境问题扩展到第二代环境问题，这是 20 世纪 80 年代以来环境问题的又一个重要特点。第二代环境问题主要是指全球性环境问题，其规模和性质以及对人类和其他生物的影响都远远超过了第一代环境问题。同时，预测或解决这些问题的难度也大大地增加了。这些问题在 20 世纪 80 年代后才引起人类的重视，其中最重要的问题主要有以下 5 个方面。

☞ 全球性气候变暖；

☞ 臭氧层破坏；

☞ 酸雨问题跨越国界；

☞ 危险废物的全球转移；

☞ 生物多样性锐减。

第二代环境问题表现出环境污染的全球性和其影响的国际化，一个国家或一个地区燃烧化石燃料排放的二氧化碳能够改变另一个国家的气候或使全球海平面上升；一个国家生产和排放的危险废物能够威胁全人类的生存；一种人类活动如砍伐森林，会导致全球二氧化碳的增加。

（3）从发达国家的环境问题扩展到发展中国家的环境问题

20 世纪的前期和中期，环境污染主要发生在发达国家，特别是这些国家的工业发达地区，因而这些国家和地区爆发了声势浩大的环境保护运动。反公害运动的矛头直接指向造成环境污染进而损害公众利益的企业和不重视环境管理的政府。在 20 世纪的后期，发达国家的企业和政府开始采取有力的措施，使得发达国家的环境破坏有所控制。但是，环境污染与生态破坏却迅速向发展中国家扩展。现在全世界空气污染最严重的都市大多集中在发展中国家，水体污染、森林破坏、草场退化、土地荒漠化、水土流失和占用耕地等现象也是在发展中国家急速增加。发展中国家正处在世界环境危机的一系列错综复杂因素相互作用的前沿，其环境问题已成为世界环境问题的重心。发展中国家突出的环境问题主要有以下 5 个方面。

☞ 贫穷与落后造成环境灾害与生态难民；

☞ 人口爆炸加剧了发展中国家的环境压力；

☞ 债务迫使发展中国家加剧开发资源；

☞ 发展中国家的工业化道路是加速环境污染的道路；

☞ 发达国家污染转移加剧了发展中国家的环境问题。

2. 当代主要环境问题

当代环境问题主要有：大气环境问题、水环境问题、固体废弃物污染、环境物理性污染、生态环境退化等，本书将按章节分别阐述。

阅读资料

20 年环境变化有多大？

联合国环境规划署（UNEP）近日发布题为《里约 20 年：追踪环境变迁》的报告，聚焦全球环境变化趋势。报告称，过去的 20 年，环境变化席卷全球。

"这份报告让我们都回到最基本的问题。报告不仅告诉我们，目前世界的温室气体在迅速增长、生物多样性正在流失，自然资源使用量增加了 40%，甚至超过全球人口的增长率。"联合国副秘书长、UNEP 执行主任阿齐姆·施泰纳说，"报告还强调说，世界决定开始行动的时间和方法将极大地扭转这一危及全人类福祉的趋势。臭氧层破坏物质的淘汰工作就是一个让人备受鼓舞的有力例证。"

报告指出，世界人口不断增长及收入水平日益提高，推动了水、能源、食品、矿产和土地等资源需求的增长，自然资源在不知不觉中被大量消耗逼近枯竭，越来越多地受到生态系统、资源生产率及气候变化的影响和制约。

这 20 年间，世界各国确立并强制执行了多边环境协议和公约来解决日益严重的全球环境问题。在争议中，气候变化成为全球关注的焦点并进入了全球政治视野，成为环境领域的首要议题。

碳排放交易已经成为解决气候变化问题的新兴概念和有效方式，而生态补偿机制、栖息地额度交易以及自然保护区储备银行成为新的市场机制框架，可用于减少生物多样性损失并对经济决策产生影响。目前，全球至少有 45 个生态补偿项目和 1 100 个补偿银行。

报告还指出，消费者对可持续产品的需求推动了相关认证以及生态标识的发展。尽管循环再利用工作在世界各地刚刚起步，但废弃物资源化已经成为主流政策并在全球展开实践。生物质燃料、太阳能和风能商业化进展迅速，已经占据了一定的市场份额。有毒、有害化学品管理得到明显改善，一大批致命的化学品已被禁用，2010 年，全球已经停止生产氟氯化碳（CFIC）。纳米技术在能源、健康医疗、饮用水及气候变化等领域拥有广阔的应用前景，但是仍然要谨慎评估这项新技术的潜在环境风险。

1. 环境治理机制

1992 年里约地球峰会开启了其后 20 年国际协议的谈判进程。签署多边环境协议的国家数量稳步增长。

2010 年，14 个主要多边环境协议签署国的累计数量在 20 年间增长了 330%。同时，越来越多的私营部门采用国际标准化组织的 ISO14000 环境管理标准，2009 年认证数量达 23 万，增长速度为每年 30%。二氧化碳排放权交易增长迅速，但在 2010 年仍然仅相当于全球 GDP 的 1/500。

来自双边和多边赠款的国际援助总额在持续增加，从 1992 年的 1 450 亿美元增加到 2008 年的 2 150 亿美元。然而，针对环境的援助金额占总援助金额的比例波动剧烈，2003 年几乎降到零，此后出现反弹，但 2008 年所占比例仍然不足 4%，低于 1992—1993 年的 5.5% ~ 7.0%。

大多数环境援助资金用于节能领域以及环境治理。1992—1997 年，节能领域投入的援助资金远高于其他领域，然而，2008 年投入环境治理的援助资金反超节能领域，其他诸如生物多样性保护、土地管理、水资源和海洋保护收到的资助数额非常小。

2. 水

目前获得安全饮用水的人口比例增长到 87%，按照现有趋势，世界将实现甚至超额实现十年发展目标中的饮用水目标。这意味着与 1990 年相比，到 2015 年，发展中地区近 90% 的人口将获得安全饮用水（1990 年为 77%）。但按照现有进度，需要到 2049 年才能实现让全球 75% 的人口获得用上冲水厕所等基本环境卫生设施的目标。

但是，水环境生态系统现状不容乐观。中东最大的湿地生态系统美索不达米亚沼泽在 20 世纪 90 年代几乎被完全破坏，目前已部分恢复，但仍然处于危险之中。

3. 森林

次生林占世界森林的比例不断增加，其面积相当于坦桑尼亚的国土面积。虽然欧洲、北美洲和亚太地区的净造林面积在增加，但非洲、拉丁美洲和加勒比海地区的森林面积仍在不断流失。自 1990 年以来，全球森林面积减少了 3 亿公顷。获得可持续林业实践证书的森林数量在以每年 20% 的速度增长，这表明消费者对木材生产产生了影响。然而，全球只有大约 10% 的森林接受了合格的可持续管理。

4. 气候变化

尽管全球正在努力削减二氧化碳的排放，但由于化石燃料不断增加，二氧化碳排放量仍然继续增长，其中，19 个国家的排放量占全球的 80%。

能源供应部门、工业与制造业部门，以及林业部门（砍伐森林）这 3 个经济部门排放了超过 60% 的温室气体。从 1992 年至今，每单位 GDP（美元）的二氧化碳排放量下降了 23%。这说明，资源利用与经济增长"脱钩"已经开始。

全球平均温度升高了 0.4℃。据统计排名，最近 21 年中，有 18 个年份入选 1880

年以来最热的 20 个年份，证明了全球变暖的长期趋势。自 1992 年以来，几乎所有的高山冰川都在消融，不但造成了海平面以年均 2.5 毫米的速度上升，还将危及世界约 1/6 人口的生计。

1992—2009 年，全体国家通力合作削减了 93% 的消耗臭氧层物质。联合国前任秘书长科菲·安南称赞"《蒙特利尔议定书》可能是最成功的国际公约"。目前，臭氧层空洞已经停止扩张，但是完全恢复仍然任重道远。

5. 生物多样性

目前，世界保护区域覆盖到 13% 的世界陆地、7% 的沿海水域和 1.4% 的海洋。然而，全球尺度的生物多样性（以地球生态指数计）已下降 12%，其中，由于原生林高速退化以及农用地和放牧场对林地的占用，热带区域的生物多样性下降了 30%。而且，每年有 52 个脊椎动物种因濒临灭绝而被列入红色名录。

6. 化学品和废弃物

20 年来，油船泄漏事件的数量以及石油泄漏总量显著下降。全球塑料产量从 1992 年的 1.16 亿吨增长到 2010 年的 2.65 亿吨，18 年间增长 130%，年增速为 15%。由于塑料的自然降解非常缓慢，这种快速增长将会对环境造成重大的长期影响。

7. 人口

目前，世界人口已经达 70 亿。其中，近 60% 生活在亚洲，15% 在非洲，15% 在北美洲和欧洲。自 1992 年以来，全球人口增长 14.5 亿。人口增长的地区差异性很大，人口增长最多的地区是西亚和非洲，分别增长了 67% 和 53%，而欧洲人口仅增长 4%。发展中国家人口增长率比发达国家高 2～3 倍。

自 1990 年以来，全球大城市数量增长了一倍，2011 年一半以上的人口（35 亿多人）居住在城市，城市人口增加了 45%。人口超过千万的特大城市从 10 个攀升至 2010 年的 21 个。一方面，排名在全球前 25 名的城市创造了一半以上的世界财富；另一方面，它们占全球能源消费的 75%、碳排放的 80%。

密集的人口直接带来环境卫生、废物管理、空气污染以及其他民生及环境问题。住在贫民窟的城市居民占城市总人口的比例从 1990 年的 46% 下降到 2010 年的 1/3。全球共有 14 亿人未能连上电网或者无法获得稳定的电能。此外，快速城市化使部分定居点已经安置到了环境脆弱地区，洪水、泥石流、海啸和地震等自然灾害对高度集中的人群会产生更大威胁。

8. 经济

全球 GDP 持续稳定增长，但收入水平依然存在巨大差异。其中，穷国和富国的收入差距明显，非洲、拉丁美洲和亚洲依然低于全球平均水平。一些新兴经济体已令百万人口脱离贫困，但是消耗了大量自然资源，造成了很高的环境损失。

1992—2005 年，自然资源的消耗量从 42 亿吨增长到 60 亿吨，增长率达到 43%。随着社会的发展和逐渐富裕，人们对原材料的需求将会进一步增大，能源和自然资源的消耗量仍然在继续增长。但材料的生产和使用都更加有效，使得单个产品的消耗量下降。生态税可作为一种工具用于标定资源消耗和污染排放的实际价格，激励绿色经济发展。

报告警告说，除非各国齐心协力，迅速采取措施遏制资源消耗并使其与经济增长"脱钩"，否则人类活动有可能破坏维持经济和生命的地球环境。

9. 农业

粮食增产速度继续超过人口增长速度稳步上升，2009 年全球食品产量比 1992 年增加了 45%。但是过度依赖种植面积的增加和滥用化肥，造成能源需求增加、林地和草原退化、内陆和海洋水域的富营养化、一氧化二氮等温室气体排放等问题。

10. 渔业

鱼类资源的枯竭是最紧迫的环境问题之一。海洋捕捞总量略有下降，但金枪鱼捕捞量急剧上升。亚洲占据了全球 90% 的水产养殖量，亚洲和拉丁美洲热带沿海地区的虾和对虾养殖呈现蓬勃发展的势头。

11. 能源

发达国家的能源消耗比发展中国家高出近 12 倍。2010 年，可再生能源（包括生物质能）对全球能源供给的贡献约占 16%。其中，太阳能和风能仅占全球能源总量的 0.3%。

随着人们对低碳、资源有效的能源解决方案认识的不断深入，2004—2010 年，全球针对可持续能源的投资增长了 540%。

由于技术成本不断下降以及新政策实施，与 1992 年相比，生物柴油的增长率攀升至 3 000 倍，太阳能使用增加了近 300 倍，风能增加了 60 倍，生物燃料增加了 35 倍。截至 2011 年中期，世界各地有 437 座核电站，另有 60 多座在建。急剧增长的生物燃料带来收益，但是也带来环境和社会风险。

12. 工业、交通和旅游

基础建材需求日益增长。自 1992 年以来，水泥和钢材的需求急剧上升，水泥需求从约 11 亿吨增长到超过 30 亿吨（2009 年），钢材需求从 7.2 亿吨增长到 14 亿吨（2010 年），年均增长率分别为 6% 和 3.8%，其中大部分需求来自亚洲（2008 年钢材需求增长近 60%）。水泥和钢材生产贡献了约 6% 的全球温室气体排放量。

此外，全球化和收入增加推动国际旅游急剧增长。乘坐飞机的旅客人次自 1992 年以来增加了一倍。其中，生态旅游增长速度是传统旅游的 3 倍，年增长率达到 20% ~ 34%，这种方式不仅较少破坏环境，还有助于发展区域经济和消除贫困。

（资料来源：中国环境报/2011 年/12 月/20 日/第 004 版）

1.3　环境污染物与环境污染

1.3.1　环境污染物

环境问题中相当大的一部分是由污染物的任意排放所导致的。所谓环境污染物（environmental pollutants）是指进入环境后使环境的正常组成和性质发生改变，直接或间接有害于人类与生物的物质。这类物质主要是人类生产和生活活动中产生的各种化学物质，也有自然界释放的物质，如火山爆发喷射出的气体、尘埃等。按照受污染物影响的环境要素，可分为大气污染物、水体污染物、土壤污染物等；按照污染物的形态，可分为气体污染物、液体污染物和固体污染物；按照污染物的性质，可分为化学污染物、物理污染物和生物污染物；按照污染物在环境中物理、化学性状的变化，可分为一次污染物（或原生污染物）和二次污染物（或次生污染物）。

污染物进入环境后，会发生迁移和转化，并通过这种迁移和转化与其他环境要素和物质发生化学的和物理的，或物理化学的作用。污染物的迁移（transport of pollutant）是指污染物在环境中发生空间位置的移动及其所引起的污染物的富集、扩散和消失的过程。这种变化往往伴随着污染物在环境中浓度的变化。污染物迁移的方式主要有以下几种：物理迁移、化学迁移和生物迁移。化学迁移一般都包含着物理迁移，而生物迁移又都包含着化学迁移和物理迁移。物理迁移就是污染物在环境中的机械运动，如随水流、气流的运动和扩散，在重力作用下的沉降等。化学迁移是指污染物经过化学过程发生的迁移，包括溶解、离解、氧化还原、水解、络合、螯合、化学沉淀、生物降解等。生物迁移是指污染物通过有机体的吸收、新陈代谢、生育、死亡等生理过程实现的迁移。有的污染物（如一些重金属元素、有机氯等稳定的有机化合物）一旦被生物吸收，生物就很难将其排出体外，这些物质就会在生物体内积累，并通过食物链进一步富集，使得生物体中该污染物的含量达到物理环境的数百倍、数千倍甚至数百万倍，这种现象叫做富集。污染物的转化（transformation of pollutant）是指污染物在环境中经过物理、化学或生物的作用改变其形态或转变为另一种物质的过程。各种污染物转化的过程取决于它们的物理性质、化学性质和所处的环境条件，此转化过程往往与迁移过程伴随进行。污染物的物理转化可通过蒸发、渗透、凝聚、吸附以及放射性元素的蜕变等一种或几种过程来实现。污染物的化学转化以光化学反应、氧化还原和络合水解等作用最为常见。水环境中重金属的氧化还原反应，使污染物的价态发生变化，如三价铬转化为六价铬，三价砷转化为五价砷；有害物质的水解，会使它分解而转化为另一种性质的物质，这些都是污染物的化学转化。生物转化是污染物通过生物的吸收和代谢作用而发生的转化。微生物在合适的环境条件下会使含氮、硫、磷的污染物转化为其他无毒或毒性不大的化合物，如有机氮被生物转化为氨态氮或硝态氮，硫酸盐还原菌可使土壤中的硫酸盐还原成硫化氢气体进入大气；许多土壤中的有机物通过微生物的降解而转化为其他衍生物或二氧化碳和水等无害物。污染物在环境中的转化往往是物理的、化学的和生物的作用伴随发生的。大气中的二氧化硫经光化学氧化作用或在雨滴中有铁离子、锰离子存在的催化氧化作用而转化为硫酸或硫酸盐，同时也发生由气态转化为液态或固态的物理转化。

环境污染物对人体健康的危害主要表现为三种类型。

1. 急性危害

环境污染物在短时间大量进入环境，可使暴露人群在较短时间内出现不良反应、急性中毒甚至死亡。例如，伦敦烟雾事件主要表现为呼吸系统和心血管系统疾患的患者病情急剧加重，死亡；光化学烟雾事件引起事件发生地大量居民眼睛和上呼吸道的刺激症状，呼吸功能障碍。

2. 慢性危害

环境污染物以低浓度、长时间反复作用于机体所产生的危害，称为慢性危害。无论何种环境污染物，长期暴露均可能造成慢性危害。但是，是否产生慢性危害与污染物的暴露剂量、暴露时间、化学污染物的生物半减期和化学特性、机体的反应特性等有关。环境污染物所致的慢性危害主要有如下类型。

①非特异性影响环境污染物所致的慢性危害，往往不是以某种典型的临床表现方式出现。在环境污染物长时间作用下，机体生理功能、免疫功能、对环境有害因素作用的抵抗力可明显减弱，对生物感染的敏感性将会增加，健康状况逐步下降，表现为人群中患病率、死亡率增加，儿童生长发育受到影响。环境污染所致的慢性危害往往是非特异性的弱效应，发展呈渐进性。因此，出现的有害效应不易被察觉或得不到应有的重视。一旦出现了较为明显的症状，往往已经成为不可逆的损伤，造成严重的健康后果。

②引起慢性疾患。在低剂量环境污染物长期作用下，可直接造成机体某种慢性疾患。如慢性阻塞性肺部疾患，它是与大气污染物长期作用和气象因素变化有关的一组肺部疾病。它包括慢性支气管炎、支气管哮喘、哮喘性支气管炎和肺气肿及其续发病。随着大气污染的加重，居民慢性阻塞性肺部疾患在疾病死亡中的比重增加。又如无机氟的长期暴露可造成骨骼系统和牙釉质的损害；甲基汞的长期暴露可损害脑和神经系统。

③持续性蓄积危害。在环境中有些污染物如铅、镉、汞等重金属及其化合物和有机氯化合物 DDT、二恶英、多氯联苯（PCBs）等脂溶性强、不易降解的有机化合物，进入人体后能较长时间贮存在组织和器官中。尽管这些物质在环境中浓度低，但由于它们的生物半减期很长，如汞的生物半减期为 72 天，镉的生物半减期为 13.7 年，长期暴露会导致在人体内的持续性蓄积，使受污染的人群体内浓度明显增加。在各国普遍使用有机氯杀虫剂以后，环境中残留的有机氯通过呼吸道、消化道和皮肤进入人体，

使之在人体的脂肪内残留量逐渐增高。长期贮存于组织和器官中的毒物，在机体出现某种异常如疾病、妊娠等情况下，由于生理或病理变化的影响，可能从蓄积的器官或组织中动员出来，而对机体造成损害。

3. 远期危害

环境污染物对人体的危害，一般是经过一段较长的潜伏期后才表现出来，如致癌作用。动物实验证明，有致癌性的化学物达 1 100 余种。此外，放射线体外照射或吸入放射性物质也会引起白血病、肺癌等。同时，污染物对遗传有很大影响。一切生物本身都具有遗传变异的特性，环境污染物对人体遗传的危害，主要表现在致突变和致畸作用。

阅读资料

持久性有机污染物（POPs）及其危害

持久性有机污染物（Persistent Organic Pollutants，简称 POPs）是指人类合成的、能持久存在于环境中、通过生物食物链（网）累积、并对人类健康及环境造成有害影响的化学物质。

POPs 对人体、动物都具有毒性。具有致癌、致畸与致突变作用；破坏或抑制神经系统和免疫系统；破坏或干扰内分泌系统；影响人类生殖功能，即所谓"雌性化"作用，干扰荷尔蒙，造成生长障碍和遗传缺陷，对人类繁衍及新生儿健康提出挑战。POPs 几乎都直接或间接地具有环境激素作用，这些物质长期与人类和动物接触，会渐渐引起内分泌系统、免疫系统、神经系统出现多种异常，并诱发癌症和神经性疾病。研究表明，妇女乳腺癌与多氯联苯污染有关。近年来的男性精子数量大幅下降与持久性有机污染物污染有关。有机氯农药确实可干扰雌激素的信号传递，对雌激素作用既有促进又可有拮抗，最终都可表现为体内内分泌调节的紊乱，导致激素靶器官的病变和生殖毒性；加上其对人体确有细胞毒性和基因毒性，因而，其与乳腺癌的关系不可忽视。环境激素污染最为明显的表现有：①在近 50 年，人类男性的平均精子数量减少了一半。某国未公开的最新研究表明：该国男性的精子平均数目已减少到难以维持其种族繁衍的程度。另外，精子畸形的人数也在增加；②人类女性的不孕现象明显上升；③在自然界中，水生动物雌化现象严重。比如在英国，某些河流中一些雄性鱼类被雌化了；④有些鸟类出现了行为反常，雄鸟不再履行父亲的职责，弃巢而去，而雌鸟则成双成对来抚养双倍的鸟卵，而这些卵却常常不能被孵化；⑤有的动物失去了生育能力，有的动物虽仍具有生育能力，但其后代的生命力却很差，而且退化现象普遍存在。如以受多氯联苯（PCBs）等污染的鲸、海豹和鳟鱼为主要食物的加拿大地区土著居民，体内大量积聚了有毒化学物质，母乳脂肪含多氯联苯高达 1ppm 以上，相当于加拿大非极地居民的 6 倍。他们的幼儿免疫能力下降，体内 B 细胞和 T 细胞数减少，因而易患疾病，如脑（脊）膜炎、支气管炎和肺炎等，1/4 儿童听力有障碍。在大气、水、土壤、沉积物、植物、人体、动物组织中均检出多氯联苯，从南极的企鹅到北冰洋的鲸鱼，机体内都检出了 PCBs 成分。在城市土壤和植物根系中的浓度，显著高于郊区和农村。

多氯联苯（PCBs）是一类具有两个相连苯环结构的含氯有机化合物，是一系列氯代烃的总称。多氯联苯的特性为：性质稳定、沸点低、可燃性差、导电性差、电容率高，故而有出色的电绝缘特性。多氯联苯的污染事件很多。1968 年 3 月日本北部九州县发生的震惊世界的米糠油事件，不慎混入多氯联苯的米糠油造成了几十万只鸡中毒死亡，1 867 人中毒，30 人死亡。1979 年我国台湾省发生与日本类似的米糠油事件，导致 2 000 多人中毒，称为"台湾油病"。研究还发现植物和水生生物可以吸收多氯联苯，并通过食物链传递和富集。PCBs 产生的毒性影响包括体重减轻、免疫功能失调、产生畸形、导致生殖系统疾病、致癌等问题，引起皮肤病以及对肝脏产生影响，对人类健康危害极大。美国的科学研究小组分析研究了从北欧、北美和智利的 16 个城市的市场采购来的大马哈鱼，从人工养殖的大马哈鱼肉中检测出了十几种不同的 POPs，其中包括多氯联苯、毒杀酚、六六六、狄氏剂、氯丹、滴滴涕、异狄氏剂、灭蚁灵等，这些物质中有些是杀虫剂，有些是工业生产的副产品，其中有的物质已知或疑为致癌物质。

二恶英分为两组，一组总称为多氯二苯并 – 对 – 二恶英（PCDDs），这类化合物的母核为二苯 – 并 – 对二恶英，具有经两个氧原子联结的二苯环结构，由氯原子数和所在位置不同，可组成 75 种异构体，简称二恶英。经常与之伴生，且与二恶英具有十分相似的物理性质、化学性质及生物毒性的另一组毒物是二苯并呋喃，全称为多氯二苯并呋喃（PCDFs），共有 135 种异构体。二恶英是 20 世纪含氯有机化学工业中含氯燃料燃烧的副产物。二恶英化学稳定性强，一旦进入环境或人体，在脂肪中高度溶解并在体内蓄积，较难排出，为持续性环境有机污染物，从人体内排出一半所用时间（半减期）平均达 7 年之久。由于高度亲脂性，而容易存在于动物脂肪和乳汁中，因此，鱼、肉、禽、蛋、乳及其制品最易受到污染。人体接触的二恶英 90% 来自膳食。PCDD（2，3，7，8 – 四氯二苯并 – 二恶英）是 POPs 中二恶英的代表物，它具有致癌作用。历史上发生了一系列二恶英环境污染事件，1962 年美军开始在越南战争中使用含二恶英杂质的橙色落叶剂（橙剂）使美军士兵 20 年后体内脂肪中仍然含有大量的二恶英，1969 年越南报纸报道了受橙剂影响所导致的新生儿畸形现象。1971 年 Times Beach 污染事件（密苏里）和 1976 年意大利塞维索生产三氯苯酚的工厂爆炸，剧毒的二恶英扩散造成 180 人中毒，2 000 多人受到影响，事隔多年后，当地居民的畸形儿出生率大为增加。1983 年美国密苏里州发生二恶英污染事件，近 2 240 人受到影响，美国政府出资 3 300 万美元购买了整个城镇的土地。1999 年比利时布鲁塞尔发生的饲料二恶英污染事件曾引起全球消费者的恐慌，并且导致了当时的比利时内阁被迫宣布集体辞职。各国已纷纷拒绝二恶英，因为二恶英可以致癌，其环境雌激素效应还能造成男性雌性化和不育等。

（资料来源：石碧清、李桂玲，持久性有机污染物（POPs）及其危害，《中国环境管理干部学院学报》，2005 年第 1 期）

1.3.2　环境污染

当人类直接或间接地向环境排放的污染物数量超过了环境的自净能力时，即发生了环境污染（environmental pollution），会对人类的生存与发展、生态系统和财产造成不利的影响。环境污染按照环境要素可分为大气污染、土壤污染、水体污染，按照人类活动可分为工业环境污染、城市环境污染、农业环境污染。按照造成环境污染的性质来源可分为化学污染、生物污染、物理污染、固体废物污染、能源污染。

环境污染是各种污染因素本身及其相互作用的结果。同时，环境污染还受社会评价的影响而具有社会性。环境污染的特点可归纳为以下几点。

1. 时间分布性

污染物的排放量和浓度随时间而变化。例如，因燃烧的燃料种类不同、锅炉的运行参数不同等，火电厂排放的气体污染物的种类和浓度往往随时间而变化。

2. 空间分布性

污染物进入环境后，随着水和空气的流动而被稀释扩散，不同空间位置上污染物的浓度分布是不同的。例如，烟囱排放的气体污染物在正下风向不同距离处的浓度不同。

3. 存在阈值

污染物引起毒害的量与其无害的自然本底值之间存在着一个界限，即对环境的危害有一阈值，这是判断环境污染及污染程度的重要依据。

4. 综合效应

环境体系非常复杂，研究环境污染时应考虑各种因素的综合效应。从传统毒理学观点来看，同时存在的多种污染物对人或生物体的影响有以下 4 种情况。

☞ 单独作用，即当机体中某些器官只是由于混合物中某一组分受到危害，没有因污染物的共同作用而加深危害的，称为污染物的单独作用。

☞ 相加作用，即混合污染物各组分对机体的同一器官的毒害作用彼此相似，且偏向同一方向，这种作用等于各污染物毒害作用的总和，称为污染的相加作用。如大气中的二氧化硫和硫酸气溶胶、氯和氯化氢，当它们在低浓度时，其联合毒害作用即为相加作用，而在高浓度时则不具备相加作用。

☞ 相乘作用，即混合污染物各组分对机体的毒害作用超过个别污染物毒害作用的总和，称为相乘作用。如二氧化硫和颗粒物、氮氧化物和一氧化碳，就存在相乘作用。

☞ 拮抗作用，即两种或两种以上污染物对机体的毒害作用彼此抵消一部分或大部分，称为拮抗作用。如当食物中含有 30ppm 甲基汞，同时又存在 12.5ppm 硒时，可能会抑制甲基汞的毒性。

5. 社会评价

环境污染的社会评价与社会制度、文明程度、技术经济发展水平、民族的风俗习惯、哲学、法律等相关。例如，有些表现为慢性危害的环境污染往往不引起人们注意，而某些表现为急性危害的环境污染却很容易受到社会重视。

1.4　环 境 科 学

1.4.1　环境科学的产生与发展

环境科学（environmental science）是研究人类活动与其环境质量关系的科学。从广义上说，环境科学是对人类的生活环境进行综合研究的科学，是研究人类周围空气、大气、土地、水，能源、矿物资源、生物和辐射等环境因素及其与人类的关系以及人类活动如何改变这种关系的科学。从狭义上说，环境科学是研究由人类活动所引起的环境质量变化以及如何保护和改进环境质量的科学。

环境科学源于人们对周围环境及其影响的高度关注，并随着众多环境问题的出现而迅速发展，是一门新兴学科。20 世纪 50 年代，环境问题日益严重，引起世界公众的广泛关注。1954 年，美国学者最早提出了"环境科学"一词。国际性环境科学机构出现于 20 世纪 60 年代，1968 年国际科学联合理事会设立了环境问题科学委员会。20 世纪 70 年代，出现了以环境科学为内容的专门著作。其中，为 1972 年"联合国人类环境会议"而出版的《只有一个地球》是环境科学中一部最著名的绪论性著作。此后，随着人类在控制环境污染方面所取得的进展，环境科学也日趋成熟，并形成自己的基础理论和研究方法。环境科学从分门别类研究环境和环境问题，逐步发展到从整体上进行综合研究。例如，关于生态平衡的问题，如果单从生态系统的自然演变过程来研究，是不能充分阐明它的演变规律的，只有把生态系统和人类经济社会系统作为一个整体来研究，才能彻底揭示生态平衡问题的本质，阐明它从平衡到不平衡，又从不平衡到新的平衡的发展规律。环境科学的方法论也在不断发展。例如，在环境质量评价中，逐步建立起一个将环境的历史研究同现状研究结合起来，将微观研究同宏观研究结合起来，将静态研究同动态研究结合起来的研究方法；并且运用数学统计理论、数学模式和规范的评价程序，形成一套基本上能够全面、准确地评定环境质量的评价方法。环境科学现有的各分支学科，正处于蓬勃发展时期。这些分支学科在深入探讨环境科学的基础理论和解决环境问题的途径和方法的过程中，还将出现更多的新的分支学科。例如，环境生物学在研究污染对微生物生命活动和种群结构的影响以及由于微生物种群的变化而引起的环境变化时，出现了环境微生物学。因此，环境科学正逐渐发展成为一个枝繁叶茂的庞大学科体系。

环境科学是一门综合性很强的学科，是一门新兴的交叉学科，不仅涵盖地理学、生态学、物理学、化学、生物学等多个自然科学领域，还涉及经济学、社会学及政治学等社会科学领域。总体来说，环境科学的分支学科可分为自然环境科学、社会环境科学和应用环境科学 3 个类别（图 1-4）。自然环境科学是环境科学与各自然科学的交叉学科群，运用自然科学的理论与方法，认识环境现象、揭示环境规律、解决环境问题。社会环境科学是环境科学与各社会科学的交叉学科群，运用社会科学的理论与方法，解析环境现象、建立环境规则、调控人类活动对环境的影响。应用环境科学是环境科学与各工程科学的交叉学科群，运用工程技术科学的理论与方法，认识环境特征、治理环境污染、改善生态环境治理。

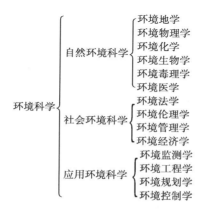

图 1-4 环境科学的学科体系

1.4.2 环境科学的研究对象与研究内容

环境科学以人类—环境系统为其特定的研究对象，主要研究环境在人类活动强烈干预下所发生的变化和为了保持这个系统的稳定性所应采取的对策与措施。宏观上，研究人类同环境之间的相互作用、相互促进、相互制约的对立统一关系，揭示社会经济发展和环境保护协调发展的基本规律；微观上，研究环境中的物质，尤其是人类活动排放的污染物在有机体内迁移、转化和积累的过程及其运动规律，探索其对生物体内的影响及其作用机理等。

环境科学的任务就是要揭示人类与环境二者之间的辩证关系，掌握其发展规律，调控二者之间物质、能量与信息的交换过程，寻求解决矛盾的途径和方法，促进人类—环境系统的协调和持续发展。其主要研究内容可概括为如下几点。

☞ 人类和环境的关系；

☞ 污染物在自然环境中的迁移、转化、循环和积累的过程和规律；

☞ 环境污染的危害；

☞ 环境状况的调查、评价和环境预测；

☞ 环境污染的控制和防治；

☞ 自然资源的保护和合理使用；

☞ 环境监测、分析技术和预测；

☞ 环境区域规划和环境规划；

☞ 环境管理等。

1.4.3　环境科学的研究方法

环境科学是一个综合性的交叉学科，只有运用自然科学、社会科学、应用科学等多个领域的研究方法才能够解决环境问题。但总体来说，环境科学的研究方法是以系统分析为基础。

系统（system）是指一群有相互关联的个体组成的集合。我们生活的地球可以看成是一个生态系统（ecosystem），即一定时间和空间范围内栖居的所有生物（生产者、消费者和分解者）与非生物的环境之间由于不停地进行物质循环和能量流动而形成的一个相互影响、相互作用，并具有自我调节功能的自然整体。生态系统的范围大小通常是根据研究的目的和对象而定。小的生态系统，如一个池塘、一块草地。小的、简单的生态系统可组合成大的、复杂的生态系统，最大、最复杂的生态系统包含了地球上的一切生物及其生存条件，即生物圈（biosphere）。

生物圈的生态系统类型众多，一般可分为自然生态系统和人工生态系统。自然生态系统可进一步分为水域生态系统和陆地生态系统。水域生态系统主要有河流生态系统、湖泊生态系统、海洋生态系统、湿地生态系统等，陆地生态系统主要有森林生态系统、草原生态系统等。人工生态系统则可以分为农田生态系统、城市生态系统等。

在环境系统中，我们很难真正识别所有关联的部分，更不用说了解它们之间的相互影响。因此，我们需要将系统进行简化，简化模型当然无法在细节上与真实系统完全一样，但要求基本上近似。如果环境问题发生在空气、水或土壤之一，则研究此环境问题时，仅限于以上三个系统之一，可称为单介质系统（single‑medium system），如水处理系统（图1‑5）、固体废物处理系统（图1‑6）等。然而，许多重要的环境问题并不限于简单的某一系统之中，通常涉及空气、水、土壤等多种介质，可称为多介质系统（multimedia system），如火力发电系统（图1‑7）。

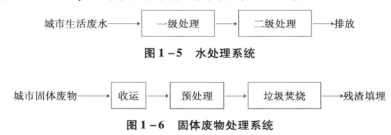

城市生活废水 ——→ 一级处理 ——→ 二级处理 ——→ 排放

图1‑5　水处理系统

城市固体废物 ——→ 收运 ——→ 预处理 ——→ 垃圾焚烧 ——→ 残渣填埋

图1‑6　固体废物处理系统

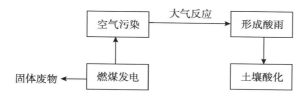

图 1 – 7 火力发电系统

环境系统经过简化后，可采用质量平衡法求解环境问题。在环境中，物质既不会被创造，也不会被消灭，只能从一种形式转化为另一种形式，称为质量平衡原理。在环境系统中，质量方程式可写为：

$$积累质量 = 输入质量 - 输出质量$$

许多环境问题涉及时间，上述方程式可用速率表示：

$$累计速率 = 输入速率 - 输出速率$$

当一个系统的输入速率和输出速率保持恒定且相等时，累计速率等于零，这种状态称为稳定状态（steady state）。

在质量平衡法中，先画出一个过程的流程图或环境子系统的概念图，将所有已知的输入量、输出量、积累量都换算成相同的质量单位，未知的输入量、输出量和积累量也在图中标出来，然后写出物料平衡方程式，求解。

[**例 1 – 1**] 有一雨水下水道正在将含有 1.500g/L 氯化钠的溶雪输送到一小河中。河水本身含有 10mg/L 氯化钠。已知雨水下水道流量是 1400L/min，河水流量是 $3.0m^3/s$，请问河水中氯化钠的浓度是多少？假设下水道水流与河水水流完全混合，系统处于稳定状态。

解： 画环境系统框图为

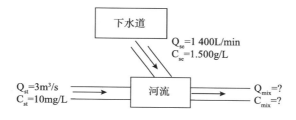

单位换算：

$C_{se} = (1.500g/L) \cdot (1\,000mg/g) = 1\,500mg/L$

$Q_{st} = (3m^3/s) \cdot (1\,000L/m^3) \cdot (60s/min) = 180\,000L/min$

累计速率 $= [C_{st}Q_{st} + C_{se}Q_{se}] - C_{mix}Q_{mix}$

式中，$Q_{mix} = Q_{st} + Q_{se}$

因为系统处于稳定状态，所以累计速率 $= 0$。

因此，$[C_{st}Q_{st} + C_{se}Q_{se}] - C_{mix}Q_{mix} = 0$。

$C_{mix} = [C_{st}Q_{st} + C_{se}Q_{se}] / [Q_{st} + Q_{se}]$

代入数据，计算得：$C_{mix} = 21.5mg/L$

1.5 重要的环保机构

1.5.1 联合国环境规划署

联合国环境规划署（United Nations Environment Programme，UNEP）是1972年第27届联合国大会根据同年6月在斯德哥尔摩召开的联合国人类环境大会的建议决定成立的。该署于1973年1月正式成立，临时总部设在瑞士日内瓦，后于1973年迁至肯尼亚首都内罗毕。成立之初，在世界各地设有7个地区办事处和联络处。所有联合国成员国、专门机构成员和国际原子能机构成员均可加入。到2009年，已有100多个国家参加其活动。在国际社会和各国政府对全球环境状况及世界可持续发展前景愈加深切关注的21世纪，联合国环境规划署越来越受到重视，并且正在发挥着不可替代的作用。

联合国环境规划署的宗旨是：促进环境领域内的国际合作，并提出政策建议；在联合国系统内提供指导和协调环境规划总政策，并审查规划的定期报告；审查世界环境状况，以确保可能出现的具有广泛国际影响的环境问题能够得到各国政府的适当考虑；经常审查国家与国际环境政策和措施对发展中国家带来的影响和费用增加的问题；促进环境知识的取得和情报的交流。

联合国环境规划署的主要职责是：贯彻执行环境规划理事会的各项决定；根据理事会的政策指导提出联合国环境活动的中、远期规划；制订、执行和协调各项环境方案的活动计划；向理事会提出审议的事项以及有关环境的报告；管理环境基金；就环境规划向联合国系统内的各政府机构提供咨询意见等。

表 1-1 UNEP 的里程碑事项

年度	主题
1972 年	UNEP 建立
1973 年	濒危物种国际贸易公约
1975 年	执行地中海行动计划，促进区域海洋协议
1979 年	迁徙物种波恩公约
1985 年	保护臭氧层维也纳公约
1987 年	消耗臭氧层物质的蒙特利尔议定书
1988 年	政府间气候变化专门委员会
1989 年	关于危险废物越境转移的巴塞尔公约
1992 年	联合国环境和发展大会发表 21 世纪议程
1992 年	气候变化框架公约
1992 年	生物多样性公约

年度	主题
1994 年	防止荒漠化公约
1995 年	为保护海洋环境免受陆地污染而发起全球行动纲领
1998 年	关于事先知情同意的鹿特丹公约
1999 年	发起联合国全球协定
2000 年	根据卡塔赫纳生物安全协议而采取措施以解决转基因生物体问题
2000 年	马尔摩宣言：第一届全球部长级环境论坛，呼吁国际社会进行环境管理
2000 年	千年宣言：可持续性环境发展被列为八项千年发展目标之一
2001 年	斯德哥尔摩持久性有机污染物公约
2002 年	关于可持续发展的世界峰会，重申 UNEP 在实现可持续发展的国际努力中的重要角色
2004 年	巴厘战略计划技术支持和能力建设
2005 年	关于气候变化的京都议定书生效
2005 年	千年生态系统评估报告，强调了生态系统对人类福利的重要性
2005 年	世界首脑会议公布的文件中强调了环境在可持续发展中的重要性

1.5.2　全球环境基金

在 1989 年的国际货币金融组织和世界银行发展委员会年会上，法国提出建立一种全球性的基金，用以鼓励发展中国家开展对全球有益的环境保护活动。1990 年 11 月，25 个国家达成共识建立全球环境基金（Global Environment Facility，GEF），由世界银行、联合国开发计划署（United Nations Development Programme，UNDP）和联合国环境规划署共同管理。1991 年 3 月，21 个国家捐款约 1.4 亿美元作为 3 年试运行期的运行资金。在之后的正式运行期中，基金捐款国（主要是发达国家）定期向基金捐款。中国也是捐款国之一。GEF 第一期（1994 年 7 月 1 日至 1998 年 6 月 30 日）的总承诺捐资额为 20.233 7 亿美元，中国捐款 560 万美元；GEF 第二期（1998 年 7 月 1 日至 2002 年 6 月 30 日）的总承诺捐资额为 19.912 8 亿美元，中国捐款 820 万美元；2002 年 8 月，GEF 第三期增资谈判结束，各国承诺新增捐款额约为 22.1 亿美元，中国承诺捐款 951 万美元。截止到 2002 年 7 月底，GEF 共有 173 个成员国。

作为一个国际资金机制，GEF 主要是以赠款或其他形式的优惠资助，为受援国（包括发展中国家和部分经济转轨国家）提供关于气候变化、生物多样性、国际水域和臭氧层损耗四个领域以及与这些领域相关的土地退化方面项目的资金支持，以取得全球环境效益，促进受援国有益于环境的可持续发展。它是联合国《生物多样性公约》、《气候变化框架公约》的资金机制和《持久性有机污染物公约》的临时资金机制。这些公约的缔约方大会为 GEF 相关领域规划和项目的合格性做出指导。GEF 也同其他的公约和协议有着密切的合作。GEF 与《维也纳臭氧层损耗物质公约》的《蒙特利尔议定书》下的多边基金互为补充，为俄罗斯联邦及东欧国家提供赠款，帮助它们开展消除臭氧层损耗物质的活动。

1.5.3 美国国家环保局

美国国家环保局（Environmental Protection Agency，EPA）于1970年成立，总部设在华盛顿。在10个地区设有分部，还有很多实验室，人员编制多达18 000人，职员受过高等教育和技术培训，其中半数是工程师、科学家和政策分析人士，还有大量人员是律师、经济师、信息和计算机领域的科技人才。

美国国家环保局由美国总统任命的部长领导，下设3个办公室、9个司和10个地区办公室。3个办公室为：首席财政长官办公室、总顾问办公室、首席督察办公室。9个司为：行政与资源司、空气与辐射司、立法与执法司、国际事务司、环境信息司、农药与有毒化学品预防司、研究与发展司、固体废物与应急司和水资源司。

美国国家环保总局的主要任务是保护人类健康和自然环境，其主要工作包括：

☞ 制定并执行规章制度；

☞ 提供资金支持；

☞ 进行环境科学研究；

☞ 发起自愿的合作计划；

☞ 进一步的环境教育等。

1.5.4 中国国家环保部

中国国家环保部（Ministry of Environmental Protection，MEP）是我国的环境管理部门。其形成的历史为：

☞ 1972年，官厅水库突然死了上万尾鱼，在周恩来总理亲自过问下，国务院发布了3个文件，迅速成立了由万里担任组长的官厅水系水源保护领导小组，该领导小组是我国成立的最早的环保部门；

☞ 1973年，成立了国务院环境保护领导小组办公室，为国家级机构；

☞ 1982年，经过第一次机构改革，成立环境保护局，归属当时的城乡建设环境保护部，也就是建设部；

☞ 1984年，更名为国家环保局，依旧在建设部管理范围内；

☞ 1988年，国务院机构改革时，从城乡建设环境保护部中独立出来，成为国务院直属机构（副部级）；

☞ 1998年，国家环境保护局升格为国家环境保护总局（正部级），但只是国务院的直属单位，而不是国务院的组成部门，在制定政策的权限以及参与高层决策等方面，与作为国务院组成部门的部委有着很大不同；

☞ 2008年，根据第十一届全国人民代表大会第一次会议批准的国务院机构改革方案和《国务院关于机构设置的通知》（国发〔2008〕11号）设立了国家环境保护部，将原国家环境保护总局的职责划入国家环境保护部，成为国务院组成部门。

国家环境保护部内设14个机构：办公厅、规划财务司、政策法规司、行政体制与人事司、科技标准司、污染物排放总量控制司、环境影响评价司、环境监测司、污染防治司、自然生态保护司、核安全管理司、环境监察局、国际合作司和宣传教育司。其主要职责包括下述内容。

☞ 负责建立健全环境保护基本制度。拟订并组织实施国家环境保护政策、规划，起草法律法规草案，制定部门规章。组织编制环境功能区划，组织制定各类环境保护标准、基准和技术规范，组织拟订并监督实施重点区域、流域污染防治规划和饮用水水源地环境保护规划，按国家要求会同有关部门拟订重点海域污染防治规划，参与制订国家主体功能区划。

☞ 负责重大环境问题的统筹协调和监督管理。牵头协调重特大环境污染事故和生态破坏事件的调查处理，指导协调地方政府重特大突发环境事件的应急、预警工作，协调解决有关跨区域环境污染纠纷，统筹协调国家重点流域、区域、海域污染防治工作，指导、协调和监督海洋环境保护工作。

☞ 承担落实国家减排目标的责任。组织制定主要污染物排放总量控制和排污许可证制度并监督实施，提出实施总量控制的污染物名称和控制指标，督查、督办、核查各地污染物减排任务完成情况，实施环境保护目标责任制、总量减排考核并公布考核结果。

☞ 负责提出环境保护领域固定资产投资规模和方向、国家财政性资金安排的意见，按国务院规定权限，审批、核准国家规划内和年度计划规模内固定资产投资项目，并配合有关部门做好组织实施和监督工作。参与指导和推动循环经济和环保产业发展，参与应对气候变化工作。

☞ 承担从源头上预防、控制环境污染和环境破坏的责任。受国务院委托对重大经济和技术政策、发展规划以及重大经济开发计划进行环境影响评价，对涉及环境保护的法律法规草案提出有关环境影响方面的意见，按国家规定审批重大开发建设区域、项目环境影响评价文件。

☞ 负责环境污染防治的监督管理。制定水体、大气、土壤、噪声、光、恶臭、固体废物、化学品、机动车等的污染防治管理制度并组织实施，会同有关部门监督管理饮用水水源地环境保护工作，组织指导城镇和农村的环境综合整治工作。

☞ 指导、协调、监督生态保护工作。拟订生态保护规划，组织评估生态环境质量状况，监督对生态环境有影响的自然资源开发利用活动、重要生态环境建设和生态破坏恢复工作。指导、协调、监督各种类型的自然保护区、风景名胜区、森林公园的环境保护工作，协调和监督野生动植物保护、湿地环境保护、荒漠化防治工作。协调指导农村生态环境保护，监督生物技术环境安全，牵头生物物种（含遗传资源）工作，组织协调生物多样性保护。

☞ 负责核安全和辐射安全的监督管理。拟订有关政策、规划、标准，参与核事故应急处理，负责辐射环境事故应急处理工作。监督管理核设施安全、放射源安全，监督管理核设施、核技术应用、电磁辐射、伴有放射性矿产资源开发利用中的污染防治。对核材料的管制和民用核安全设备的设计、制造、安装和无损检验活动实施监督管理。

☞ 负责环境监测和信息发布。制定环境监测制度和规范，组织实施环境质量监测和污染源监督性监测。组织对环境质量状况进行调查评估、预测预警，组织建设和管理国家环境监测网和全国环境信息网，建立和实行环境质量公告制度，统一发布国家环境综合性报告和重大环境信息。

☞ 开展环境保护科技工作，组织环境保护重大科学研究和技术工程示范，推动环境技术管理体系建设。

☞ 开展环境保护国际合作交流，研究提出国际环境合作中有关问题的建议，组织协调有关环境保护国际条约的履约工作，参与处理涉外环境保护事务。

☞ 组织、指导和协调环境保护宣传教育工作，制定并组织实施环境保护宣传教育纲要，开展生态文明建设和环境友好型社会建设的有关宣传教育工作，推动社会公众和社会组织参与环境保护。

☞ 承办国务院交办的其他事项。

1.5.5 中国环境科学学会

中国环境科学学会（Chinese Society For Environmental Sciences，CSES）于 1978 年 5 月获批成立，是中国国内成立最早、专门从事环境保护事业的非营利性全国性非政府科技社团组织，是国家一级学会，也是中国环境学科最高学术团体和中国目前规模最大的环保科技社团组织，具有跨部门、跨行业、横向联系广泛的优势和特点。中国环境科学学会主要由全国环境科技工作者、环境工程技术人员、环境教育工作者和环境管理工作者（统称环境科技工作者）志愿结合组成。截止到 2008 年年底，会员共有 42 000 余名。除设有理事会、常务理事会、秘书处外，还下设 7 个工作委员会、28 个分会及专业委员会。在管理体制上，实行国家环境保护部和中国科学技术协会双重领导。

中国环境科学学会的主要业务有以下内容。

☞ 开展国内、国际学术交流，活跃学术思想，推动自主创新，促进学科发展。

☞ 组织开展重大环境问题调查研究、科学论证，为制定环境保护发展战略、方针政策、规划计划提供咨询服务和技术信息支持。

☞ 开展民间国际环境科技交流，加强与国际环境领域非政府组织间的友好往来与合作。

☞ 组织本会设立的环境科学技术奖及其他奖项的评审；开展环境科学技术评价工

作，接受委托，承担项目评估论证和科技成果鉴定。

☞ 开展环境保护科技咨询和技术服务，促进环境科技成果推广，为企业的污染防治和环保产业发展提供中介服务。

☞ 开展科普宣传，特别是农村科普工作和青少年环境科技教育活动，普及环境科学知识，提高全民环境意识和可持续发展观念。

☞ 开展继续教育，提供环境保护技术培训服务。

☞ 编辑出版环境保护学术、科普书刊和论文集。

☞ 反映广大环境科技工作者的意见和诉求，维护其合法权益；开展表彰、奖励活动，举荐环境科技人才。

☞ 利用电子网络平台为会员和环境科技工作者提供相关信息服务。

☞ 承担政府委托或转移的职能及其他社会职能。

1.5.6 中国环境科研机构

1. 环境模拟与污染控制国家联合重点实验室

环境模拟与污染控制国家联合重点实验室于 1988 年提出申请，1989 年经评审通过并正式立项。该实验室是我国环境科学与工程领域规模最大的国家重点联合实验室，是以清华大学环境科学与工程系、中国科学院生态环境研究中心、北京大学环境学院及北京师范大学环境学院 4 个单位为依托建立的，包括水污染控制、环境水质学、大气环境模拟和水环境模拟 4 个实验室。联合实验室的宗旨是：运用先进的科学技术，特别是模拟手段研究重大的环境问题，以基础研究支持高新污染控制技术的发展，发挥联合的巨大优势，为促进环境科学技术的进步，加强我国环境保护，促进我国实施可持续发展战略服务。

☞ 清华大学水污染控制实验室：着重于水污染控制的新理论与新技术的研究，并以基础研究支持高新污染控制技术的发展，成为我国水污染控制技术领域中的一支重要力量和培养一流人才的重要基地。

☞ 中国科学院环境水质学实验室：基础研究侧重于水质鉴定评价、水质转化机制、水生态与毒理等方法学研究；应用研究侧重于安全给水、水污染控制、水生态安全保障等技术原理和新技术开发。

☞ 北京大学大气环境模拟实验室：在酸雨形成的机理与传输规律和控制对策、光化学烟雾的成因、对流层大气臭氧的变化、平流层臭氧损耗机制及臭氧层保护、低层大气起降尘的动力学、能源与环境协调发展、全球气候变化及温室气体的来源等区域与全球环境问题、汽车尾气污染的扩散规律及控制等研究方面取得了一系列高水平的研究成果，受到国际大气环境学界的高度评价和普遍关注，为国家制定大气环境领域的各项政策和法规提出了重要的科学依据。

☞ 北京师范大学水环境模拟实验室：主要以环境科学理论为基础，综合应用物理、化学、生物和计算机模拟方法及技术手段，研究水环境系统中重要的基础理论和前沿课题，以及水环境模拟领域中的关键技术问题。

2. 污染控制与资源化研究国家重点实验室

同济大学与南京大学联合申请的"污染控制与资源化研究国家重点实验室"于1989年由国家计委批准，1991年正式开始建设，1995年通过国家验收，并正式对外开放。它依托于同济大学、南京大学环境工程和环境科学学科群，涵盖环境工程、市政工程、环境科学三个博士点，土木与水利、环境科学和环境工程3个博士后流动站。

3. 大学与研究院

目前，国内很多高校都开设了环境工程或环境科学专业，每年都有大量的毕业生从事环境保护的工作。在环境科学与工程领域里比较有实力的研究机构有：清华大学、北京大学、南京大学、哈尔滨工业大学、同济大学、浙江大学等高校以及中科院生态环境研究中心、中国环科院等研究院所。

1.6 环境纪念日

环境保护日是为提高公众的环境保护意识，推动全球环境保护运动的发展，经联合国的专门机构及其他国际组织建议或由民间组织提议而确定的，在国际范围内开展的单项环境保护活动日。当前，世界上广为民众关注的环境纪念日见表1-2。

表1-2 主要的世界环境纪念日

环境纪念日	日期
国际湿地日	2月2日
世界水日	3月22日
世界气象日	3月23日
地球日	4月22日
国际生物多样性日	5月22日
世界无烟日	5月31日
世界环境日	6月5日
世界防治荒漠化和干旱日	6月17日
世界人口日	7月11日
国际保护臭氧层日	9月16日
世界动物日	10月4日
世界粮食日	10月16日

下面介绍几个备受关注的世界环境纪念日。

1. 世界环境日

1972年6月5日至6月16日，联合国在瑞典首都斯德哥尔摩召开了人类环境会议，讨论当代世界环境问题，探讨保护全球环境的战略。这是人类历史上第一次在全世界范围内研究保护人类环境的会议。这次会议提出了响遍世界的环境保护口号：只有一个地球！会议形成并公布了《联合国人类环境会议宣言》和具有 109 条建议的保护全球环境的"行动计划"，呼吁各国政府和人民为维护和改善人类环境，造福全体人民，造福子孙后代而共同努力。会议建议将这次大会的开幕日作为"世界环境日"。1972 年 10 月，第 27 届联合国大会通过了这一建议，规定每年的 6 月 5 日为"世界环境日"，让世界各国人民永远纪念它。

联合国环境规划署每年 6 月 5 日举行世界环境日纪念活动，发表"环境现状的年度报告"及表彰对环境保护有特殊贡献的单位和个人，并制定每年世界环境日的主题（表 1 - 3），提醒全世界注意全球环境状况和人类活动对环境的危害，强调保护和改善人类环境的重要性。

表 1 - 3　历年世界环境日主题

年度	主题
1974 年	只有一个地球
1975 年	人类居住
1976 年	水，生命的重要源泉
1977 年	关注臭氧层破坏、水土流失、土壤退化和滥伐森林
1978 年	没有破坏的发展
1979 年	为了儿童的未来——没有破坏的发展
1980 年	新的十年，新的挑战——没有破坏的发展
1981 年	保护地下水和人类食物链，防治有毒化学品污染
1982 年	纪念斯德哥尔摩人类环境会议十周年——提高环境意识
1983 年	管理和处置有害废弃物，防治酸雨破坏和提高能源利用率
1984 年	沙漠化
1985 年	青年·人口·环境
1986 年	环境与和平
1987 年	环境与居住
1988 年	保护环境、持续发展、公众参与
1989 年	警惕，全球变暖
1990 年	儿童与环境
1991 年	气候变化——需要全球合作
1992 年	只有一个地球——关心与共享
1993 年	贫穷与环境——摆脱恶性循环
1994 年	一个地球，一个家庭
1995 年	各国人民联合起来，创造更加美好的世界
1996 年	我们的地球、居住地、国家

年度	主题
1997 年	为了地球上的生命
1998 年	为了地球上的生命，拯救我们的海洋
1999 年	拯救地球就是拯救未来
2000 年	让我们行动起来
2001 年	世间万物，生命之网
2002 年	水——20 亿人生命之所系
2004 年	海洋兴亡、匹夫有责
2005 年	营造绿色城市，呵护地球家园
2006 年	莫使旱地变为沙漠
2007 年	冰川消融，后果堪忧
2008 年	促进低碳经济
2009 年	地球需要你：团结起来应对气候变化
2010 年	多样的物种，唯一的地球，共同的未来
2011 年	森林：大自然为您效劳
2012 年	绿色经济：你参与了吗？

2. 地球日

1969 年，美国威斯康星州参议员盖洛德·纳尔逊提议，在美国各大学校园内举办环保问题的讲演会。不久，美国哈佛大学法学院的学生丹尼斯·海斯将纳尔逊的提议扩展为在全美举办大规模的社区环保活动，并选定 1970 年 4 月 22 日为第一个"地球日"。当天，美国有 2 000 万人，包括国会议员、各阶层人士，参加了这次规模盛大的环保活动。在全国各地，人们高呼着保护环境的口号，在街头和校园游行、集会、演讲和宣传。随后，影响日渐扩大并超出美国国界，得到了世界许多国家的积极响应，最终形成世界性的环境保护运动。"地球日"活动是人类现代环保运动的开端，推动了环境法规的建立，并促成了 1972 年联合国第一次人类环境会议的召开，以后各国政府环保部门和民间环保组织纷纷成立，"地球日"已成为世界各国民众进行大规模环保活动的共同纪念日。

3. 生物多样性日

联合国环境署于 1988 年 11 月召开生物多样性特设专家工作组会议，探讨一项生物多样性国际公约的必要性。1989 年 5 月建立了技术和法律特设专家工作组，拟订一份保护和可持续利用生物多样性的国际法律文书。到 1991 年 2 月，该特设工作组被称为政府间谈判委员会。1992 年 5 月内罗毕会议通过了《生物多样性公约协议文本》。《公约》于 1992 年 6 月 5 日联合国环境与发展大会期间开放签字，并于 1993 年 12 月 29 日生效。缔约国第一次会议 1994 年 11 月在巴哈马召开，会议建议 12 月 29 日即

《公约》的生效日为"国际生物多样性日"。同时，联大敦促联合国秘书长和联合国环境规划署执行主任，从各个方面采取必要措施，以期确保国际生物多样性日活动的连续如期举行。2001 年 5 月 17 日，根据第 55 届联合国大会第 201 号决议，国际生物多样性日改为每年 5 月 22 日。

4. 国际保护臭氧层日

1987 年 9 月 16 日，46 个国家在加拿大蒙特利尔签署了《关于消耗臭氧层物质的蒙特利尔议定书》，开始采取保护臭氧层的具体行动。1995 年 1 月 23 日，联合国大会通过决议，确定从 1995 年开始，每年的 9 月 16 日为"国际保护臭氧层日"。联合国设立这一纪念日旨在唤起人们保护臭氧层的意识，并采取协调一致的行动以保护地球环境和人类的健康。

思考题

1. 什么是环境？
2. 简述环境问题及其分类。
3. 当代环境问题主要有哪些？有何特点？
4. 环境科学研究的内容包括哪些方面？
5. 某废水处理厂有一个水计量罐，操作人员打开水泵往里注水，但是他忘了关闭该计量罐的底阀。计量罐的容积是 $0.35m^3$，水泵的流量是 $1.32L/s$，排水阀门处的流量是 $0.32L/s$。请问，需要多长时间才能将计量罐注满？会浪费多少水？假设水的密度为 $1\,000kg/m^3$。

第2章　大气污染与防治

大气对人类生存具有非常重要的意义。一个成年人每天大约要呼吸 $10m^3$ 的空气，在总面积达 $60 \sim 90m^2$ 的肺泡组织上进行气体的吸收和交换，以维持正常的生理活动。因此，如果大气被污染，将直接关系到人体健康。大气污染是环境污染史上的传统问题。20 世纪中叶的"八大公害"事件中就有 5 起是大气污染事件。而当今人类所关注的温室效应、臭氧层耗竭、酸雨等全球性环境问题，也都与大气污染有关。

本章主要阐述了大气、大气污染、大气污染物、大气环境问题等基本概念，讲述了燃料燃烧过程中污染物的生成原理，介绍了悬浮颗粒物、硫氧化物、氮氧化物的污染控制技术，并探讨了机动车尾气和室内空气的污染与控制问题。

2.1　大气污染概述

2.1.1　大气

根据国际标准化组织（International Organization for Standardization，ISO）的定义：大气（atmosphere）是指环绕地球周围所有空气的总和（the entire mass of air which surround the earth）；环境空气是指人类、植物、动物和建筑物所处的室外空气（outdoor air to which people, plants, animals and structures are exposed）。在研究大气污染问题时，往往指的是与人类关系更为密切的环境空气。大气由多种气体混合而成，其组成可分为 3 部分：干燥清洁的空气、水蒸气和杂质。干燥清洁的空气的平均分子量为 28.97，其主要成分（表 2 - 1）为氮气、氧气、氩气和二氧化碳，这 4 种气体占全部干燥清洁空气的 99.996%（体积百分比）。大气中，水蒸气含量平均不到 0.5%，而且随着时间、地点和气象条件不同而变化，其变化范围为 0.01% ~ 4%。大气中的水蒸气导致了各种气象变化，如云、雾、雨、雪等。此外，水蒸气能够较强地吸收太阳辐射经地面反射后所形成的长波辐射，对地面起到保温的作用。大气中的杂质是由于自然过程和人类活动排放的各种悬浮微粒和气态物质形成的。大气中的悬浮微粒可分为有机的和无机的两种。有机微粒数量较少，如植物花粉、微生物、细菌、病毒等；无机微粒数量较多，如岩石或土壤经过风化所产生的尘粒、火山喷发后的灰烬、燃料燃烧产生的烟尘等。大气中的气态杂质主要有一氧化碳、硫氧化物、氮氧化物、甲烷、氨、醛、非甲烷烃等。

表 2-1 大气的组成

成　　分	分子量	体积百分比（%）
氮	28.01	78.09
氧	32.00	20.95
氩	39.94	0.93
二氧化碳	44.01	0.03
氖	20.18	0.0018
氦	4.00	0.0005
臭氧	48.00	0.00006
氢	2.02	0.00005
氪	83.70	微量
氙	131.30	微量
甲烷	16.04	微量
一氧化二氮	44.01	微量

2.1.2 大气圈

根据自然地理学，大气（atmosphere）圈是指受地心引力而随地球旋转的大气层，厚度约为 10 000km。世界气象组织（World Meteorological Organization，WMO）根据大气温度在垂直方向上的分布特点，将大气圈分为 5 层：对流层、平流层、中间层、暖层和散逸层（图 2-1）。

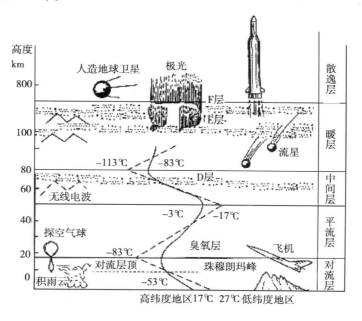

图 2-1 大气圈的结构

对流层（troposphere）是大气层中最靠近地球表面的一层，其厚度在两极上空为8～9km，在赤道上空为16～17km，平均厚度约为12km。对流层是大气中最稠密的一层，总质量占大气层的3/4还要多。大气中的水汽几乎都集中于此，刮风、下雨、降雪等天气现象都发生在对流层内。大气温度随高度升高而降低，每升高100m，温度平均下降0.65℃。空气的移动以上下有规则的对流运动和无规则的湍流运动为主，直接影响着排放到大气中的污染物的迁移、转化。

平流层（stratosphere）是从对流层顶至50～55km高度的一层。从对流层顶至35～40km的这一层，随着高度升高，气温几乎保持不变，约-55℃左右，称为同温层。从同温层顶至平流层顶，气温随高度升高而升高，至平流层顶达-3℃左右。因此，平流层中的大气几乎没有对流运动，垂直混合微弱，极少出现雨雪天气，进入该层的大气污染物停留时间很长，如氟氯烃类污染物。此外，大气中的大部分臭氧集中于平流层，并在20～25km高度达到最大值，形成臭氧层。臭氧层能强烈吸收太阳紫外线，保护地球上的生物免受伤害。

中间层（mesosphere）是从平流层顶至85km高度的一层。气温随着高度升高而迅速降低，中间层顶部气温可达-83℃以下，因此大气的对流运动很强烈，垂直混合非常明显。

暖层（thermosphere）是从中间层顶至800km高度的一层。气温随着高度升高而增高，气体分子被高度电离，大量以离子和电子形式存在，因此又被称为电离层。

散逸层（exosphere）是地球大气层的最外层，位于暖层上方。在太阳紫外线和宇宙射线的作用下，这层空气分子大部分被电离，空气稀薄，温度极高，空气粒子受地球引力作用较小，运动很快，经常散逸至星际空间。

2.1.3　大气污染

根据国际标准化组织给出的定义：大气污染（air pollution）通常是指人类活动或自然过程引起某些物质进入大气中，呈现出足够的浓度，达到足够的时间，并因此而危害了人体的舒适、健康和福利或环境污染的现象。

大气污染源可分为天然源和人为源。尽管与人为污染源相比，由自然现象所引起的大气污染物种类少，浓度低，仅在局部地区的一定时间内可能形成严重污染，但从全球角度上看，天然源也比较重要。天然源主要包括正在活动的火山、森林火灾、海啸、放出有害气体的动植物等。与天然源相比，人类的生产和生活活动是大气污染物的主要来源，通常所说的大气污染源即指人为源。人为源一般可以分为以下4个方面。

（1）燃料燃烧

燃料（煤、石油、天然气等）的燃烧过程是向大气输送污染物的重要发生源，如火力发电站、工业和民用炉窑。

（2）工业生产排放

工业生产过程中排放到大气中的污染物种类多、数量大，是城市或工业区大气的主要污染源。此类污染物包括工业生产所排放的废气以及生产过程中排放的各种金属粉尘和非金属粉尘。例如，冶金工厂的炼钢、炼铁、有色冶炼，以及石油、化工、造船等各种类型的工矿企业在生产过程中产生的污染物。

（3）交通运输

现代化交通运输工具汽车、飞机、船舶等排放的尾气是造成大气污染的主要来源。例如，汽车内燃机燃烧排放的废气中（图2-2）含有一氧化碳、氮氧化物、碳氢化合物、含氧有机化合物、硫氧化合物和铅的化合物等多种有害物质。

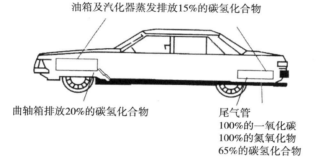

图2-2 汽车排放的污染物

（4）农业活动排放

农药和化肥的使用，对提高农业产量起着重大的作用，但也给环境带来了不利的影响。例如，在田间施用农药时，一部分农药会以粉尘等颗粒形式散逸到大气中，残留在作物体上或黏附在作物表面的仍可挥发到大气中，进入大气的农药可以被悬浮颗粒物吸附并随气流向各地输送，造成大气污染。此外，收获后庄稼秸秆的集中焚烧也会引起季节性的大气污染问题。

大气污染的类型可以从不同角度进行划分，如果以污染物的化学性质及其存在的大气环境状况为依据，大气污染可分为两种类型。

（1）还原型污染

这种大气污染常发生在以使用煤炭为主，同时也使用石油的地区。这类污染的主要污染物是二氧化硫、一氧化碳和颗粒物。在低温高湿且风速很小的阴天，伴随逆温存在的情况下，一次污染物在低空积累，生成还原性烟雾。这种还原性烟雾会刺激呼吸系统，使患呼吸道疾病者加速死亡。伦敦烟雾事件即属于此类污染，故这类污染又称伦敦烟雾型。

（2）氧化型污染

这类污染多发生在以使用石油燃料为主的地区。污染物的主要来源是汽车尾气、燃油锅炉以及石油化工企业。主要的一次污染物是一氧化碳、氮氧化物、碳氢化合物等。这些污染物在阳光的照射下会引起光化学反应，生成二次污染物，如臭氧、醛类、过氧乙酰硝酸酯等具有强氧化性的物质。这类物质对人眼等黏膜有强刺激作用。洛杉矶光化学烟雾就属于此类型污染。

如果根据燃料性质和污染物的组成对大气污染的类型进行划分，则可以分为4类。

（1）煤炭型大气污染

主要来自工业、家庭炉灶等烟气排放。主要污染物是煤炭燃烧时放出的烟气、粉尘、二氧化硫等一次污染物，以及由这些污染物发生化学反应而生成的硫酸、硫酸盐类气溶胶等二次污染物。

（2）石油型大气污染

主要来自汽车尾气、石油冶炼及石油化工厂的废气排放。主要污染物是氮氧化物、烯烃、链状烷烃、醇、羰基化合物等，以及它们在大气中形成的臭氧、大气自由基及生成的一系列中间产物与最终产物。

（3）混合型大气污染

包括以煤炭和石油为燃料的污染排放以及从工厂企业排出的各种化学物质等。

（4）特殊型大气污染

是指有关工厂企业排放的特殊气体所造成的污染。这类污染常限于局部范围之内，如生产磷肥企业排放的特殊气体引起的氟污染、铝碱工业企业周围形成的氯气污染等。

2.1.4 大气污染物

大气污染物（atmospheric pollutant）是指由于人类活动或自然过程排入大气的并对人和环境造成有害影响的物质。大气污染物种类繁多，按照其物理状态可分为两大类。

1. 气溶胶态污染物

气溶胶态污染物是指悬浮于气态介质中的固体或液体粒子所组成的空气分散系统。这类污染物（表2-2）包括粉尘（dust）、烟（fume）、飞灰（fly ash）、黑烟（smoke）和雾（fog）。

表2-2　气溶胶态污染物分类

名　称	特　　性
粉尘	固态粒子的分散性气溶胶，如黏土粉尘、煤粉、水泥粉尘、各种金属粉尘等，粒径一般为$1 \sim 200\mu m$
烟	固态粒子的凝聚性气溶胶，如有色金属冶炼过程中产生的氧化铅烟、氧化锌烟等，粒径一般为$0.01 \sim 1\mu m$
飞灰	燃料燃烧产生的烟气排出的分散得较细的灰分，如垃圾焚烧过程产生的飞灰等
黑烟	燃料燃烧产生的能见气溶胶，如含炭燃料不完全燃烧产生的黑烟等
雾	液态粒子的凝聚性气溶胶，如酸雾、碱雾、油雾等

从大气污染的角度，根据粒径的大小可分为总悬浮颗粒物和可吸入颗粒物。总悬

浮颗粒物（total suspended particles，TSP）是指能悬浮在空气中，空气动力学当量直径≤100μm 的颗粒物。TSP 是分散在大气中的各种粒子的总称，也是大气质量评价中的一个通用的重要污染指标。在总悬浮颗粒物中，大于 10μm 的颗粒几乎都可以被鼻腔和咽喉所捕集，而小于 10μm 的颗粒更容易进入肺泡而造成伤害，这部分粒径小于 10μm 的颗粒物被称为可吸入颗粒物（inhalable particles，IP），简写为 PM_{10}。此外，研究表明：直径小于 2.5μm 的颗粒物（简写为 $PM_{2.5}$）被吸入人体后会直接进入支气管，干扰肺部的气体交换，引发包括哮喘、支气管炎和心血管疾病等方面的疾病，而且进入肺泡的 $PM_{2.5}$ 可迅速被吸收、不经过肝脏解毒，直接进入血液循环分布到全身，其吸附的有害气体、重金属等溶解在血液中，对人体健康影响更大。目前，$PM_{2.5}$ 已引起社会广泛关注。2011 年 1 月 1 日，中国首次对 PM2.5 的测定进行了规范，环保部发布了《环境空气 PM_{10} 和 $PM_{2.5}$ 的测定重量法》（HJ 618—2011）并开始实施。

2. 气态污染物

气态污染物是指以分子状态存在的污染物。目前，人们关注的气态污染物主要有碳氧化物、硫氧化物、氮氧化物、碳氢化合物、卤素化合物等。气态污染物按照其形成原理，又可以分为一次污染物和二次污染物（表 2-3）。一次污染物又称原发性污染物，是直接由污染源排放的污染物，其物理性质、化学性质尚未发生变化。一次污染物又可分为反应性污染物和非反应性污染物两类。反应性污染物的性质不稳定，在大气中常与某些其他物质发生化学反应，或作为催化剂促进其他污染物产生化学反应，如二氧化硫等。非反应性污染物性质较为稳定，不发生化学反应或者反应速度很缓慢，如二氧化碳等。二次污染物又称续发性污染物，是不稳定的一次污染物之间或者与大气中原有物质发生化学作用而生成的新的污染物质。这种新的污染物质与原来的物质在理化性质上完全不同，通常比一次污染物对环境和人体的危害更为严重，如硫酸盐雾（sulfurous smog）和光化学烟雾（photochemical smog）。

表 2-3 气态污染物分类

气态污染物	一次污染物	二次污染物
碳氧化物	CO、CO_2	无
含硫化合物	SO_2、H_2S	SO_3、H_2SO_4、MSO_4
含氮化合物	NO、NH_3	NO_2、HNO_3、MNO_3
有机化合物	$C_1 \sim C_{10}$ 化合物	醛、酮、O_3、过氧乙酰硝酸酯等
含卤素化合物	HF、HCi	无

下面介绍几类常见气态污染物的性质、来源及其危害性。

（1）碳氧化物

碳氧化物主要有两种物质，即一氧化碳（CO）和二氧化碳（CO_2）。

CO 是无色、无臭、易燃的有毒气体，是含碳物质不完全燃烧时的产物。其主要来源为人为源，燃料的燃烧过程是城市大气中 CO 的主要来源，其中 80% 来自于汽车尾气排放。此外，家庭炉灶、工业燃煤锅炉、煤气加工等工业过程也排放大量的 CO。CO 的天然源比较少，主要包括甲烷的转化、海水中 CO 的挥发、植物排放物的转化、植物叶绿素的光解、森林火灾、农业废弃物焚烧等。CO 的化学性质稳定，在大气中不易与其他物质发生化学反应，可以在大气中停留较长时间。一般城市空气中 CO 水平对植物及有关的微生物均无害，但对人类则有害。因为血红蛋白与 CO 的结合能力远远大于与氧的结合能力，CO 可以与血红素作用生成羰基血红素，从而使血液携带氧的能力下降而引起缺氧，产生头痛、晕眩等症状，严重时会致人死亡。

CO_2 是大气中的"正常"组分，是无毒的气体，对人体无显著危害，它主要来源于生物的呼吸作用和化石燃料的燃烧。CO_2 引起人们的普遍关注是由于它是最主要的温室气体，能引起全球性气候变暖。与 CO 一样，CO_2 的性质也很稳定，一旦进入大气，能存留数十年。因此，如何有效控制 CO_2 的人为排放量，已成为世界各国共同关注的问题。

（2）硫氧化物

硫氧化物中备受关注的是二氧化硫（SO_2），主要来自含硫煤和石油的燃烧、石油冶炼以及有色金属冶炼和硫酸制造等。SO_2 是无色、有刺激性气味的气体，其本身毒性并不大，易溶于水，在大气中极不稳定，尤其在污染大气中易被氧化形成 SO_3，而 SO_3 与水反应则生成硫酸分子，后一反应进行得极快，并生成硫酸气溶胶，并同时发生化学反应生成硫酸盐。硫酸和硫酸盐可形成硫酸烟雾和酸性降水，造成较大的危害。此外，SO_2 能刺激人的呼吸系统，特别是当空气中有悬浮颗粒物共存时，其危害会增大 3～4 倍，对人体健康造成严重影响，尤其是对有肺部慢性病和心脏病的老年人。

（3）氮氧化物

氮氧化物（NO_x）种类很多，包括一氧化二氮（N_2O）、一氧化氮（NO）、二氧化氮（NO_2）、三氧化二氮（N_2O_3）、四氧化二氮（N_2O_4）和五氧化二氮（N_2O_5）等。造成大气污染的 NO_x 主要是 NO 和 NO_2。NO_x 的天然源主要为生物源，来自于土壤和海洋中有机物的分解。NO_x 的人为源大部分来自于燃料的燃烧过程，也有来自于生产或使用硝酸的工厂、氮肥厂及有色金属冶炼厂等排放的尾气。一般来说，城市大气中的 NO_x 有 2/3 来自于机动车等流动源的排放，剩余的 1/3 来自于固定源的排放。燃料燃烧产生的 NO_x 主要是 NO，只有很少部分被氧化成 NO_2。通常，假定燃烧产生的 NO_x 中的 NO 占 90% 以上。NO_x 对环境的损害作用极大，它既是形成酸雨的主要物质之一，又是形成大气中光化学烟雾的重要物质和消耗臭氧的重要因子。大气中的 NO_x 最终转化为硝酸（HNO_3）和硝酸盐（MNO_3）微粒，经湿沉降和干沉降从大气中去除。

（4）碳氢化物

大气中的碳氢化物通常是指 C_1～C_{10} 可挥发的所有碳氢化物，包括烷烃、烯烃、炔烃和芳烃等。

碳氢化物主要由生物分解作用产生，据估计全世界每年因此产生的甲烷（CH_4）

约 3 亿吨。尽管大气中大部分的碳氢化物来源于植物的分解，人类排放量较小，但人为源也非常重要。碳氢化物的人为源主要包括石油燃料的不充分燃烧、石油类的挥发和运输损耗、焚烧、溶剂蒸发等。

大气中的碳氢化物，甲烷约占 80% ~ 85%，由于甲烷在大多数光化学反应中是惰性的，是一种无害烃，因此人们更关心非甲烷碳氢化合物（NMHC）。NMHC 是形成光化学烟雾的主要成分。研究表明：在上午 6：00 ~ 9：00 的 3 小时内，如果城市大气中 NMHC 的浓度达到 0.3ppm，则 2 ~ 4 小时后就能产生光化学氧化剂，浓度在 1 小时内可保持 0.1ppm，从而引起危害。

2.1.5　当代大气环境问题

当代主要的大气环境问题有如下几类。

1. 煤烟型污染

煤烟型污染（coal smoke pollution）是指煤炭燃烧过程中所排放的烟气、粉尘、二氧化硫等一次污染物，以及一次污染物在大气中发生化学反应而生成的硫酸、硫酸盐类气溶胶等二次污染物。

阅读资料

我国的燃煤污染

我国是世界上最大的煤炭生产国和消费国，也是世界上唯一以煤为主要能源的大国，煤炭占我国能源消费总量的 70% 以上，煤炭提供了我国 75% 的工业燃料、76% 的发电能源和 80% 的民用商品能源，为国民经济建设作出了重大的贡献。从我国能源资源条件及技术经济发展水平来看，煤炭在我国能源结构中所占的主导地位，将在相当长的一段时期内不会改变。作为一次能源，煤的利用方式在我国主要是燃烧，但现行的煤炭燃烧技术落后，煤炭利用效率低下，导致了严重的环境污染问题。

我国燃煤污染的成因：

（1）煤炭消费结构不合理。在我国一次能源消费结构中，用于发电的煤量仅占总煤量的 32%，其他煤炭则直接用于工业及民用燃烧，84% 的煤炭直接燃烧，其中约 22% 的煤炭用于炉灶，这种不合理的煤炭消费结构是造成燃煤污染物大量排放的原因之一。

（2）造成我国燃煤大气污染严重的主要原因是原煤散烧，忽视了煤炭的合理加工和利用。我国原煤洗选率很低，据 1998 年统计，原煤选洗率仅为 25.7%（发达国家为 50% ~ 90%），这与我国煤炭消费水平极不相适应。我国原煤的平均灰分约为 23%，平均含硫量为 1.72%，在燃烧过程中，煤中的硫除小部分进入灰渣外，大部分进入大气环境。所以原煤含灰分、硫分较高，是不洁净能源，原煤直接燃烧带来了严重的污染问题。

（3）煤炭利用率低，既浪费了能源、资源，又污染了环境。由于在过去的一段时间里，我国采取粗放式的经济增长方式，带来了大量消耗资源和能源的粗放型企业，造成了资源和能源的严重浪费。其原因很多，如煤种不对路、能源使用和燃烧方式落后等。我国煤炭平均利用效率只有30%左右，比世界水平低10%以上，能源浪费现象极为严重。

（4）民用小炉灶造成低空污染。我国居民使用小炉灶炊事取暖，不仅能源利用率低，而且形成严重的低空污染，此种低空污染危害很大而且难于治理。据有关资料统计，燃烧同样煤炭排放同样数量二氧化硫的情况下，小炉灶的环境危害要比高烟囱高60倍。这是我国北方冬天采暖期大气污染严重的主要原因。

（资料来源：王卓雅、赵跃民、高淑玲，论中国燃煤污染及其防治，《煤炭技术》，2004年第7期）

2. 光化学烟雾

汽车、工厂等污染源排入大气的碳氢化物（CH）和氮氧化物（NO_x）等一次污染物，在阳光的作用下发生化学反应，生成臭氧、醛、酮、酸、过氧乙酰硝酸酯（PAN）（结构式见图2-3）等二次污染物，参与光化学反应过程的一次污染物和二次污染物的混合物所形成的烟雾污染现象叫做光化学烟雾（photochemical smog）（图2-4）。

图2-3 PAN的结构式

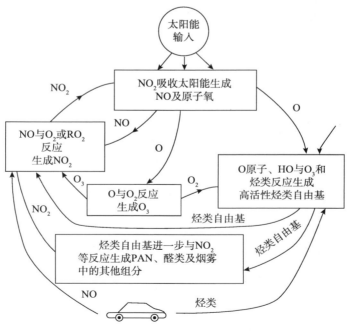

图2-4 光化学烟雾形成示意图

光化学烟雾的成分非常复杂，具有强氧化性，刺激人的眼睛和呼吸道黏膜，伤害植物叶子，加速橡胶老化，并使大气能见度降低。对人类、动植物和材料有害的主要是臭氧、过氧乙酰硝酸酯和丙烯醛、甲醛等二次污染物。臭氧、过氧乙酰硝酸酯等还能造成橡胶制品的老化、脆裂，使染料褪色，并损害油漆涂料、纺织纤维和塑料制品等。

早在 1943 年，美国洛杉矶市就发生了光化学烟雾事件。此后，在北美、日本、澳大利亚和欧洲部分地区也先后出现这种烟雾。经过反复的调查研究，直到 1958 年才发现，这一事件是由于洛杉矶市拥有的 250 万辆汽车排气污染造成的，这些汽车每天消耗约 1 600 吨汽油，向大气排放 1 000 多吨碳氢化合物和 400 多吨氮氧化物。这些气体受阳光作用，酿成了危害人类的光化学烟雾事件。

1970 年，美国加利福尼亚州发生了光化学烟雾事件，农作物损失达 2 500 多万美元。

1971 年，日本东京发生了较严重的光化学烟雾事件，使一些学生中毒昏倒。与此同时，日本的其他城市也有类似的事件发生。此后，日本一些大城市连续不断出现光化学烟雾。日本环保部门经对东京几个主要污染源排放的主要污染物进行调查后发现，汽车排放的 CO、NO_x、CH 三种污染物约占总排放量的 80%。

1997 年夏季，拥有 80 万辆汽车的智利首都圣地亚哥也发生了光化学烟雾事件。由于光化学烟雾的作用，迫使政府对该市实行紧急状态：学校停课、工厂停工、影院歇业，孩子、孕妇和老人被劝告不要外出，使智利首都圣地亚哥处于"半瘫痪状态"。在北美、英国、澳大利亚和欧洲地区也先后出现这种烟雾。

到 2008 年为止，中国还没有发生过像美国、日本等国家那样严重的光化学烟雾事件，这是因为烟雾与气候和阳光有关，只要有充足的阳光，干燥的气候，加上汽车尾气的排放和污染，就会具备形成光化学烟雾的外部条件。在以北京、太原、上海、南京、成都为中心的重污染地区，污染指数随时都可能处在发生光化学烟雾事件的危险之中。

既然汽车尾气是形成光化学烟雾的主要污染物，那么光化学烟雾的污染水平应当与交通量有关。图 2 - 5 是洛杉矶市 1965 年 7 月 19 日一天之内，某些一次污染物及二次污染物的实测含量变化情况。由图可见，污染物的浓度变化与交通量、日照等气象条件密切相关。一氧化碳和一氧化氮的浓度最大值出现在上午 7 时左右，即一天中车辆来往最频繁时刻，碳氢化合物的浓度也有类似的变化。二氧化氮的峰值比一氧化氮、一氧化碳的峰值推迟 3 小时，臭氧的峰值推迟 5 小时出现，同时一氧化氮和一氧化碳的浓度随之相应降低。傍晚车辆虽然也较频繁，但由于阳光太弱，二氧化氮和臭氧值不出现明显峰值，不足以发生光化学反应而生成烟雾。

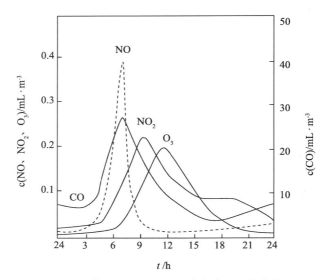

图2-5　洛杉矶光化学烟雾几种污染物浓度的日变化曲线（1965.7.19）

注：引自 EPA Document AP 84，1971

3. 温室效应

1824年，法国科学家傅立叶发现大气层能够捕捉长波辐射，从地球表面辐射出去的热量被大气层捕捉后，温暖了地球而不是被反射回太空，即我们现在所说的"温室效应"。1861年，爱尔兰物理学家约翰·廷德尔发现水蒸气与二氧化碳的存在让大气层能够吸收热辐射。1896年，瑞典物理与化学专家阿列纽斯经过整整一年的手工计算后，公布了他的研究成果：如果大气层中的二氧化碳浓度加倍，地表温度将上升5～6℃。这一结论与当今用大型计算机计算出来的结果的上限相符。1909年，伍德第一次在大气—地球系统中使用"温室效应"一词。

所谓温室效应（greenhouse effect）是指由于大气中温室气体的含量增加而使全球气温升高的现象。大气能使太阳短波辐射到达地球表面，地球表面在吸收太阳辐射的同时，又将其中的大部分能量以长波辐射的形式传送给大气，大气中的二氧化碳等气体成分可以防止地表热量辐射到太空中，具有调节地球气温的功能（图2-6）。在过去的1万年间，大气中的二氧化碳含量基本上保持恒定，约为280ppm，19世纪初二氧化碳浓度开始不断上升，到1988年已上升到350ppm，而目前已达379ppm。大气中二氧化碳浓度增加的原因主要有两个：一是人口的剧增和工业化的发展，人类社会消耗的煤炭、石油、天然气等燃料急剧增加，燃烧产生大量的二氧化碳进入大气，使大气中的二氧化碳浓度增加；二是森林的毁坏，使得被植物吸收利用的二氧化碳的量减少，造成二氧化碳被消耗的速度降低，大气中其浓度升高。二氧化碳含量过高，就会使地球温度逐渐上升（图2-7），形成"温室效应"。

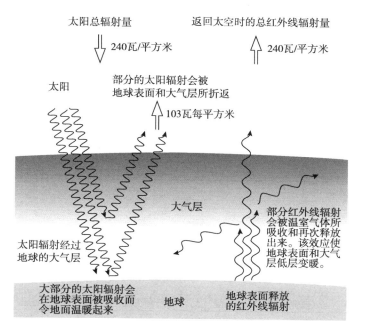

图 2 - 6　温室效应示意图

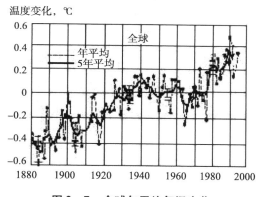

图 2 - 7　全球年平均气温变化

　　除了二氧化碳，人类活动和大自然还排放其他温室气体，如水蒸气、氟氯烃、甲烷、臭氧和氮氧化物等。各种温室气体在大气中的浓度及浓度变化趋势不同，在大气中的寿命期也不同（表 2 - 4）。

表 2 - 4　主要温室气体的浓度和寿命期

年	CO_2 (cm^3/m^3)	CH_4 (cm^3/m^3)	CFC_{11} ($cm^3 \times 10^{-12}/m^3$)	CFC_{12} ($cm^3 \times 10^{-12}/m^3$)	N_2O ($cm^3 \times 10^{-12}/m^3$)
1750—1800 年	280	0.8	0	0	288
1900 年	296	0.97	0	0	292
1990 年	353	1.72	280	484	310

项目	CO_2	CH_4	CFC_{11}	CFC_{12}	N_2O
每年增长速率（%）	0.5	0.9	4	4	0.25
寿命期（年）	50~200	10	65	130	150

因人类活动不断向大气中输入二氧化碳等气体造成大气的温室效应进一步增强，导致全球变暖。全球变暖对全球生态系统和社会经济产生重大影响，主要包括以下方面。

（1）对气候的影响

根据联合国政府间气候变化专门委员会（Intergovernmental Panel on Climate Change，IPCC）不久前公布的研究结果，目前全球平均温度较1 000年前上升了0.3~0.6℃。而在此前一万年间，地球的平均温度变化不超过2℃。近150年中，10个气温最高纪录发生在1990年后。联合国机构还预测，由于能源需求不断增加，到2050年，全球二氧化碳排放量将增至700亿吨，全球平均气温将上升1.5~4.5℃。

随着气候变暖，大气运动将发生相应的变化，全球的降水也随着发生变化，蒸发量将增大，大气中水汽含量增多，从而在一定程度上增加降水量，但是全球增温将造成各地区降水量分布的不均匀，甚至在某些地区降水量可能会减少，导致干旱加剧和加速沙漠化进程。

（2）对海平面的影响

温度升高会使高山冰川融化和南极冰层收缩。随着气候变暖，非洲最高峰乞力马扎罗山上积雪正在快速融化，20年后积雪可能消失殆尽。气温上升2℃，则格陵兰岛的冰盖将彻底融化。如果到21世纪末气温升高2.1~4℃，中国冰川面积将比现在缩小45%左右。在过去一百年间，全球海平面每年上升1~2毫米，但自1992年以来，海平面上升的速度增至每年3毫米。美国宇航局下属喷气推进实验室发布的研究成果说，最新卫星测量显示，格陵兰岛每年的融冰足可以使全球海平面每年上升0.5毫米。卫星监测还发现格陵兰岛东南近期出现了较大规模的冰流失，西岸等其他地区也有不同程度的冰融现象，美国宇航局在报告中强调"如果格陵兰岛的冰全部融化，全球海平面将上升7米"。随着海平面的上升，居住在较低地势海岛及海洋沿岸的居民面临着被淹没的危险。联合国人居中心（United Nations Centre for Human Settlements，UNCHS）调研发现，海平面上升1米，海拔4米的陆地都将受到威胁，按1∶4的比例，同时海岸线将退缩1500米，马尔代夫、斐济等岛国将消失。2005年12月，生活在瓦努阿图太平洋海岛链的一个小社区的居民，由于气候变化而不得不正式移居他地。

（3）对生物多样性的影响

全球变暖将严重威胁生物多样性，因为很多生物无法承受这种巨大变化。

极地地区是衡量全球环境状态的重要参照系，与气洋流和环流、全球气候和生物多样性息息相关。全球气候模型数据显示，受温室效应导致的全球变暖影响最严重的地区就是极地地区，部分极地地区的增温速率已经达到全球平均速度的 2~3 倍。这一变化将会导致极地海冰范围的改变，加速永冻土的融解及极地冰团的融化，对全世界的环境、经济、社会等造成深远影响。在过去 20 年中，加拿大哈得逊湾地区成年北极熊的生存环境日趋恶劣。成年北极熊的体重及 1981—1998 年间北极熊幼仔的出生率平均下降了 15%~26%。有些气候模型预测，在 21 世纪末，北极的海洋冰层有可能在夏季时全部融化，如果这种情况发生，北极熊很可能就此灭绝了。

由于气温持续升高，北温带和南温带气候区将向两极扩展。气候的变化必然导致物种迁移。然而依据自然扩散的速度计算，许多物种似乎不能以足够高的迁移速度跟上现今气候的迅速变化，以北美东部落叶阔叶林的物种迁移率比较即可了然。依照 21 世纪气温将升高 1.5~4.5℃ 的估计，树木将向北迁移 5 000~10 000 千米。显然物种要以自然状态下数十倍的速度进行扩散是不可能的。况且，由于人类活动造成的环境变化只能使物种迁移率降低。所以，许多分布局限或扩散能力差的物种在迁移过程中无疑会走向灭绝。只有分布范围广泛，容易扩散的物种才能在新的生境中建立自己的群落。

热带雨林具有最大的物种多样性。虽然全球温度变化对热带的影响比对温带的影响要小得多。但是，气候变暖将导致热带降雨量及降雨时间的变化，此外森林大火、飓风也将会变得频繁。这些因素对物种组成、植物繁殖时间都将产生巨大影响，从而将改变热带雨林的结构组成。

湿地和珊瑚礁是生物多样性丰富的生态系统，然而它们也会受到气候变暖的威胁。气候变暖引起的海平面升高会淹没沿海地区的湿地群落；海平面的变化是如此之快以至于许多生物种类来不及随着海水上升迁移到适当的地域。珊瑚对海水的光照及水流组合有严格的要求。如果海水按预算的速度升高的话，那么即使生长最快的珊瑚也不能适应这种变化。此外海水温度升高同样会对珊瑚产生极大危害。由此将导致大量的珊瑚沉没以致死亡。

气候变暖将直接影响候鸟种群。鸟类学家认为由于气温升高，导致一系列恶劣气候频繁出现，将影响候鸟迁徙时间、迁徙路线、群落分布和组成。此外，气候变化导致各种生态群落结构改变，将间接影响鸟类的种群。

温室效应还将直接影响植物种群变化。二氧化碳是重要的温室气体，同时又是植物进行光合作用的原料。随着大气中二氧化碳浓度升高，植物的光合作用强度将上升。但不同植物具有不同的二氧化碳饱和点。当二氧化碳浓度超过饱和点时，即使再增高二氧化碳浓度，光合强度也不会再增强。一般二氧化碳饱和点较高的植物能够适应大气中二氧化碳浓度的升高而快速生长，而二氧化碳饱和点低的植物则不能快速生长，甚至会发生二氧化碳中毒现象，从而导致种群衰退。植物种群的变化必然导致植物食性昆虫种群的变化。而植物种群和昆虫种群中不可能预测的波动可能导致许多稀有物种的灭绝。

8 个国家的科学家曾对欧洲、南非、澳大利亚、巴西、墨西哥和哥斯达黎加六地的 1 103 个物种进行了研究，包括植物、哺乳动物、鸟类、爬行动物和昆虫等。科学家保守估计，这 6 个地区的物种到 2050 年将消失 15% ~ 37%，即平均有 26% 的物种将因气温升高无法寻找到适宜的栖息地而灭绝。全球变暖将导致世界上 1/4 的陆地动植物在未来 50 年内灭绝。

（4）对农业的影响

近年来，全球气候变暖引起农业生产布局和结构的变动，增加了农业生产的不稳定性，使农业成本和投资大幅度增加。

气候变暖会引起作物的生长期缩短，导致物质积累和籽粒产量降低。如气温升高 1℃，会导致水稻生育期平均缩短 7 ~ 8 天，使双季稻区早稻平均减产 16% ~ 17%，晚稻平均减产 14% ~ 15%；使冬小麦生育期平均缩短 17 天，减产 10% ~ 12%；使玉米生育期缩短约 7 天，使产量下降 5% ~ 6%。

气候变暖对作物品质也会产生不同程度的影响。二氧化碳浓度升高会引起作物光合作用增强，根系吸收的矿物元素增多。然而，二氧化碳浓度升高导致作物中某些组分含量升高的同时，也会引起另一些组分含量的降低。如温室气体可引起豆籽中粗脂肪含量升高而粗蛋白含量降低，引起冬小麦籽粒的粗淀粉含量增加而蛋白质含量减少。

气候变暖不仅引起作物分布区的北移，也会使农业病虫害更加严重，主要是由于温度升高可使病虫害分布区扩大，一年中生长季节延长，繁殖代数增加，危害时间延长。据统计，我国农业产值因病虫害造成的损失为农业总产值的 20% ~ 25%。专家预测，水稻稻飞虱、麦蚜、吸浆虫、伏蚜、红蜘蛛、棉铃虫等重大农业害虫在全球气候变暖背景下均有大面积发生的可能。

另外，全球气候变暖将进一步加重农业气象灾害，特别是干旱、风暴和热浪等，虽然这些气象灾害对农业生产的影响难以估计，但可以确定的是，它们将加剧气候变暖对农业生产的负面影响。

（5）对林业和牧业的影响

全球变暖对林业和牧业的影响是多方面的。二氧化碳浓度增加，促使自然植被的光合作用增强，加上温度升高，生长期延长，所以草木的产量将会提高；由于气温上升，使植被带北移，即冷型温带森林或温带草原将代替目前的北方森林，而亚热带森林将由热带森林所代替；随着气温和降水的变化，林木和牧草的品种将有可能发生变化，特别是牧草，如果一种劣质草类更能适应变化了的环境，迅速生长并占领草原，将有可能使草原的生产率大大下降；气温升高，如果降水没有相应的增加，则空气湿度有可能下降，这样就增大了火灾发生的可能性；同时，暖冬可以减少害虫的越冬死亡率，从而加重虫害的威胁。

（6）对健康的影响

极端高温产生的热效应是全球气候变暖对人类健康最直接的影响。由于高温热浪强度和持续时间的增加，以心脏、呼吸系统为主的疾病或死亡人数会增加。2003 年夏，高温热浪席卷印度和整个欧洲，在我国中、南部地区也不例外，世界各地气温破纪录地高达 38℃ ~42.6℃。许多老年人在这样的高温中丧生。

气候变暖的另一结果是气候带的改变。原来热带地区传染病的发病区域如今已经扩大到了温带。2002 年夏，"西尼罗河"病毒在美国再次爆发，专家分析，病毒传播速度如此快的主要原因是干燥炎热的天气。西尼罗河病毒最早发现是在 1937 年，研究者从一位热带乌干达西尼罗河区的妇女身上分离出病毒，近年来却出现在欧洲和北美的温带区域。

当地球空气正以缓慢的速度升温时，适宜媒介动物生长繁殖的环境时空范围也在扩大。全世界每年约有 3.5 亿疟疾新增病例。这种由按蚊叮咬而引起的疾病被称为全球最严重的虫媒传染病，在一些地区原已被消灭或控制。疟原虫一般在 16℃ 以下难以存活，升高的气温使之正呈现出复发之势。

在全球气候变化的背景下，极端天气气候事件也正在日趋频繁和剧烈。2008 年，加拿大卫生部一份有关气候变化和健康的报告预测称，更多、更频繁的极端天气将带给人类更多伤害、疾病和与压力相关的紊乱症风险。

阅读资料

北极上空的区域性温室效应

由美国国家航空航天局 QuikScat 卫星拍摄的一组照片显示，近些年来，覆盖在北冰洋表面的冰盖正发生着剧烈的变化。早在 2004 年到 2005 年间，北极地区原先即使在夏季也不会融合的冰盖就已萎缩了 14%。而今，北极地区消失的冰盖总面积已经超过 72 万平方千米——相当于巴基斯坦或是土耳其的国土面积。

通常，北极地区多年生冰层的厚度在 3 米以上。而现在，那些原本是"永久冰层"的地方仅覆盖着一层厚度在 0.3 ~2 米、对气温非常敏感的季节性冰层。这使研究人员无不感到震惊。可以想见，如果气温按照目前的状况持续变化下去，那么北极地区裸露出的越来越多的海水将会对全球的气候、环境和海洋运输与贸易产生根本性的影响。研究人员担心，如果冰层进一步缩小，该地区的海水温度将有可能逐渐升高，反过来又进一步加剧北极冰层的融化速度。而缺少了冰层的有效覆盖，裸露出来的深色土壤和海水将会吸收大量的太阳能，这有可能会导致全球性的气候变化。

北极是地球上最冷的一个区域，但是研究人员发现，那里变暖的速度竟比地球上的其他地方要快上两倍，这使很多人都感到奇怪。不过，现在有科学家认为已经找到了问题的答案。两项最新的研究表明，北冰洋的海水对于其上方的大气来说，就像是一个巨大的热量辐射器，正是它使北极上方的温室效应变得更为严重。

在此之前，科学家们曾经认为北极地区的气温升高是一种正反馈循环，这就意味着，随着海洋表面冰层的融化和消失，越来越多的深色土壤表面和海水表面暴露出来，因而降低了原本是一片白色冰盖的北冰洋的反射率。这样一来，与过去相比，被土地和海面吸收的能量增多了，而能够被反射回大气层的能量却减少了，于是就导致了这些区域的暖化。

但是，这种反射率正反馈循环仅仅是问题的一小部分。在通过对真实的情况进行实验模拟之后，荷兰皇家大气研究所和美国密歇根大学的研究人员有了新的发现。

研究人员运行了两个几乎相同的北极环境条件计算机模型。其中一个模型的确反映出了随着温度升高和海冰消融而北冰洋反射率下降的观点，而在另一个模型中，反射率却几乎没有任何变化。

他们发现，即使是在反射率被"锁定"了的那个模型里面，北极的气温仍是在持续变暖，并且变暖的速率高于地球的其他地方。按照反射率正反馈会使变暖速率降低15%的比例来说，这表明反射率恐怕并非北极变暖的一个驱动因子。

研究人员于是对变暖的驱动因子进行了研究。在赤道区域以外，模型显示出温室效应在高于30°N的地区逐渐增强。据此，他们认为，这种区域性的北极温室效应在冰层消融的情况下正在逐渐加强。这或许是因为冰盖的减少意味着裸露海面的增加，因而，会有更多的水被蒸发掉。由于水蒸气也具有很强的温室效应，于是蒸发就非常"有效地"导致了北极地区能量的"封闭"。同时，他们还指出了另一种对北极转暖有贡献的因素：海洋就像是一个大的热释放源，不断地将能量输送到低空大气层中。

通过将计算机模型和气象观测结合起来，研究人员发现，在过去的5年时间里，接近地球表面的地方要比高海拔地区的地方升温更高。这种现象在秋季和有开放水域的地方（这些地方以前被冰所覆盖）最为显著。或许这正是因为颜色变深的北极吸收了更多的太阳能，海水将这些能量储存起来，之后又将它们反射回大气中。

所有这些都意味着减少的冰盖对北极变暖有不可推卸的责任。冰向大气中反射的能量大幅度减少了，而海水存储的能量却大大增加了。同时，海洋还以水蒸气的形式不断向大气中释放着温室气体。这样三种因素结合起来，于是就在北极的上空产生了强烈的区域性温室效应。

（资料来源：汤家礼，北极上空的区域性温室效应，《海洋世界》，2009年第3期）

4. 酸雨

酸雨（acid rain）是指pH值小于5.6的雨、雪或其他方式形成的大气降水，是一种大气污染现象。由于大气中CO_2的存在，即使是清洁的雨雪等降水，也会因CO_2溶于其中而略带酸性。饱和雨水的pH值为5.6，故以PH＜5.6为酸雨指标。这种酸性强于"正常"雨水的降水，其酸度可能高出正常雨水的100倍以上。

"酸雨"这一名词最早是由英国化学家史密斯于1872年提出。19世纪80年代，挪威最早受到酸雨的危害。到了20世纪，欧洲出现因水体酸化鱼类死亡的现象。20世纪50年代后，欧洲的许多国家相继受到酸雨的危害。在1972年召开的"人类环境会议"上，瑞典人贝特博林等向大会做了题为"跨越国境的空气污染——空气和降水中硫对环境的影响"的报告，引起了普遍的重视。20世纪80年代后，酸雨的危害加剧，世界范围内均出现酸雨危害，欧洲更加严重。如果说20世纪80年代以前，Acid Rain 和 Acid Precipition 这两个名词只是生态学和大气化学的某些领域的科学家所使用的术语，那么20世纪80年代以后，它们在世界许多国家和地区已经成了家喻户晓的名词。

酸雨之所以受到全世界的关注，主要是因为其形成机制复杂，影响面广，特别是其远距离输送，使得酸雨污染发展成为区域环境问题和跨国污染问题。

酸雨的形成是一个极为复杂的大气物理和大气化学过程。降水在形成和降落过程中，会吸收大气中的各种物质，如果酸性物质多于碱性物质，就会形成酸雨。大气中不同的酸性物质所形成的各种酸都对酸雨的形成起作用，但它们作用的贡献不同。一般说来，对形成酸雨的作用，硫酸占 60% ~ 70%，硝酸占 30%，盐酸占 5%，有机酸占 2%。所以，雨水的酸化主要是大气中 SO_2 和 NO_x 的作用。

人类排放的 SO_2 主要来自于煤的燃烧，占人类活动全部排入大气的 3/4 以上。大量的 SO_2 进入大气后，在合适的氧化剂、催化剂存在时，会发生光化学反应而生成硫酸，特别是在大气中含有 Fe、Mn 等金属盐杂质时，它们将催化反应迅速进行。这个反应的基本过程如下：

SO_2 吸收太阳的紫外线，变成活性 SO_2^*，即

$$SO_2 \xrightarrow{\text{紫外线}} SO_2^*$$

活性 SO_2^* 与 O_2 或 O_3 作用，即

$$2SO_2^* + O_2 \longrightarrow 2SO_3 \text{ 或 } SO_2^* + O_3 \longrightarrow SO_3 + O_2$$

$$2SO_2 + O_2 \xrightarrow[\text{催化剂}]{\text{Fe、Mn 盐}} 2SO_3$$

SO_3 与水蒸气结合，即

$$SO_3 + H_2O \longrightarrow H_2SO_4$$

在有云雾形成，或潮湿的大气中，SO_2 也可直接通过液相反应，生成亚硫酸或硫酸：

$$SO_2 + H_2O \longrightarrow H_2SO_3$$

$$2H_2SO_3 + O_2 \longrightarrow 2H_2SO_4$$

形成大气污染的 NO_x 主要是 NO 和 NO_2。人为排放的这类物质主要是化石燃料在高温下形成的，这一过程中生成的基本都是 NO，进入大气后，NO 又大部分的转化为 NO_2。大气中 NO_x 转化为硝酸的过程主要有以下几个类型：

①慢过程，即

$$2NO + O_2 \longrightarrow 2NO_2$$

$$3NO_2 + H_2O \longrightarrow 2NO_3^- + NO + 2H^+$$

②快过程，O_3 参与反应

$$NO + O_3 \longrightarrow NO_2 + O_2$$

$$3NO_2 + H_2O \longrightarrow 2NO_3^- + NO + 2H^+$$

③NO_2 和 O_3 达到较高浓度时，出现 N_2O_5

$$2NO_2 + O_3 \longrightarrow N_2O_5 + O_2$$

$$N_2O_5 + H_2O \longrightarrow 2NO_3^- + 2H^+$$

④NO_2 在雾和水滴中，在铁、锰金属或 SO_2 作催化剂条件下

$$4NO_2 + 2H_2O + O_2 \xrightarrow[\text{催化剂}]{\text{Fe、Mn}} 4NO_3^- + 4H^+$$

上述 4 个过程与空气中污染物种类及大气的气象条件有关。

酸雨有"空中死神"之称，其对环境和人类的影响是多方面的。酸雨会破坏森林生态系统，改变土壤性质与结构，破坏水生生态系统，腐蚀建筑物和损害人体的呼吸系统和皮肤。其主要的危害表现如下方面。

（1）对水生生态系统的危害

酸性物质进入水体主要有两种途径，一是直接沉降到水体表面发生酸化作用。二是经过树冠、土壤之后进入水体。江、河、湖、水库等水体酸化，影响水生动植物的生长，使水生生态系统结构产生显著变化，抑制微生物的生长，水质下降，当水的 pH 值小于 4.5 时，鱼类、昆虫、水草大部分死亡。而水生生物受损将直接危及许多以水生生物为食的哺乳动物，对陆生生态系统也会产生深远的影响。

（2）对陆生生态系统的危害

主要表现在酸雨使土壤酸化，危害作物和森林生态系统。酸雨下降到地面，会改变土壤的化学成分，发生淋溶，土壤中的 K、Ca、Mg 等营养元素被淋溶，微生物氨化作用和氧化分解有机质活动受到抑制，会导致土壤贫瘠化。土壤 pH 值的降低导致铝和一些重金属元素变成可溶态，被植物的根系吸收，对树木生长造成毒害。酸雨还会严重损害植物叶面，造成植物营养器官功能衰退，破坏植物，阻止细胞生长，直接危害到农业和森林、草原生态系统。

（3）对建筑物和艺术品的危害

酸雨能腐蚀建筑材料、金属制品等，对文物古迹，如古代建筑、雕刻、绘画等造成不可挽回的损失。许多历史建筑物和艺术品以大理石和石灰石为材料，耐酸性差，容易受酸雨腐蚀和变色，风化过程加快。大气中的硫化合物使物料爆皮、起鳞片。近十几年来，一些古迹，特别是石刻、石雕或铜塑像的损坏超过以往百年以上甚至千年以上。酸雨就是导致这一现象的重要因素。另外，酸雨可使铁路、桥梁等建筑物的金属表面受到腐蚀，降低使用寿命，危害公共安全。

（4）对人体健康的影响

酸雨或酸雾对人类的最重要的影响是呼吸系统的问题，酸性物质会对肺的呼吸功能产生影响，尤其是进入青春发育期的少儿肺脏支气管相对较直，酸性物质容易到达细支气管和肺泡，对末梢小气道的通气功能造成损害。这可引起急性和慢性呼吸道损害，轻者可引起咳嗽、声音嘶哑等上呼吸道炎症；重者可产生呼吸急促、胸痛，甚至

可发生肺气肿及肺心病。此外，在某些特定条件下，若形成酸雾，侵入人的肺部，能够导致肺水肿、肺硬化。另外大量研究表明，SO_2 对于在呼吸道中起主要防御功能的肺泡巨噬细胞有严重损伤作用，其后果将会使呼吸道感染，肺肿瘤的发生机会大大增加；当 SO_2 经过呼吸道被吸收后，约 40%～90% 进入血液而分布于全身，也有部分被红细胞吸收并有 2/3 进入红细胞内部，引起血液 pH 值显著下降，使肺泡动脉血氧压差发生变化。大量吸入酸雨中的 SO_2 后，人体会感到窒息并引发细胞毒性，从而对中枢神经系统也产生一定的损害。

酸雨或酸雾也可刺激人的眼睛，致使沙眼患病率提高，酸雨污染较重区的沙眼检出率与污染较轻区检出率之间存在显著性差异。

此外，酸雨对人体健康还存在着间接危害。首先，酸雨使土壤中的有害金属被冲刷带入河流、湖泊，使饮用水水源被污染；其次，这些有毒的重金属如汞、铅、镉会在鱼类机体中沉积，人类因食用而受害，可诱发癌症和老年痴呆；再次，农田土壤酸化，使本来固定在土壤矿化物中的有害重金属再溶出，如汞、镉、铅等，继而为粮食、蔬菜吸收和富集，人类摄取后中毒得病。据报道，很多国家由于酸雨影响，地下水中铝、铜、锌、镉的浓度已上升到正常值的 10～100 倍。

阅读资料

2010 年我国酸雨的分布

酸雨频率监测的 494 个市（县）中，出现酸雨的市（县）249 个，占 50.4%；酸雨发生频率在 25% 以上的 160 个，占 32.4%；酸雨发生频率在 75% 以上的 54 个，占 11.0%。

表 2－5　2010 年全国酸雨发生频率分段统计

酸雨发生频率	0	0～25%	25%～50%	50%～75%	≥75%
城市数（个）	245	89	57	49	54
所占比例（%）	49.6	18.0	11.5	9.9	11.0

降水酸度与上年相比，发生酸雨（降水 pH 年均值 <5.6）的城市比例降低 3.1 个百分点，发生较重酸雨（降水 pH 年均值 <5.0）和重酸雨（降水 pH 年均值 <4.5）的城市比例基本持平。

表 2－6　2010 年全国降水 pH 年均值统计

pH 年均值范围	<4.5	4.5～5.0	5.0～5.6	5.6～7.0	≥7.0
城市数（个）	42	65	69	238	80
所占比例（%）	8.5	13.1	14.0	48.2	16.2

全国酸雨分布区域主要集中在长江沿线及以南、青藏高原以东地区。主要包括浙

江、江西、湖南、福建的大部分地区，长江三角洲、安徽南部、湖北西部、重庆南部、四川东南部、贵州东北部、广西东北部及广东中部地区。

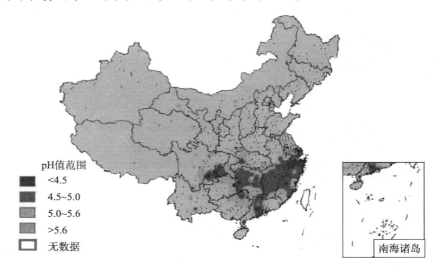

pH值范围
■ <4.5
■ 4.5~5.0
■ 5.0~5.6
■ >5.6
□ 无数据

南海诸岛

图2-8　2010年全国降水pH年均值等值线图

（资料来源：中华人民共和国环境保护部，《2010中国环境状况公报》，2011年5月29日）

5. 臭氧层耗损

臭氧层耗损（ozone layer depletion）是指大气中的化学物质（如氟氯烃）在平流层破坏臭氧，使臭氧层变薄，甚至出现臭氧层空洞的现象。

平流层中臭氧层的臭氧含量虽然极其微小，但却能够强烈地吸收太阳紫外线，特别是吸收了99%的来自于太阳紫外线的对生物有害的部分，保护了人类和生物免遭紫外线辐射的伤害。然而，自20世纪50年代末，对臭氧层进行观测以来，就发现臭氧浓度有减小的趋势。1985年，英国南极考察队在60°S地区首次发现臭氧层空洞。1994年，南极上空的臭氧层破坏面积已达2 400万平方公里。2008年，形成的南极臭氧空洞的面积到9月第二个星期就已达2 700万平方公里。此外，在北极上空和其他中纬度地区也都出现了不同程度的臭氧层耗损。1989年，科学家们发现：北极的春天，臭氧层中的ClO浓度升高和臭氧浓度降低，两者之间有着显著的对应关系。只是北极没有极地大陆和高山，仅有一片海洋冰帽，形不成大范围强烈的"极地风暴"，所以不易生成像南极那样大的"臭氧空洞"。但是由于北极也有通过非均相反应破坏臭氧层的典型物质，因此在"极地风暴"可以生成的年份里，北极也可能发生大规模的臭氧层破坏，近几年北极出现的"臭氧空洞"便足以说明问题。目前，臭氧层耗损已引起世界各国广泛关注。

最初对南极臭氧层空洞的解释有三种：一种认为，是由于对流层中低臭氧浓度空气传输到达平流层而导致平流层中臭氧浓度被稀释；第二种认为，是由宇宙射线致使高空生成氮氧化物而导致的；第三种认为，人工合成的一些含氯和含溴的物质是导致南极臭氧层空洞的元凶，最典型的是氟氯烃，如氟利昂（CFCs）、含溴化合物哈龙（Halons）等。越来越多的科学证据否定了前两种观点，并证实氯和溴通过催化化学过程破坏平流层中的臭氧是造成南极臭氧层空洞的根本原因。

排放入大气中的氟利昂、哈龙等在对流层十分稳定，一般的大气化学反应不能将其去除。经过一两年的时间，这些化合物会在全球范围内分布均匀，然后主要在热带地区上空被大气环流带入到平流层。进入平流层后，风将这些化合物从低纬度地区向高纬度地区输送，从而在平流层内混合均匀。在平流层内，强烈的紫外线照射会使分子发生解离，释放出高活性的氯原子自由基和溴原子自由基。这些自由基催化臭氧损耗反应：

$$X + O_3 \longrightarrow XO + O_2$$
$$XO + O \longrightarrow X + O_2$$

其中，X 为 H、OH、NO、Ci、Br 等。

上述两个反应式可合写为：

$$O + O_3 \longrightarrow 2O_2$$

据估算，一个氯原子自由基可以破坏 $10^4 \sim 10^5$ 个臭氧分子，而溴原子自由基对臭氧的破坏能力是氯原子的 $30 \sim 60$ 倍。而且，当氯原子自由基和溴原子自由基同时存在时，破坏臭氧的能力要大于二者简单的加和。

通常可采用"臭氧耗损潜势"（ozone depletion potential，ODP）来评估各种臭氧层耗损物质对全球臭氧破坏的相对能力。臭氧耗损潜势是指某种物质在其大气寿命期间内，造成的全球臭氧损失相对于相同质量的 CFC-11 排放所造成的臭氧损失的比值，可表示为：

$$ODP = \frac{单位物质 X 引起的全球臭氧减少}{单位质量的 CFC-11 引起的全球臭氧减少}$$

表 2-7 列出了几种典型臭氧层耗损物质的 ODP 值。虽然不同研究者给出的计算结果有一定的差异，但各类臭氧层耗损物质的 ODP 值的排序大体一致，含氢的氟氯碳类化合物的 ODP 值远比氟利昂类化合物低，而许多哈龙类化合物对臭氧层的破坏能力大大超过氟利昂类化合物。

表 2-7 几种臭氧层耗损物质的 ODP 值

臭氧耗损物质	模式计算	半经验计算
CFC-11	1.00	1.00
CFC-12	0.82	0.9
CFC-113	0.90	0.9
CH_3CCl_3	0.12	0.12

臭氧耗损物质	模式计算	半经验计算
HCFC – 22	0.04	0.05
HCFC – 123	0.014	0.02
CH_3Br	0.64	0.57
Halon – 1301	12	13
Halon – 1211	5.1	5

注：1. 引自 UNEP Scientific Assessment of Ozone Depletion，1994。2. 表中 CFC（氟利昂类化合物）后的数字代表分子中所含的 C、H、F 原子的数目，第一个数字是 C 原子数减去 1，第二个数字是 H 原子数加 1，第三个数字是 F 原子数；HCFC（含氢的氟氯碳类化合物）后的数字含义与 CFC 相同；Halon 类化合物的后面四位数字分别代表 C、F、Ci 和 Br 的原子数。

地球臭氧层耗损的危害，主要有以下四个方面。

（1）对人类健康的影响

紫外线的增加对人类健康有严重的危害作用。紫外线会损伤角膜和眼晶体，如引起白内障、眼球晶体变形等。据估计，臭氧每减少 1%，全球的白内障发病率将增加 0.6%~0.8%，由于白内障而引起失明的人数将增加 10 000~15 000 人。紫外线增加能明显诱发皮肤疾病。研究结果显示，如果臭氧浓度下降 10%，非恶性皮肤瘤的发病率将会增加 26%。此外，紫外线造成的人体免疫机能的抑制，还会使许多疾病的发病率和病情的严重程度大大增加，尤其是包括麻疹、水痘、疱疹等病毒性疾病，疟疾等通过皮肤传染的寄生虫病，肺结核和麻风病等细菌感染以及真菌感染等疾病。

（2）对生物的影响

臭氧层的耗损也会使动物产生白内障，丧失生存能力。强烈的紫外线还会使农作物和植物的产量和质量下降。过量紫外线会使浮游生物大量死亡，最终引起海洋生态系统发生破坏，进而影响全球生态平衡。

（3）对材料的影响

紫外线的增加会加速建筑、喷涂、包装及电线电缆等所用材料的降解作用，尤其是高分子材料的降解和老化变质。特别是在高温和阳光充足的热带地区，这种破坏作用更为严重。

（4）对空气质量的影响

平流层臭氧的变化对对流层的影响非常复杂。一般来说，增加的紫外线的高能量将导致对流层的大气化学更为活跃。在工业发达、人口稠密的污染地区，紫外线的增加会促进臭氧、H_2O_2 等氧化剂的生成，使得氧化剂浓度超标率大大增加。而在那些较偏远的地区，由于氮氧化物浓度较低，因此臭氧的增加较少，甚至还可能出现臭氧减少的情况。但不论是污染地区还是偏远地区，H_2O_2、OH 自由基等氧化剂浓度都会增加，这意味着大气的氧化能力增强，会对人类、生物和室外材料等产生各种不良影响。此外，大气反应活性增加会导致颗粒物生成的变化。

2.1.6　环境空气质量控制标准

环境空气质量控制标准是执行环境保护法和大气污染防治法、实施环境空气质量管理及防治大气污染的依据和手段。环境空气质量控制标准按其使用范围可分为国家标准、地方标准和行业标准。按其用途则可分为环境空气质量标准、大气污染物排放标准、大气污染控制技术标准和警报标准。

1. 环境空气质量标准

环境空气质量标准是以保护生态环境和人群健康的基本要求为目标而对各种污染物在环境空气中的允许浓度所作的限制规定，是进行环境空气质量管理、大气环境质量评价，以及制定大气污染防治规划和大气污染物排放标准的依据。

我国的《环境空气质量标准》首次发布于 1982 年，1996 年进行了第一次修订，2000 年进行了第二次修订，2012 年进行了第三次修订。《环境空气质量标准》（GB3095—1996）中规定了二氧化硫、总悬浮颗粒物、可吸入颗粒物、二氧化氮、一氧化碳、臭氧、铅、苯并芘和氟化物共 9 种污染物的浓度限值。该标准将环境空气质量功能区分为三类：一类区为自然保护区、风景名胜区和其他需要特殊保护的地区；二类区为城镇规划中确定的居住区、商业交通居民混合区、文化区、一般工业区和农村地区；三类区为特定工业区。环境空气质量标准也相应地分为三级。一类区执行一级标准，二类区执行二级标准，三类区执行三级标准。2012 年 2 月 29 日发布的《环境空气质量标准》（GB3095—2012）主要的修订内容包括：调整了环境空气功能区分类，将三类区并入二类区；增设了颗粒物（粒径小于等于 2.5μm）浓度限值和臭氧 8 小时平均浓度限值；调整了颗粒物（粒径小于等于 10μm）、二氧化氮、铅和苯并 [a] 芘等的浓度限值；调整了数据统计的有效性规定。该标准自 2016 年 1 月 1 日起开始实施，自实施之日起，《环境空气质量标准》（GB3095—1996）、《〈环境空气质量标准〉（GB3095—1996）修改单》（环发 [2000] 1 号）和《保护农作物的大气污染物最高允许浓度》（GB9137—88）废止。

为保护人体健康，预防和控制室内空气污染，我国于 2002 年制定了《室内空气质量标准》（GB/T18883—2002）。在该标准中，用以表征室内空气质量的指标分为四类：物理性指标（温度、相对湿度、空气流速和新风量）、化学性指标（二氧化硫、二氧化氮、一氧化碳、二氧化碳、氨、臭氧、甲醛、苯、甲苯、二甲苯、苯并芘、可吸入颗粒物和总挥发性有机物）、生物性指标（菌落总数）和放射性指标（氡）。

为评价乘用车内空气质量，我国于 2011 年制定了《乘用车内空气质量评价指南》（GB/T27630—2011），规定了车内空气中苯、甲苯、二甲苯、乙苯、苯乙烯、甲醛、乙醛、丙烯醛的浓度要求，主要适用于销售的新生产汽车，使用中的车辆也可参照使用。

2. 大气污染物排放标准

大气污染物排放标准是以实现环境空气质量标准为目标，对从污染源排入大气的污染物浓度（或数量）所作的限制规定，是控制大气污染物的排放量和进行净化装置设计的依据。

1973 年，我国颁布的《工业"三废"排放试行标准》（GBJ4—73）中暂定了 13 类有害物质的排放标准。经过 20 多年试行，1996 年修改制定了《大气污染物综合排放标准》（GB16297—1996），规定了 33 种大气污染物的排放限值。该标准设置三项指标：通过排气筒排放的污染物最高允许排放浓度、按排气筒高度规定的最高允许排放速率和无组织排放的监控点及相应的监控浓度限值。

大气污染物行业排放标准可分为大气固定源污染物排放标准和大气移动源污染物排放标准两类。大气固定源污染物排放标准包括《橡胶制品工业污染物排放标准》（GB27632—2011）、《火电厂大气污染物排放标准》（GB13223—2011）、《平板玻璃工业大气污染物排放标准》（GB26453—2011）、《钒工业污染物排放标准》（GB26452—2011）、《稀土工业污染物排放标准》（GB26451—2011）、《硫酸工业污染物排放标准》（GB26132—2010）、《硝酸工业污染物排放标准》（GB26131—2010）、《镁、钛工业污染物排放标准》（GB25468—2010）、《铜、镍、钴工业污染物排放标准》（GB25467—2010）、《铅、锌工业污染物排放标准》（GB25466—2010）、《铝工业污染物排放标准》（GB25465—2010）、《陶瓷工业污染物排放标准》（GB25464—2010）、《合成革与人造革工业污染物排放标准》（GB21902—2008）、《电镀污染物排放标准》（GB21900—2008）、《加油站大气污染物排放标准》（GB20952—2007）、《储油库大气污染物排放标准》（GB20950—2007）、《煤炭工业污染物排放标准》（GB20426—2006）、《水泥工业大气污染物排放标准》（GB4915—2004）、《锅炉大气污染物排放标准》（GB13271—2001）、《炼焦炉大气污染物排放标准》（GB16171—1996）、《工业炉窑大气污染物排放标准》（GB9078—1996）、《恶臭污染物排放标准》（GB14554—93）等。大气移动源污染物排放标准包括《摩托车和轻便摩托车排气污染物排放限值及测量方法（双怠速法）》（GB14621—2011）、《非道路移动机械用小型点燃式发动机排气污染物排放限值与测量方法（中国第一、二阶段）》（GB26133—2010）、《重型车用汽油发动机与汽车排气污染物排放限值及测量方法（中国Ⅲ、Ⅳ阶段）》（GB14762—2008）、《摩托车和轻便摩托车燃油蒸发污染物排放限值及测量方法》（GB20998—2007）、《汽油运输大气污染物排放标准》（GB20951—2007）、《装用点燃式发动机重型汽车曲轴箱污染物排放限值及测量方法》（GB11340—2005）、《摩托车和轻便摩托车排气烟度排放限值及测量方法》（GB19758—2005）等。

3. 大气污染控制技术标准

大气污染控制技术标准是根据污染物排放标准引申出来的辅助标准，如燃料、原料使用标准，净化装置选用标准，排气烟囱高度标准及卫生防护距离标准等，是为保证达到污染物排放标准而从某一方面做出的具体技术规定，目的是使生产、设计和管理人员容易掌握和执行。

我国发布的大气污染控制技术标准包括《车用汽油有害物质控制标准》（GWKB1—1999）、《火电厂烟气脱硫工程技术规范》（HJ/T 178—2005 和 HJ/T 179—

2005）、《环境保护产品技术要求——工业锅炉多管旋风除尘器》（HJ/T 286—2006）、《环境保护产品技术要求——中小型燃油、燃气锅炉》（HJ/T 287—2006）等。

4. 警报标准

大气污染警报标准是为保护环境空气质量不致恶化或根据大气污染发展趋势，预防发生污染事故而规定的污染物含量的极限值。达到这一极限值就会发出警报，以便采取必要的措施。警报标准的制定，主要建立在对人体健康的影响和生物承受限度的综合研究基础之上。

2.1.7 环境空气质量指数

空气质量指数（air quality index，AQI）是定量描述空气质量状况的无量纲指数。2012 年 2 月 29 日，我国发布了《环境空气质量指数（AQI）技术规定（试行）》（HJ633—2012），该标准规定了环境空气质量指数日报和实时报工作的要求和程序，并与《环境空气质量标准》（GB3095—2012）同步实施。

空气质量指数的计算方法介绍如下。

1. 计算空气质量分指数

空气质量分指数（individual air quality index，IAQI）是单项污染物的空气质量指数。空气质量分指数的级别及对应的污染物项目浓度限值见表 2 – 8。

表 2 – 8　空气质量分指数及对应的污染物项目浓度限值

空气质量指数	污染物项目浓度限值									
IAQI	SO_2 24 小时平均/ $(\mu g/m^3)$	SO_2 1 小时平均/ $(\mu g/m^3)^{(1)}$	NO_2 24 小时平均/ $(\mu g/m^3)$	NO_2 1 小时平均/ $(\mu g/m^3)^{(1)}$	PM_{10} 24 小时平均/ $(\mu g/m^3)$	CO 24 小时平均/ $(\mu g/m^3)$	CO 1 小时平均/ $(\mu g/m^3)^{(1)}$	O_3 1 小时平均/ $(\mu g/m^3)$	O_3 8 小时滑动平均/ $(\mu g/m^3)$	$PM_{2.5}$ 24 小时平均/ $(\mu g/m^3)$
0	0	0	0	0	0	0	0	0	0	0
50	50	150	40	100	50	2	5	160	100	35
100	150	500	80	200	150	4	10	200	160	75
150	475	650	180	700	250	14	35	300	215	115
200	800	800	280	1200	350	24	60	400	265	150
300	1600	(2)	565	2340	420	36	90	800	800	250
400	2100	(2)	750	3090	500	48	120	1000	(3)	350
500	2620	(2)	940	3840	600	60	150	1200	(3)	500

说明：

(1) SO_2、NO_2 和 CO 的 1 小时平均浓度限值仅用于实时报，在日报中需使用相应污染物的 24 小时平均浓度限值。

(2) SO_2 1 小时平均浓度值高于 $800\mu g/m^3$ 的，不再进行其空气质量分指数计算，SO_2 空气质量分指数按 24 小时平均浓度计算的分指数报告。

(3) O_3 8 小时平均浓度值高于 $800\mu g/m^3$ 的，不再进行其空气质量分指数计算，O_3 空气质量分指数按 1 小时平均浓度计算的分指数报告。

污染物项目 P 的空气质量分指数的计算公式为：

$$IAQI_P = \frac{IAQI_{Hi} - IAQI_{Lo}}{BP_{Hi} - BP_{Lo}}(C_P - BP_{Lo}) + IAQI_{Lo}$$

式中，$IAQI_P$：污染物项目 P 的空气质量分指数；

C_P——污染物项目 P 的质量浓度值；

BP_{Hi}——表 2-8 中与 C_P 相近的污染物浓度限值的高位值；

BP_{Lo}——表 2-8 中与 C_P 相近的污染物浓度限值的低位值；

$IAQI_{Hi}$——表 2-8 中与 BP_{Hi} 对应的空气质量分指数；

$IAQI_{Lo}$——表 2-8 中与 BP_{Lo} 对应的空气质量分指数。

2. 计算空气质量指数

空气质量指数的计算公式为：

$$AQI = \max\{IAQI_1, IAQI_2, IAQI_3, \ldots, IAQI_n\}$$

式中，IAQI——空气质量分指数；

n——污染物项目。

3. 确定空气质量指数级别

根据空气质量指数，确定空气质量指数级别。空气质量指数级别的划分见表 2-9。

表 2-9 空气质量分指数及相关信息

AQI	AQI 级别	AQI 类别及表示颜色		对健康影响情况	建议采取的措施
0~50	一级	优	绿色	空气质量令人满意，基本无空气污染	各类人群可正常活动
51~100	二级	良	黄色	空气质量可接受，但某些污染物可能对极少数异常敏感人群健康有较弱影响	极少数异常敏感人群应减少户外活动
101~150	三级	轻度污染	橙色	易感人群症状有轻度加剧，健康人群出现刺激症状	儿童、老年人及心脏病、呼吸系统疾病患者应减少长时间、高强度的户外锻炼
151~200	四级	中度污染	红色	进一步加剧易感人群症状，可能对健康人群心脏、呼吸系统有影响	儿童、老年人及心脏病、呼吸系统疾病患者避免长时间、高强度的户外锻炼，一般人群适量减少户外运动
201~300	五级	重度污染	紫色	心脏病和肺病患者症状显著加剧，运动耐受力降低，健康人群普遍出现症状	儿童、老年人和心脏病、肺病患者应停留在室内，停止户外运动，一般人群减少户外运动
>300	六级	严重污染	褐红色	健康人群运动耐受力降低，有明显强症状，提前出现某些疾病	儿童、老年人和病人应当留在室内，避免体力消耗，一般人群应避免户外活动

4. 确定首要污染物及超标污染物

AQI 大于 50 时，IAQI 最大的污染物为首要污染物。若 IAQI 最大的污染物为两项或两项以上时，并列为首要污染物。

IAQI 大于 100 的污染物为超标污染物。

2.2　悬浮颗粒物污染控制

2.2.1　除尘装置

由燃料及其他物质燃烧过程产生的烟尘，以及对固体物料破碎、筛分和输送等机械过程产生的烟尘，都是以固态或液态颗粒物的形式存在于气体中。除尘就是把这些颗粒物从烟尘中分离出来并加以捕集、回收的过程。实现除尘过程的设备称为除尘器或除尘装置。除尘器种类繁多，按除尘过程中是否采用润湿剂，除尘器可以分为干式除尘器和湿式除尘器。按除尘过程中的基本作用原理可以分为机械除尘器、湿式除尘器、过滤式除尘器和电除尘器等。下面将从后一种分类角度对各种除尘器的工作机理、特点、适用场合、除尘效率进行介绍。

1. 机械除尘器

机械除尘器是通过质量力的作用达到除尘目的的除尘装置。质量力包括重力、惯性力和离心力，主要的机械除尘器有重力沉降室、惯性除尘器和旋风除尘器等。这种除尘器构造简单、投资省、动力消耗低，除尘效率一般为 40% ~ 90%，是国内常用的一种除尘设备。

（1）重力沉降室

重力沉降室（图 2 – 9）是利用粉尘与气体的密度不同，使含尘气体中的尘粒依靠自身的重力从气流中沉降下来，从而达到净化目的的一种装置。当含尘气流从管道进入沉降室后，由于截面扩大，气体的流速减慢，沉降速度大于气流速度的尘粒就会沉降下来。重力沉降室的性能特点是结构简单，投资小，维修管理方便，体积大。其烟

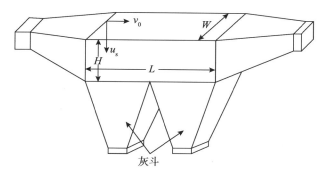

图 2 – 9　简单的重力沉降室

流速度一般为 0.5~1m/s，只能捕集粒径大于 50μm 的尘粒，干式沉降室除尘效率为 50%~60%，湿式沉降室为 60%~80%。主要适用于烟气量较小，尘粒较粗，现场较宽敞及环境要求较低的场合，或者作为高效除尘的预处理装置。

（2）惯性除尘器

惯性除尘器（图 2-10）是使含尘气流冲击在挡板上，气流方向发生急剧转变，借助尘粒本身的惯性力作用使其与气流分离的装置。惯性除尘器的性能特点是压力损失大、除尘效率较低。其烟流速度在 12~15m/s 范围内，适用于捕集粒径大于 20μm 的尘粒，除尘效率为 50%~70%。主要适用于非黏性、非纤维性的且密度和粒径较大的金属或矿物性粉尘，多用于多级除尘中的第一级除尘。

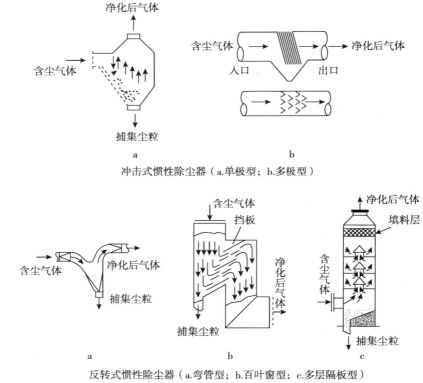

图 2-10 常见的惯性除尘器

（3）旋风除尘器

旋风除尘器（图 2-11）是使含尘气流按一定方向做旋转运动，借助离心力作用将尘粒从气流中分离出来的装置，也称为离心式除尘器。在机械式除尘器中，旋风除尘器是效率最高的一种，这种除尘器历史悠久、应用广泛、型式繁多，其中多管旋风除尘器具有布置紧凑，外形尺寸小，处理效率高的特点。旋风除尘器烟流速度达 15~20m/s，对于大于 10μm 的尘粒除尘效率高，一般可达 70%~90%，多用于锅炉烟气除尘、多级除尘和预除尘。其主要缺点是对粒径小于 5μm 的细小尘粒去除效率低。

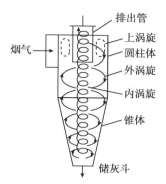

图 2 - 11 普通的旋风除尘器

2. 湿式除尘器

湿式除尘器也称为洗涤除尘器,是利用烟气流与液体互相密切接触,使尘粒与液膜、液滴或雾沫碰撞而被吸附,凝聚变大,最终使尘粒从烟气中分离出来的装置。湿式除尘器既能净化烟气中的尘粒,也能脱除气态污染物,适宜于净化气态污染物及非纤维性、不与水发生化学作用的粉尘,尤其适用于高温、易燃、易爆烟气净化,还能用于烟气的降温、加湿和除雾等操作。其主要的性能特点是结构简单,造价低,占地少,操作及维修方便,压力损失小,处理效率高。湿式除尘器可有效去除 $0.1 \sim 20\mu m$ 的液态或固态粒子,对于大于 $10\mu m$ 的尘粒的除尘效率可达 90% ~ 95%。低能洗涤器常用于焚烧炉、化肥制造、石灰窑及铸造车间的除尘;高能洗涤器,如文丘里洗涤器,净化效率可达 99.5% 以上,常用于炼铁、炼钢、造纸及化铁炉烟气除尘。

湿式除尘器种类很多,按结构型式可分为以下三类。

(1) 贮水式

内装一定量的水,高速含尘气体冲击形成水滴、水膜和气泡,对含尘气体进行洗涤,如冲激式除尘器(图 2 - 12)、水浴式除尘器、卧式旋风水膜除尘器等。

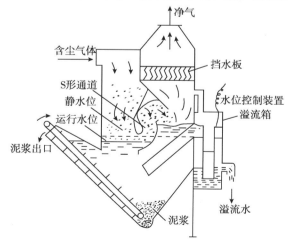

图 2 - 12 冲激式除尘器

（2）加压水喷淋式

向除尘器内供给加压水，利用喷淋或喷雾产生水滴而对含尘气体进行洗涤，如文丘里洗涤器（图2-13）、泡沫除尘器、喷雾塔洗涤器（图2-14）等。

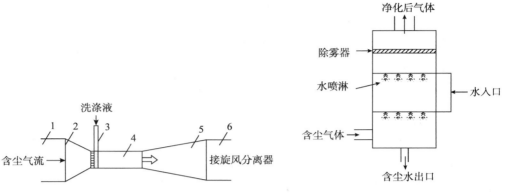

图2-13 文丘里洗涤器

1. 进气管；2. 收缩管；3. 喷嘴；
4. 喉管；5. 扩散管；6. 连接管

图2-14 喷雾塔洗涤器

（3）强制旋转喷淋式

借助机械力强制旋转喷淋或转动叶片，使供水形成水滴、水膜、气泡，对含尘气体进行洗涤，如旋转喷雾式除尘器（图2-15）等。

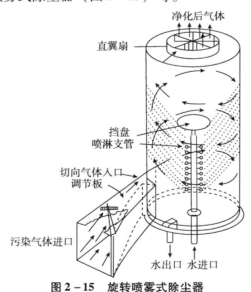

图2-15 旋转喷雾式除尘器

3. 过滤式除尘器

过滤式除尘器，又称空气过滤器，是利用棉、毛、人造纤维等纺织物品或固体颗粒物的过滤作用来分离、捕集气体中固体或液体颗粒物的除尘装置。过滤式除尘器主要有颗粒层除尘器和袋式除尘器两种。

颗粒层除尘器（图2-16）是20世纪70年代出现的一种除尘装置，它以一定厚度的颗粒物作为过滤层，耐高温、耐腐蚀、滤料可长期使用，除尘效率较高，适用于一般工业窑炉。

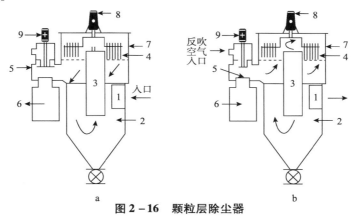

图 2-16　颗粒层除尘器

1. 含尘气体入口；2. 旋风筒；3. 中心管；4. 颗粒填料床；5. 切换阀；6. 净气出口；7. 梳耙；8. 驱动电动机；9. 油缸

a. 过滤；b. 清灰

袋式除尘器（图 2-17）是目前采用最广泛的过滤除尘装置。袋式除尘器是使含

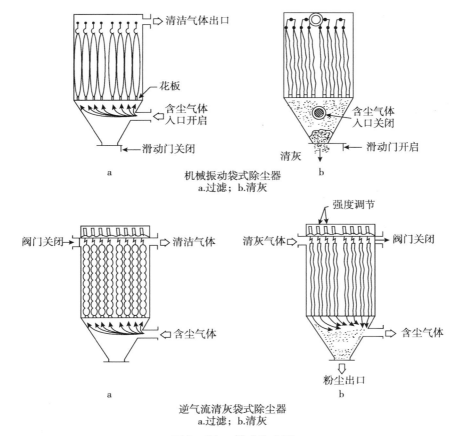

图 2-17　袋式除尘器

尘气体通过滤袋来滤去粉尘的分离装置。其不受粉尘浓度、粒度和空气量变化的影响，具有除尘效率高，适用范围广，可处理不同类型颗粒污染物，操作弹性大，结构简单，运行可靠等优点，对于粒径为 $0.5\mu m$ 的尘粒捕集效率达 $98\% \sim 99\%$，对于粒径为 $0.1\mu m$ 的尘粒捕集效率也很高。但袋式除尘器的应用受到滤布的耐高温、耐腐蚀性能的限制，对于黏结性强和吸湿性强的尘粒，有可能在滤袋上黏结，堵塞滤袋的孔隙，所以对这类含尘气体的处理也不适宜。

4. 电除尘器

电除尘器是含尘气体在通过高压电场进行电离的过程中，使尘粒荷电，并在电场力的作用下使尘粒沉积在集尘极上，将尘粒从含尘气体中分离出来的一种除尘设备。

电除尘器具有独特的性能与特点。

①电除尘器具有优异的除尘性能，对细微粉尘及雾状液滴捕集性能好，对于粉尘粒径大于 $0.1\mu m$ 的，除尘效率可达 99% 以上。

②节省能源。由于电除尘器的气流通过阻力小，风机的动力消耗很少；又由于所消耗的电能是通过静电力直接作用于尘粒上，通过的电流很小，能耗也很低。

③适用范围比较广，从低温、低压至高温、高压，在很大的范围内均能适用。故广泛应用于冶金、化工、建材、火力发电、纺织等工业部门。

电除尘器可分为管式和板式两种类型。管式电除尘器（图 $2-18$）用于流量小、含油雾气体或需要用水洗刷电极的场合。板式电除尘器（图 $2-19$）主要用于工业除尘，气体处理量为 $25 \sim 50 m^3/s$，可回收粉尘，尤其是金属粒子。

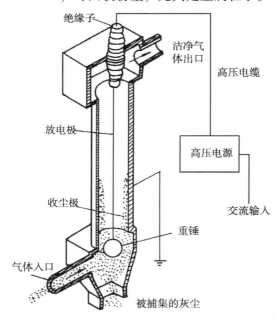

图 2 – 18　管式电除尘器

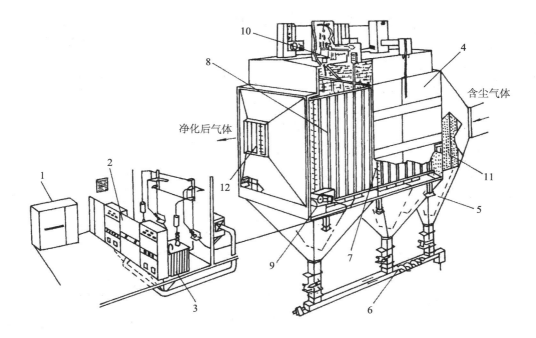

图 2 - 19 板式电除尘器

1. 低压电源控制柜；2. 高压电源控制柜；3. 电源变压器；4. 电除尘器本体；5. 下灰斗；6. 螺旋除灰机；
7. 放电极；8. 集尘极；9. 集尘极振打清灰装置；10. 放电极振打清灰装置；11. 进气气流分布板；
12. 出气气流分布板

电除尘器的主要缺点是造价偏高，安装、维护、管理要求严格，需要高压变电及整流控制设备，占地面积大等。

2.2.2 除尘装置的选择

选择除尘器时必须全面考虑有关的因素，一是除尘装置的有关性能、阻力、适用范围、一次投资和维护管理等；二是要了解污染源的情况和排放要求，然后通过分析比较来选定经济、有效的除尘设备。选择除尘设备时应当注意以下几个方面的问题。

1. 注意标准规定的排放浓度

选用的除尘器必须满足排放标准规定的排放浓度，对于运行状况不太稳定的系统，要注意风量变化对除尘效率和阻力的影响。如旋风除尘器的效率和阻力是随风量的增加而增加的，电除尘器的效率却是随风量的增加而下降的。

2. 适宜的粉尘性质和粒径分布

粉尘的性质对除尘器的性能影响很大，比重小的粉尘，捕集困难且容易产生二次飞扬；黏性大的粉尘易黏结在除尘器表面，不宜采用干法除尘；比电阻过大或过小的粉尘，不宜采用静电除尘器；纤维性或憎水性粉尘不宜采用湿法除尘。

不同除尘设备对不同粒径的粉尘效率是不同的，选择除尘器时必须了解粉尘的粒径、分布和除尘器对不同粒径粒子的除尘效率。

3. 含尘气体的浓度和流量

气体含尘浓度高时，在电除尘器或袋式除尘器前应设置低阻力的初净化设备，去除粗大尘粒，以利于发挥这类除尘器的作用。

多数除尘器必须在含尘气体保持正常流量的条件下才能获得良好效果。有些除尘器在流量低于正常流量时效果较差，如惯性除尘器和离心除尘器及文丘里洗涤器等；有些除尘器则在流量高于正常流量时效果较差，如重力沉降室、振动清灰的袋式除尘器、填料洗涤塔、电除尘器等。

4. 气体的性质

高温高湿气体不宜采用袋式除尘器，如果气体中含有有害气体，可以考虑采用湿式除尘器，但必须注意腐蚀问题和排出废水的进一步处理。

2.3 硫氧化物污染控制

SO_2 是排放量大、影响面广的主要污染物。控制二氧化硫的方法主要有采用低硫燃料和清洁能源替代、燃料脱硫、燃烧过程中脱硫和末端尾气脱硫。下面对燃烧过程中脱硫和末端尾气脱硫进行介绍。

2.3.1 燃烧过程中脱硫

流化床燃烧脱硫是典型的燃烧过程中脱硫技术。在流化床锅炉中，当气流速度达到使升力和煤粒的重力相当的临界速度时，煤粒开始浮动流化，这为燃烧创造了良好的条件：首先，煤粒在气流中进行强烈的湍动，强化了气固两相的热量和质量交换；其次，煤粒在料层内上下翻滚，延长了炉内停留时间；第三，料层中炙热的灰渣粒子占95%以上，新煤不超过5%，蓄热量很大，一旦新煤加入，即被高温的灰渣粒子包围加热、干燥以致着火燃烧。流化床燃烧方式同时为脱硫提供了理想环境：首先，床内流化使脱硫剂和 SO_2 能充分混合接触；燃烧温度适宜，不易使脱硫剂烧结而损失；化学反应表明脱硫剂在炉内的停留时间长，利用率高。

常见的脱硫剂主要有石灰石（$CaCO_3$）和白云石（$CaCO_3 \cdot MgCO_3$）。当石灰石或白云石脱硫剂进入锅炉时，其有效成分 $CaCO_3$ 遇热发生煅烧分解生成 CO_2，CO_2 析出时，石灰石中会产生空隙并扩大，形成多孔状、富孔隙的 CaO（图 2 - 20）。

CaO 与 SO_2 作用生成 $CaSO_4$，从而实现烟气脱硫的目标，反应式为：

$$CaO + SO_2 + \frac{1}{2}O_2 \longrightarrow CaSO_4$$

然而，1 摩尔 $CaCO_3$（体积为 36.9cm³）生成 1 摩尔 $CaSO_4$（体积为 52.2cm³），固相容积会增加，因此反应过程中脱硫剂的孔隙表面会逐渐被反应产物所覆盖，部分孔隙会发生堵塞，气体反应物的扩散受阻，反应速率降低（图 2 – 20）。

脱硫剂既可以与煤粒混合后一起加入锅炉（图 2 – 21a），也可以单独加入锅炉（图 2 –21b）。

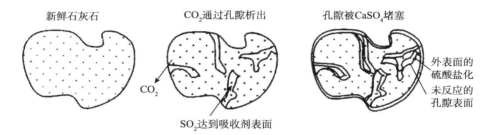

图 2 – 20　脱硫剂煅烧及硫酸盐化

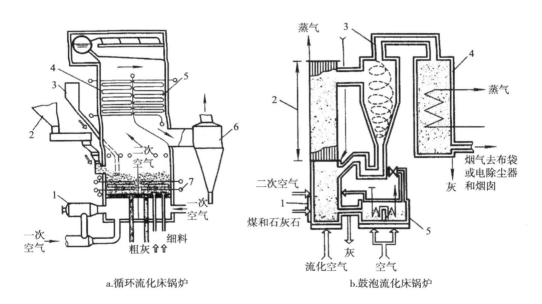

图 2 – 21　流化床燃烧脱硫装置

a. 1. 密相床层；2. 水冷壁；3. 旋风除尘器；4. 对流式锅炉；5. 外部换热器

b. 1. 启动预热空气燃烧器；2. 煤斗；3. 脱硫剂进料斗；4. 过热器管束；5. 对流管束和省煤器；

6. 旋风除尘器；7. 水平管束

2.3.2 末端尾气脱硫

1. 高浓度二氧化硫尾气的回收与净化

在冶炼厂、造纸厂和硫酸厂等工业排放的尾气中，SO_2 的浓度通常可达 2% ～ 40%。由于 SO_2 的浓度高，因而对尾气进行回收处理较为经济合理。通常的方法是利用尾气中的 SO_2 生产硫酸，反应式为：

$$SO_2 + \frac{1}{2}O_2 \xrightarrow{\text{催化剂}} SO_3$$

$$SO_3 + H_2O \longrightarrow H_2SO_4$$

SO_2 被氧化生成 SO_3 的反应是个平衡反应，反应过程中释放热量，因此低温时转化率高，高温时转化率低。为达到较高的转化率，通常在工业上采用 3～4 段催化剂床层，并且采用段间冷却的方法提高 SO_2 的转化率（图 2 – 22）。经预热后，尾气（420℃）进入第一层催化剂床。随着反应的进行，床层内的气体温度升高，气体在前三段离开每一床层进入下一段时，段间需要进行冷却，离开最后一段催化剂床层时（425℃）的转化率已接近在此温度下的平衡值，约 98% 的 SO_2 转化为硫酸（一级工艺）。

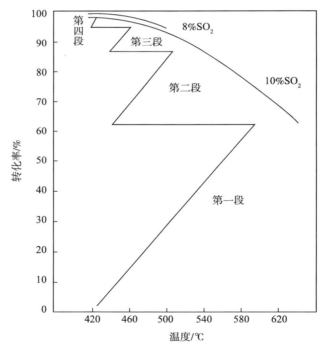

图 2 –22　硫酸厂 4 层床 SO_2 催化转化器的温度—转化率关系

二级制酸工艺（图 2 –23）的发展进一步减少了 SO_2 的排放。其原理是经一级工艺排出的 SO_2 再经过一个催化剂床层，使 SO_2 继续转化为 SO_3，再用水吸收 SO_3 生产硫酸。两级工艺通常可以使约 99.7% 的 SO_2 转化为硫酸。

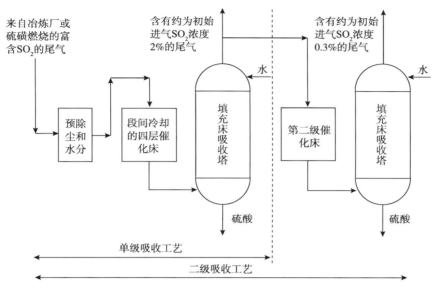

图 2-23　单级和二级吸收工艺的流程图

2. 低浓度二氧化硫烟气脱硫

煤炭、石油等燃料燃烧排放的烟气中通常含有较低浓度的 SO_2，大约为 10^{-4} ~ 10^{-3} 数量级。例如，含硫量为 2% ~5% 的燃料油燃烧过后排放的烟气中 SO_2 浓度为 0.12% ~0.31% 。当烟气中 SO_2 浓度较低时，利用 SO_2 生产硫酸可能并不经济，因为无论是工厂投资还是运行费用都只与所处理的气体流量有关，而与气体浓度大小无关。因此，对于含低浓度 SO_2 的烟气，通常不回收 SO_2，而是更注重烟气的脱硫净化。

按照对副产品的处理过程，烟气脱硫方法可分为抛弃法和回收法。抛弃法是指在脱硫过程中使 SO_2 形成固体产物被废弃，必须连续不断地加入新鲜的吸收剂。抛弃法处理简单，费用低，但需占用大量场地，硫资源浪费，且有二次污染。回收法是指脱硫剂可再生，再生后的脱硫剂和由于损耗需补充的新鲜吸收剂一起回到脱硫系统循环使用。回收法投资和操作费用大，但资源得到充分利用，二次污染小。按照脱硫剂物相状态，烟气脱硫方法可分为干法和湿法。干法是指利用固体吸收剂和催化剂在不降低烟气温度和不增加湿度的条件下去除烟气中的 SO_2。干法脱硫的特点是无废酸、废水排放，但脱硫效率较低，通常约为 60% ~85% ，且操作要求较高。湿法是指采用碱性溶液或含触媒粒子的溶液吸收 SO_2。湿法脱硫效率高，可达 95% 以上，设备简单，操作要求低。目前工业上应用的脱硫方法主要为湿法。下面介绍几种常见的湿法脱硫工艺。

（1）石灰/石灰石法

石灰/石灰石法是当今燃煤电厂应用最为广泛的烟气脱硫工艺。该方法是采用石灰石、生石灰（CaO）或消石灰［Ca（OH）$_2$］的乳浊液为吸收剂来吸收烟气中的二氧化硫，并得到副产品石膏。该方法的主要优点是：①脱硫效率高，可达95%以上；②吸收剂利用率高；③对煤种的适应性好，尤其适用于高硫煤；④吸收剂来源广，价格低，用量少；⑤系统成熟，运行可靠性高。主要缺点是有一定量的废水排出，且投资费用高，占地面积较大。图2-24为石灰/石灰石法脱硫的工艺流程图。

石灰/石灰石法吸收SO$_2$的主要反应如下：

$$SO_2 + CaCO_3 + 2H_2O \longrightarrow CaSO_3 + 2H_2O + CO_2$$

$$SO_2 + CaO + 2H_2O \longrightarrow CaSO_3 + 2H_2O$$

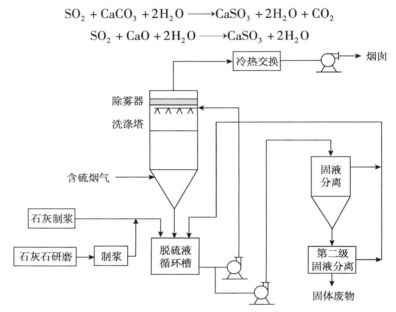

图2-24　石灰/石灰石法烟气脱硫工艺流程图

（2）氧化镁法

氧化镁法的原理是用MgO的浆液吸收SO$_2$，生成含水亚硫酸镁和少量硫酸镁，然后在流化床反应器内加热，当温度为700～950℃时释放出MgO和高浓度SO$_2$，再生的MgO可循环利用，SO$_2$可回收制酸。图2-25为氧化镁法脱硫的工艺流程，主要包括氧化镁浆液制备、SO$_2$吸收、固体分离和干燥、MgSO$_3$再生。

氧化镁法烟气脱硫的主要反应为：

$$Mg（OH）_2 + SO_2 \longrightarrow MgSO_3 + H_2O$$

$$MgSO_3 + SO_2 + H_2O \longrightarrow Mg（HSO_3）_2$$

$$Mg（HSO_3）_2 + Mg（OH）_2 + H_2O \longrightarrow 2MgSO_3 + 3H_2O$$

为保证上述第三个反应完成，MgO过量5%是必要的。此外，还会产生部分硫酸镁，反应式为：

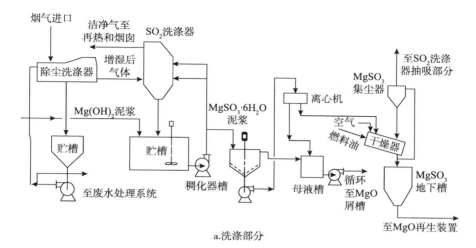

a.洗涤部分

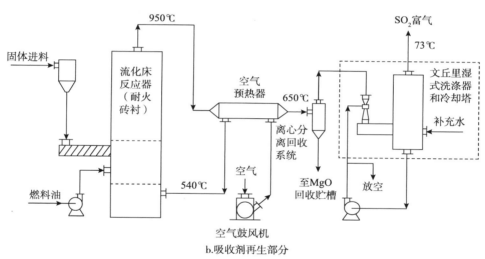

b.吸收剂再生部分

图 2－25　氧化镁法烟气脱硫工艺流程图

$$MgSO_3 + \frac{1}{2}O_2 \longrightarrow MgSO_4$$

$$MgO + SO_3 \longrightarrow MgSO_4$$

其中，大部分硫酸镁是由过剩空气氧化亚硫酸镁生成的。应当限制该反应的发生，因为硫酸镁热分解需要的温度比亚硫酸镁高。

在吸收塔排出的吸收液中，固体含量约为 10%，离心干燥脱水后产生含有亚硫酸镁、硫酸镁、氧化镁和惰性组分（如飞灰）的混合物。该混合物进入流化床反应器经焙烧后可再生得到氧化镁，化学反应式为：

$$C + \frac{1}{2}O_2 \longrightarrow CO$$

$$MgSO_4 + CO \longrightarrow MgO + CO_2 + SO_2$$

$$MgSO_3 \longrightarrow MgO + SO_2$$

（3）海水脱硫法

用于燃煤电厂的海水脱硫工艺是近些年发展起来的新型工艺，是利用海水的天然碱度进行脱硫。由于雨水将陆上岩层的碱性物质带到大海中，天然海水含有大量的可溶性盐，其中主要成分是氯化钠和硫酸盐，以及一定量的可溶性碳酸盐，因此海水通常呈碱性，自然碱度约为 1.2 ~ 2.5mmol/L，这使得海水具有天然的酸碱缓冲能力。海水脱硫由于无脱硫剂成本、工艺设备较简单及无后续的脱硫产物处理装置，其投资和运行费用相对较低。但是由于海水的碱度有限，通常适用于燃用低硫煤电厂（硫含量 <1%）的脱硫。此外，海水脱硫的另一个问题是排水水质是否会对海洋环境造成二次污染。初步的监测结果表明，海水脱硫后的排水水质对海洋环境无明显影响，但排水对海洋环境的长期影响仍在跟踪监测中。1988 年，世界上第一座用海水进行火电厂烟气脱硫的装置在印度孟买建成，采用的是挪威 ABB 公司开发的 Flatkt – Hydro 工艺（图 2 – 26）。该工艺过程主要包括烟气系统、供排海水系统和海水恢复系统。烟气经除尘和冷却后，从塔底送入吸收塔，与由塔顶均匀喷洒的纯海水逆向充分接触混合，海水吸收烟气中的 SO_2 生成亚硫酸根离子。净化后的烟气通过换热器升温后，经烟囱排入大气。海水恢复系统的主体结构是曝气池，来自吸收塔的酸性海水与凝汽器排出的碱性海水在曝气池中充分混合，同时通过曝气系统向池中鼓入适量的压缩空气，使海水中的亚硫酸盐转化为稳定无害的硫酸盐，同时释放出 CO_2，使海水的 pH 值上升至 6.5以上，达标后排入大海。中国的第一座海水脱硫装置应用于深圳西部电厂，1999 年投产运行。

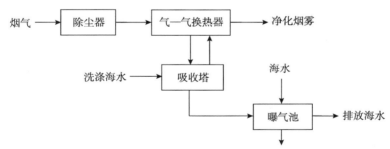

图 2 – 26　Flakt – Hydro 海水脱硫工艺流程图

2.4　氮氧化物污染控制

控制氮氧化物排放的技术措施可分为两类：一类是源头控制，是通过各种技术手段控制燃烧过程中氮氧化物的生成反应，即低氮氧化物燃烧技术；另一类是末端控制，是把已经生成的氮氧化物从烟气中去除，如还原法、吸收法和吸附法。

2.4.1　低氮氧化物燃烧技术

低氮氧化物燃烧技术措施一直是应用最广泛的措施。即使为满足烟气排放标准要求而使用尾气净化装置，也仍然需要采用低氮氧化物燃烧技术来降低净化装置入口的氮氧化物浓度以节省净化费用。要想降低净化装置入口的氮氧化物浓度，必须先了解影响燃烧过程中氮氧化物生成的因素。从实践的观点看，这些因素主要包括空气—燃料比、燃烧区温度及其分布、后燃烧区的冷却程度、燃烧器的形状设计等。目前，各种低氮氧化物燃烧技术就是在综合考虑以上因素的基础上发展起来的，可分为传统的低氮氧化物燃烧技术和先进的低氮氧化物燃烧技术。

1. 传统的低氮氧化物燃烧技术

早期开发的低氮氧化物燃烧技术未对燃烧系统做大的改动，仅对燃烧装置的运行方式或部分运行方式做过调整或改进。该类技术简单易行，但氮氧化物的降低幅度非常有限，主要包括以下几种。

（1）降低空气过剩系数

氮氧化物的排放量随炉内空气量的增加而增加，因此为降低氮氧化物排放量，锅炉应降低空气过剩系数。该技术不仅降低了氮氧化物的排放量，而且减少了锅炉的排烟热损失，提高了锅炉的热效率。但是，降低空气过剩系数会导致一氧化碳、碳氢化合物以及炭黑等污染物增多，飞灰中可燃物质增加，会使锅炉燃烧效率下降，因此电站锅炉实际运行时的空气过剩系数不能做大幅度调整。我国燃用烟煤的电站锅炉多数设计在空气过剩系数为 $1.17 \sim 1.20$ 下运行，此时氧气浓度为 $3.5\% \sim 4.0\%$，一氧化碳浓度为 $(30 \sim 40) \times 10^{-4}\%$。

（2）降低助燃空气预热温度

在实际的工业操作中，经常利用尾气的废热来预热进入燃烧器的空气。但节约能源和提高火焰温度的同时，也导致氮氧化物排放量增加。例如，当助燃空气温度由 $27℃$ 预热至 $315℃$ 时，氮氧化物排放量会增加 3 倍。降低助燃空气预热温度可降低火焰区的温度峰值，从而减少氮氧化物的生成量。

（3）烟气循环燃烧

该方法是将燃烧产生的部分烟气冷却后再循环至燃烧区，起到降低氧气浓度和燃烧区温度的作用，以达到减少氮氧化物生成量的目的。一般来说，烟气循环率在 25%～40% 最为适宜。

（4）两段燃烧

在两段燃烧装置中，燃料在接近理论空气量（一般为理论空气量的 $1.1 \sim 1.3$ 倍）下燃烧。第一段燃烧为富燃料燃烧，燃烧空气量约为空气总量的 85%～95%，此时氧气量不足，烟气温度低，氮氧化物生成量很少。第二段燃烧是在燃烧装置尾端，第二次通入空气，使第一阶段剩余的不完全燃烧产物一氧化碳和碳氢化合物完全燃烧，此时虽然氧气过剩，但由于烟气温度较低，因此限制了氮氧化物的生成。

2. 先进的低氮氧化物燃烧技术

先进的低氮氧化物燃烧技术是低空气过剩系数运行技术和燃烧器火焰区分段燃烧技术的结合，是使助燃空气分级进入燃烧装置，降低初始燃烧区的氧气浓度，以降低火焰的峰值温度。此外，有的还引入分级燃料，形成可使部分已经生成的氮氧化物还原的二次火焰区。例如，空气/燃料分级低氮氧化物燃烧器（图2−27）是将空气和燃料都分级送入炉膛，燃料分级送入可在一次火焰区下游形成一个富集 NH_3、CH、HCN 的低氧还原区，燃烧产物通过此区时，已经生成的氮氧化物会部分被还原为氮气。

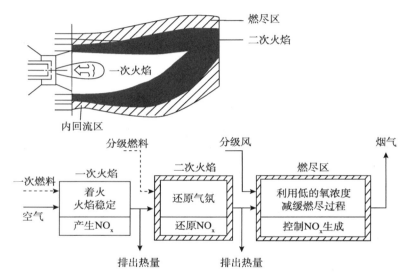

图 2−27　空气/燃料分级低氮氧化物燃烧器原理图

2.4.2　烟气脱硝技术

烟气脱硝技术是对冷却后的烟气进行处理，以降低氮氧化物的排放量。烟气脱硝十分困难，原因有二：一是要处理的烟气体积大、浓度低，例如，$1\,000MW$ 的电厂排出的烟气可达 $3 \times 10^6 m_N^3/h$，氮氧化物的体积分数为 $2.0 \times 10^{-4} \sim 1.0 \times 10^{-3}$；二是氮氧化物总量相对较大，如果采用吸收或吸附过程脱硝，必须考虑废物最终处置的难度和费用。目前，烟气脱硝技术主要有以下几种。

1. 还原法

还原法又可分为两种：选择性催化还原法（selective catalytic reduction，SCR）和选择性非催化还原法（selective noncatalytic reduction，SNCR）。

（1）选择性催化还原法

选择性催化还原法通常在空气预热器的上游注入含氮氧化物的烟气，烟气温度为290 ~ 400℃，在含有催化剂的反应器内，氮氧化物被还原为氮气，催化剂通常由贵金属、碱性金属氧化物和/或沸石等组成，还原率一般为 60% ~ 90% 。发生的还原反应如下：

$$4NH_3 + 4NO + O_2 \longrightarrow 4N_2 + 6H_2O$$

$$8NH_3 + 6NO_2 \longrightarrow 7N_2 + 12H_2O$$

氨会发生潜在的氧化反应，反应式如下：

$$4NH_3 + 5O_2 \longrightarrow 4NO + 6H_2O$$

$$4NH_3 + 3O_2 \longrightarrow 2N_2 + 6H_2O$$

因此，温度对还原率有显著影响，提高温度会改进氮氧化物的还原，但当温度进一步提高时，氨的氧化反应会越来越快，生成氮氧化物，导致还原率降低。

（2）选择性非催化还原法

选择性非催化还原法是在较高的反应温度下，一般为 930 ~ 1 090℃，以尿素或氨基化合物为还原剂，还原剂通常注进炉膛或者紧靠炉膛出口的烟道，将氮氧化物还原为氮气，还原率较低，通常为 30% ~ 60% 。主要的还原反应如下：

$$CO（NH_2）_2 + 2NO + 0.5O_2 \longrightarrow 2N_2 + CO_2 + 2H_2O$$

$$4NH_3 + 6NO \longrightarrow 5N_2 + 6H_2O$$

2. 吸收法

吸收法是采用吸收液，如水、氢氧化物和碳酸盐溶液、硫酸、有机溶液等，吸收烟气中的氮氧化物。

例如，用碱溶液吸收氮氧化物的反应过程可表示为：

$$2NO_2 + 2MOH \longrightarrow MNO_3 + MNO_2 + H_2O$$

$$NO + NO_2 + 2MOH \longrightarrow 2MNO_2 + H_2O$$

$$2NO_2 + Na_2CO_3 \longrightarrow NaNO_3 + NaNO_2 + CO_2$$

$$NO_2 + NO + Na_2CO_3 \longrightarrow 2NaNO_2 + CO_2$$

式中的 M 可为 K^+、Na^+、Ca^{2+}、Mg^{2+}、NH_4^+ 等。

又如，用强硫酸吸收氮氧化物的生成物为对紫光谱敏感的亚硝基硫酸，该生成物在浓酸中十分稳定，反应式为：

$$NO_2 + NO + 2H_2SO_4 \longrightarrow 2NOHSO_4 + H_2O$$

3. 吸附法

吸附法能比较彻底地消除氮氧化物的污染，同时又能回收利用氮氧化物。常用的吸附剂有活性炭、分子筛、硅胶、含氨泥煤等。其中，活性炭具有吸附速率快、吸附容量大的优点，但是活性炭再生是一个大问题，并且烟气中氧气的存在对于防止活性炭材料着火或爆炸也是一个问题。

2.5 机动车尾气污染与控制

2.5.1 机动车尾气的组成与危害

随着汽车工业的迅速发展，汽车尾气排放造成的大气环境污染问题日益引起人们的关注，世界各国都投入了大量的人力、物力、财力致力于汽车尾气控制治理方面的研究。我国机动车保有量近年来快速递增，城市大气环境正不断恶化，直接影响了人体健康。

阅读资料

我国的机动车污染现状

2010 年 11 月 4 日，我国环境保护部发布了《中国机动车污染防治年报（2010 年度)》，首次公布了中国机动车污染物排放情况，并系统地介绍了机动车污染防治工作的进展。年报显示，中国机动车污染日益严重，机动车尾气排放已成为中国大中城市空气污染的主要来源之一。汽车是机动车污染物总量的主要贡献者，其排放的一氧化碳和碳氢化合物超过 70%，氮氧化物和颗粒物超过 90%。经过近 30 年的发展，中国机动车环境管理工作取得了较大进展。2009 年，新生产轻型汽车的单车污染物排放量比 2000 年下降了 90% 以上。通过排放标准的快速升级，机动车排放总量没有随着保有量的快速增长而同比增长。与 1980 年相比，中国机动车保有量增加了 25 倍，排放总量仅增加了 12 倍，有效缓解了机动车日益增长给环境带来的巨大压力。

（资料来源：中华人民共和国环境保护部，《2010 中国环境状况公报》，2011 年 6 月）

下面就汽车尾气污染物进行简单介绍。

（1）铅

发动机中的铅化合物是为了改善汽油的抗爆性而加入的。这些烷基铅会通过汽车排气管以颗粒状态进入大气。铅含有剧毒，当人们吸入含有铅微粒的空气后，铅会在人体内积累，将损害人体骨髓造血系统和神经系统，阻碍血液中红血球的生长，使心、肺等处发生病变；当其侵入大脑时，会损伤小脑和大脑皮质细胞，干扰代谢活动，引起头痛，出现一种精神病的症状。另外，铅还能使催化转化器中的催化剂失效。

（2）碳氢化物

是指发动机废气中的未燃部分，还包括供油系统中燃料的蒸发和滴漏。单独的碳氢化物只有在浓度相当高的情况下才会对人体造成危害，但由于某些烃类的活性很强，在阳光下与氮氧化物反应生成光化学烟雾，刺激人眼和呼吸器官，造成呼吸困难。

（3）一氧化碳

发动机内不完全燃烧的产物，是汽车排气中有害物质浓度最大的成分，CO 进入人体后，易与血红蛋白结合，致使人体缺氧、窒息，甚至死亡。

（4）氮氧化物

是燃料在发动机中高温燃烧而生成的产物。氮氧化物进入人体后能形成亚硝酸和硝酸，对肺组织产生强烈的刺激作用，可在一定程度上导致组织缺氧。氮氧化物易与碳氢化物在光照下生成光化学烟雾。

（5）炭烟

是柴油发动机燃料燃烧不完全的产物，其内含大量的黑色炭颗粒。炭烟能影响大气能见度，并含有特殊臭味，引起人恶心和头晕。

（6）二氧化碳

是汽车排放物中含量最多的物质，是导致全球温室效应的物质。

（7）硫氧化物

燃料中的硫在燃烧后会形成 SO_x 排出发动机外，能形成酸雾，污染环境。含硫量较高的燃料，燃烧后形成的 SO_x 还会毒化催化器中的催化剂，降低净化效果。

在汽车行驶的不同阶段，汽车尾气的组成有所差异（表 2-10）。

表 2-10 汽车排气的化学组成

项目	空档	加速	定速	减速
碳氢化物（乙烷等）（ppm）	300~1 000	300~800	250~550	3 000~12 000
乙炔（ppm）	710	170	178	1 096
醛（ppm）	15	27	34	199
氮氧化物（ppm）	10~50	1 000~4 000	1 000~3 000	5~50
一氧化碳（%）	4.9	1.8	1.7	3.4
二氧化碳（%）	10.2	12.1	12.4	6.0
氧（%）	1.8	1.5	1.7	8.1
排气量（m³/min）	0.14~0.7	1.13~5.66	0.7~1.7	0.14~0.7
排气温度（℃）	149~582	482~704	427~594	204~427
未燃燃料（%）	2.88	2.12	1.95	18.0

随着汽车的普及和人们对汽车尾气污染危害的认识逐步加深，要求控制汽车尾气污染的呼声日益增高，必须对机动车尾气污染加以控制。

2.5.2 机动车尾气净化技术

我国对机动车尾气净化的研究开始于 20 世纪 70 年代，目前根据净化方向和对象的不同，可将机动车尾气的净化技术分为控制燃料的蒸发排放、机内净化、机外净化 3 个方面，已经取得了不少成果。

1. 控制燃料的蒸发排放

机动车排放碳氢化物的一个重要来源就是燃料的蒸发泄露。目前，为了防止燃油蒸发泄露而采取的控制技术主要包括：曲轴箱密闭、燃油蒸气的贮存和吸附。任何一辆现代化的汽油车，这两项控制措施都是必备的，可以使曲轴箱基本达到零排放，燃油系统的蒸发排放也降低到极低的程度。

（1）曲轴箱密闭

将曲轴箱密闭，采取强制通风，可以控制由曲轴箱泄露的燃油蒸发排放。通过空气滤清器引出新鲜空气进入曲轴箱，再经过调节阀把窜入曲轴箱的气体中的烃类与空气一起吸入进气管内，把窜入曲轴箱的可燃气体烧掉，从而减少碳氢化物的排放。

（2）燃油蒸气的贮存和吸附

贮存燃油蒸气的方法有两种：一种是由曲轴箱贮存；另一种是由吸收罐贮存。前一种方法被广泛采用。

2. 机内净化

机内净化主要是改善发动机燃烧状况，从而降低有害物质的生成。机内净化是治理机动车排放污染的根本措施，主要技术有 3 种。

（1）电控汽油喷射

电控汽油喷射系统由传感器、执行器和电控单元共 3 部分组成，能实现动力性、燃油经济性和排放性能的最佳协调，目前主要分为单点喷射和多点喷射两种型式，控制模式分为开环控制和闭环控制两种。闭环控制按照事先标定好的数据来控制燃油喷射的时间和数量，而开环控制可以根据氧传感器探测到的废气中的氧含量，精确控制空燃混合比为 14.7:1。多点喷射更好实现均匀混合，比单点喷射的效果更好。

（2）稀薄燃烧

采用更为稀薄的混合气（空燃比 $\geq 18:1$）时，由于氧气过剩，燃料的燃烧比较完全，排放物的有害气体浓度会下降。而且，由于燃烧温度下降，也减少了氮氧化物的生成。

（3）改进点火技术

包括延迟点火和加大点火能量。延迟点火可以降低燃烧的最高温度并延长燃气的燃烧时间，有利于减少氮氧化物的生成和碳氢化物、一氧化碳的进一步燃烧。采用高能点火系统，加强火花强度及延长火花持续时间，以强化燃烧，可降低碳氢化物的排放，特别是在稀薄燃烧时，高能火花可以提高点火性能，一般采用晶体点火装置。

3. 机外净化

机外净化主要指尾气后处理装置，主要包括热反应器、二次反应器、催化反应器、电晕处理器等。国内大部分研究集中在尾气催化净化方面。汽车尾气的催化净化是控制污染物排放的关键技术。催化剂可分为贵金属催化剂，非贵金属催化剂，稀土型催化剂三种。其中三元催化转化器可利用燃烧产生的碳氢化物、一氧化碳将氮氧化物催化还原为氮气，可同时净化三种有害气体，其主要催化反应过程如下：

$$CO + \frac{1}{2}O_2 \longrightarrow CO_2$$

$$C_mH_n + \left(m + \frac{1}{4}n\right)O_2 \longrightarrow mCO_2 + \frac{1}{2}nH_2O$$

$$H_2 + \frac{1}{2}O_2 \longrightarrow H_2O$$

$$HC + NO_x \xrightarrow{\text{催化剂}} CO_2 + H_2O + N_2$$

$$CO + NO_x \xrightarrow{\text{催化剂}} CO_2 + N_2$$

$$2H_2 + 2NO \longrightarrow N_2 + 2H_2O$$

2.6 室内空气污染与控制

空气包括室内空气和室外空气。与室外空气质量相比，室内空气质量与人体健康的关系更为密切，因为现代人有 60% ~ 80% 的时间是在室内度过的，尤其是婴幼儿、老弱残疾者，他们在室内的时间更长。近些年来，随着生活质量的提高，人们的居住环境也发生了巨大变化，人们建造了更舒适的住宅、更宽敞的写字楼和更豪华的商场。然而，这些变化在给人们带来快乐和自豪的同时，也带来了一系列的严重问题。其中，最重要的就是由于豪华建设与装修所引起的室内空气质量恶化而导致的各种"现代病"的出现。目前，室内空气污染控制已成为环境保护工作的一项重要内容。

所谓室内空气污染（indoor air pollution）是指室内外各种化学、物理、生物的污染物在室内扩散，造成室内空气质量下降的现象。它不仅破坏人们的生活和工作环境，并且直接威胁着人们的身体健康。

影响室内环境的因素主要有建筑物的结构和材料、通风换气状况、能源使用情况以及生活起居方式等。

2.6.1 室内空气污染的来源

室内空气污染的主要来源有以下几个。

（1）燃料

室内燃料燃烧产生的一氧化碳、二氧化碳会影响人体对氧气的吸收。当空气中一氧化碳的浓度达到 0.12% 时，人就会有生命危险。室内燃料燃烧还可使空气中硫氧化物、氮氧化物、碳氢化物及悬浮颗粒物等对人体有害的物质浓度增大。

（2）吸烟

吸烟是室内最严重的污染之一。据测定，在居室内吸一支香烟产生的污染物对人体的危害比马路上一辆行驶的汽车排放的污染物对人体的危害还要大。吸烟者吐出的烟雾中主要含有一氧化碳、氮氧化物、烷烃、烯烃、芳烃、含氟烃、硫化氢、氨、亚硝胺等，这些有害气体对人体的肺及支气管黏膜的纤毛上皮细胞有严重的损害作用。所以，吸烟不仅危害吸烟者本人，而且对周围的人也会造成危害。据统计，在吸烟家庭中，儿童患呼吸道疾病的人比不吸烟家庭中的儿童多10%～20%。

（3）建筑及装饰材料

一些价格低廉、性能优越的合成材料被作为建筑材料和建筑装修材料并被广泛应用，这些建材成为室内空气污染的污染源，如人造板材中释放的甲醛污染物、油漆涂料中释放的挥发性有机污染物、石材中的放射性污染物等。

（4）电器

随着电子技术的发展，一些电器产品在办公室和家庭中日益普及。其中，复印机、打印机、计算机等会散发有害气体，如臭氧、挥发性有机污染物等，造成室内空气质量下降。

（5）室外空气污染

室外受污染的空气通过通风空调系统进入室内，造成室内空气的污染。其中，主要污染物为环境空气中的悬浮颗粒物以及汽车尾气和工业废气中的硫氧化物、氮氧化物、碳氧化物、悬浮颗粒物等。

2.6.2 室内空气污染物

根据污染物的性质，室内空气污染物可分为化学性污染物、生物性污染物、物理性污染物和放射性污染共4种类型。典型污染物主要有甲醛、苯、甲苯、二甲苯、挥发性有机物、二氧化碳、一氧化碳、二氧化氮、氨、二氧化硫、臭氧、多环芳烃、尘螨、霉菌、氡等。下面，介绍其中的几种。

（1）甲醛

甲醛是一种无色易溶的刺激性气体，可经呼吸道吸收。在室内空气中，当甲醛的含量为 $0.1mg/m^3$ 时，就会有异味和使人产生不适感；当含量为 $0.5mg/m^3$ 时，可刺激眼睛并引起流泪；当含量为 $0.6mg/m^3$ 时，会引起咽喉不适或疼痛；当浓度更高时，会引起恶心、呕吐、咳嗽、胸闷、气喘甚至肺气肿；当浓度达 $30mg/m^3$ 时，可导致死亡。长期接触低剂量甲醛，会引起慢性呼吸道疾病、女性月经紊乱、新生儿体质降低、染色体异常，甚至引起鼻咽癌。高浓度的甲醛对神经系统、免疫系统、肝脏等都有危害。甲醛还有致畸、致癌作用。

（2）氨

人们在装修时用尿素做水泥和涂料的防冻剂，这些尿素会释放出大量的氨。在居住环境接触氨，会对皮肤、呼吸道和眼睛产生刺激，长时间接触可出现胸闷、咽干、咽痛、头痛、头晕、厌食、疲劳等症状，使味觉、嗅觉减退。

（3）臭氧

计算机的显示器、电视机的高电压会产生臭氧。臭氧具有很强的氧化作用，对人的呼吸道具有很强的刺激性。臭氧比重大，流动缓慢，如果复印室内通风不良，容易使操作人员产生"复印机综合征"，主要症状是咽喉干燥、咳嗽、头晕、视力减退等，严重者可导致中毒性肺水肿和神经系统方面的病变。低浓度的臭氧可刺激眼睛，并可加重哮喘。

（4）挥发性有机物

挥发性有机物（volatile organic compounds，VOCs）是指沸点在 50～2 600℃ 之间、室温下饱和蒸气压超过 133.322Pa 的易挥发化合物。VOCs 的主要成分是烃类、氧烃类、含卤烃类、氮烃类、低沸点多环芳烃等。其广泛存在于建筑涂料、地面覆盖材料、墙面装饰材料、空调管道衬套材料及胶黏剂中。许多 VOCs 具有神经毒性、肾毒性、肝毒性或致癌作用，还可能损害血液成分和心血管系统，引起胃肠道紊乱。由于 VOCs 的成分复杂，对人体健康影响大，研究环境中 VOCs 的存在、来源、分布规律与迁移转化及其对人体的影响一直都是国内外研究的焦点。

（5）氡

氡是由镭衰变产生的自然界唯一的天然放射性惰性气体。氡无色、无味。氡原子在空气中的衰变产物被称为氡子体，为金属粒子。常温下氡及氡子体在空气中能形成放射性气溶胶而污染空气。氡容易被呼吸系统截留，并在局部区域不断累积而诱发肺癌。科学研究表明，氡对人体的辐射伤害占人体一生中所受到的全部辐射伤害的 55% 以上，其诱发肺癌的潜伏期大多都在 15 年以上，世界上有 1/5 的肺癌患者与氡有关，氡是导致人类肺癌的第二大"杀手"，是除吸烟以外引起肺癌的第二大因素。

（6）细菌及微生物

室内空气微生物的主要来源是人们在室内的生活和活动。细菌、真菌、螨虫等可在地毯、家具、窗帘、卧具、角落中快速繁殖，引起过敏性肺炎、鼻炎、皮肤过敏等疾病。附着于室内悬浮颗粒、唾液与飞沫上的致病微生物有溶血性链球菌、结核杆菌、白喉杆菌、肺炎球菌、脑膜炎双球菌、流感病毒、麻疹病毒等，在室内空气湿度大、通风不良、光照不足的情况下，可在空气中保持较长的生存时间和致病性。据调查，33% 的建筑物空调系统含有显著水平的潜在致过敏真菌。

2.6.3　室内空气污染控制措施

室内空气污染控制措施可分为源头控制措施和末端控制措施两类。

1. 源头控制

源头控制措施主要包括以下几方面。

（1）开发新型绿色建材

绿色建材是指在制造和使用过程中，对环境基本不产生污染的材料。在"绿色建材"基础上研制的"环保建材"则不仅不危害环境，而且还具有某些特定的有益人体健康的功能，如净化空气、杀菌防霉、负离子效应等。随着对室内环境污染的研究，开发和应用绿色建材正成为室内装饰材料和配套产品的发展方向。目前，世界上各国都在加强保健建材的研究。例如，日本在"光催化材料"方面较为领先，在玻璃、陶瓷中加入光催化剂，通过光照，就可以将空气中的有害气体转化为无害气体。

（2）开发低挥发性溶剂

研制新型溶剂，降低挥发性有机物含量。例如，开发甲醛释放量低的胶黏剂，采用低污染水性涂料或无溶剂涂料等。

（3）开发新型环保家电

由于臭氧及电磁辐射等室内空气污染物都是使用家电时产生的，因而开发绿色环保家电也是减少室内空气污染的一个研究方向。

（4）开发新型通风技术

室外空气污染物是室内空气污染的一个源头，开发新型通风技术可将室外空气污染物有效阻截。室内通风方式有自然通风、机械通风和机械辅助自然通风几种形式。自然通风主要通过门、窗、通道实现；机械通风通过风机和管道实现。如何在通风的过程中，阻止室外空气污染物的进入是一个较难解决的问题。

2. 末端控制

末端控制措施主要包括以下几方面。

（1）绿色植物净化

不少花卉、草类植物具有一种以酶作催化剂的潜在解毒力，能够吸收室内的一些污染物质，净化空气。研究表明，在含有甲醛的密闭房间内，放 1~2 盆吊兰或常青藤，半天内可使甲醛的含量降低一半，一天之内可吸收室内90%以上的甲醛、乙醛等室内空气污染物；扶郎花、菊花则能消除苯、甲苯的污染。

（2）活性炭吸附

在室内空气净化中，活性炭吸附一直是一种被广泛使用且有效的方法。吸附剂主要有粉末活性炭、颗粒活性炭以及纤维活性炭。相对于传统的炭材料，活性炭纤维具有吸附容量大、吸附速度快、吸附性能优良等特点。此外，活性炭纤维的再生条件不苛刻，且重复使用性能好。

（3）光催化技术

利用紫外光源，在封闭或半封闭空间里，由光催化反应将室内的有害气体及异味气体等彻底分解为无臭无害的产物，一些有机物甚至最终能被分解成二氧化碳和水。此外，该催化剂使用紫外光激发的同时，还可杀灭空气中的细菌、病菌。

（4）生物过滤技术

过滤器中的多孔填料表面覆盖有生物膜，废气流经填料床时，通过扩散过程，把污染成分传递到生物膜，并与膜内的微生物相接触而发生生物化学反应，从而使废气中的污染物完全被降解为 CO_2 和 H_2O。

思 考 题

1. 目前，全球性的大气环境问题主要有哪些？
2. 除尘器按照除尘机理可分为哪几类？
3. 湿法脱硫的主要方法有哪些，并简述之。
4. 烟气脱硝有哪些主要技术？
5. 室内空气污染物主要有哪些？

第3章　水污染与防治

　　水是宝贵的自然资源，是生物生长和繁衍、人类生存和发展的物质基础。近年来，随着人口膨胀、经济增长和社会发展，水资源的需求越来越大，而水资源分布不均及水环境污染又加剧了水资源短缺。保护水资源、防治水污染，已成为21世纪人类的重要任务。本章阐述了水资源、水环境污染及水质标准等基本概念，介绍了水处理的基本方法，介绍了城市污水三级处理系统、废水脱氮除磷工艺及污泥的处理与资源化工艺。

3.1　水污染概述

3.1.1　水资源

　　1988年，联合国教科文组织和世界气象组织对水资源（water resources）的定义为：作为资源的水应当是可供利用或者有可能被利用，具有足够数量和可用质量，并可适合某地水需求而长期供应的水源。广义上的水资源是指能够直接或间接使用的各种水和水中物质，对人类活动具有使用价值和经济价值的水。狭义上的水资源是指在一定经济技术条件下，人类可以直接利用的淡水。

　　当前全球水体总储量为 $1\,386 \times 10^7$ 亿 m^3，其中海洋储量为 $1\,338 \times 10^7$ 亿 m^3，占总量的 96.58%；其他各种水体储量只占 3.42%（其中地表水和地下水各占 50% 左右）。在地球水体总量中，含盐量低于 1g/L 的淡水仅占约 2.5%，即 35×10^7 亿 m^3，其余约 97.5% 均为咸水。在淡水中，有 68.7% 的水覆盖在两极和高山冰川中；有 30.9% 蓄积在地下含水层和永久冻土层中；只有 0.4% 容纳在河流、湖沼和土壤中。全球多年平均降水量约为 1 130mm，陆地平均降水量约为 805mm，陆地的多年平均河川径流量约为 46.8 万亿 m^3，其中稳定径流量约为 14 万亿 m^3，但却有 5 万亿 m^3 流经沙漠而无法利用，实际可利用的河川径流量仅为 9 万亿 m^3，占河川径流总量的 19%。但是，江河湖泊却又因工业用水和生活用水的污染而使有限的淡水资源日趋减少。据统计，全世界每年排向自然水体的工业废水和生活废水达 4 200 亿 m^3，使 35% 以上的淡水资源受到不同程度的污染。

　　我国的水资源量见表 3-1。我国水资源总量约为 28 000 亿 m^3，占全球水资源的 6%，仅次于巴西、俄罗斯和加拿大，居世界第 4 位；但人均水资源量少，约 2 300 m^3，仅为世界人均值的 1/4，居世界第 121 位，是全球 13 个人均水资源最贫乏的国家之一。此外，我国水资源分布很不均衡。西北部降水量少，严重的荒漠化和沙漠化以致呈现"哪里有淡水，哪里才能出现绿"的景象；东南部降水量多，几大江河的水时刻都在滚滚流向海洋。

表 3-1　我国水资源量

年份	水资源总量 （亿 m³）	地表水资源量 （亿 m³）	地下水资源量 （亿 m³）	地表水与地下 水资源重复量 （亿 m³）	人均水资源量 （m³/人）
2000	27 700.8	26 561.9	8 501.9	7 363.0	2 193.9
2001	26 867.8	25 933.4	8 390.1	7 455.7	2 112.5
2002	28 261.3	27 243.3	8 697.2	7 679.2	2 207.2
2003	27 460.2	26 250.7	8 299.3	7 089.9	2 131.3
2004	24 129.6	23 126.4	7 436.3	6 433.1	1 856.3
2005	28 053.1	26 982.4	8 091.1	7 020.4	2 151.8
2006	25 330.1	24 358.1	7 642.9	6 670.8	1 932.1
2007	25 255.1	24 242.5	7 617.2	6 604.5	1 916.3
2008	27 434.3	26 377.0	8 122.0	7 064.7	2 071.1
2009	24 180.2	23 125.2	7 267.0	6 212.1	1 816.2
2010	30 906.4	29 797.6	8 417.0	7 308.2	2 310.4

3.1.2　水体自净

水体（water body）是海洋、湖泊、河流、沼泽、水库、地下水的总称。在环境科学中，水体不仅包括水，而且包括水中悬浮物、底泥和水中生物等。

水体自净（self-purification of water body）是指水体本身具有一定的净化能力，即经过水体的物理、化学与生物的作用，使排入水体的污染物浓度逐渐降低，经过一段时间后恢复到受污染前的状态。水体自净包括沉淀、稀释、混合等物理过程，氧化还原、分解化合、吸附凝聚等化学和物理化学过程以及生物化学过程。各种过程同时发生、相互影响，并相互交织进行。一般说来，物理和生物化学过程在水体自净中占主要地位。物理自净作用是指污染物质在水体中扩散、稀释、挥发、沉淀等；生物自净作用是指微生物在溶解氧充分的情况下因好氧微生物作用，氧化分解为简单的、稳定的无机物，如二氧化碳、水、硝酸盐和磷酸盐等，使水体得到净化。在这个过程中，复氧和耗氧同时进行。溶解氧的变化状况反映了水体中有机污染物净化的过程，因而可把溶解氧作为水体自净的标志。溶解氧的变化可用氧垂曲线表示（如图 3-1 所示）。氧垂曲线反映了耗氧和复氧的协同作用。图中 a 为有机物分解的耗氧曲线，b 为水体的复氧曲线，c 为氧垂曲线，最低点 C_p 为最大缺氧点。若 C_p 点的溶解氧量大于有关规定的量，从溶解氧的角度看，说明污水的排放未超过水体的自净能力。若排入有机污染物过多，超过水体的自净能力，则 C_p 点低于规定的最低溶解氧含量，甚至在排放点下的某一段会出现无氧状态，此时氧垂曲线中断，说明水体已经污染。在无氧情况下，水中有机物因厌氧微生物作用进行厌氧分解，产生硫化氢、甲烷等，水质变差，腐化发臭。

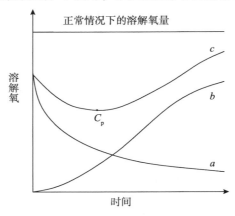

图 3-1　氧垂曲线

反映水体自净能力的指标是水环境容量。水环境容量（water environmental capacity）是指某水体在特定的环境目标下所能容纳污染物的量。水环境容量一般包括两部分，即差值容量与同化容量。水体稀释作用属差值容量，生物化学作用称同化容量。

地表水体对某种污染物的水环境容量可用下式表示：

$$W = W_1 + W_2 = V(C_s - C_b) + W_2$$

式中：W——某地表水体对某污染物的水环境容量，kg；

W_1——某地表水体对某污染物的差值容量，kg；

W_2——某地表水体对某污染物的同化容量，kg；

V——该地表水体的体积，m^3；

C_s——该地表水中某污染物的环境标准（水质目标），mg/L；

C_b——该地表水中某污染物的环境背景值，mg/L。

可见，水环境容量既反映了满足特定功能条件下水体对污染物的承受能力，也反映了污染物在水环境中的迁移、转化、降解、消亡规律。当水质目标确定之后，水环境容量的大小就取决于水体对污染物的自净能力。

> **阅读资料**

"水环境容量"的由来与发展

20世纪60年代末，日本为改善水和大气环境质量，提出污染物总量控制问题，即把一定区域内的污染物总量控制在一定的允许限度内。在欧美国家，学者较少使用环境容量这一术语，而是使用同化容量、最大允许纳污量和水体容许排污水平等概念。20世纪 70—80 年代，美国《国家环境政策法》把"最广泛地合理使用环境而不使其恶化"作为制定环境标准的原则之一。美国国家环境保护局根据环境容量，开始将排污权交易政策用于河流及大气污染源的管理，并在实践中取得了较好的经济效益和环境效益。

我国环境界在 20 世纪 70 年代后期引入环境容量的概念，并开始水环境容量的研究工作。20 世纪 80 年代初，我国环境工作者结合水环境质量评价工作，对水污染自净规律、水质模型、水质排放标准制定的数学方法等问题进行了研究。1980—1990 年间，国家"六五"、"七五"环保科技攻关分别以"主要污染物水环境容量研究"和"水环境容量开发利用研究"为课题，对污染物在水体中的物理、化学行为进行深入、系统的探讨。20 世纪 90 年代以后，我国许多重要水域的水环境容量研究全面展开，成果大量涌现。灰色、模糊、随机统计、遥感信息模型等预测方法被运用到水环境容量研究中来，以提高预测结果的准确性。2003 年，国家环境保护局在全国范围内开展地表水水环境容量核定工作，这标志着以环境容量为基础的水污染控制工作在全国范围内开始推行。"十一五"期间，全国水环境管理从目标总量控制向容量总量控制转变。

（资料来源：赫荣富，田盛兰，张磊，水环境容量的研究，《农业科技与装备》，2012 年第 3 期）

3.1.3　水体污染

水体污染（water body pollution）是指排入水体的污染物在数量上超过了该物质的水环境容量，使水体的物理性质、化学性质或生物群落组成发生变化，降低了水体的使用价值和使用功能，影响了人类的正常生活、生产以及生态系统平衡的现象。

1. 水体污染物

水体污染物按其种类和性质，一般可分为四大类，即无机无毒物、无机有毒物、有机无毒物和有机有毒物。此外，对水体造成污染的还有放射性物质、生物污染物质和热污染等。

无机无毒物：主要指氮、磷、无机酸、无机碱及一般无机盐，当水体中氮、磷等植物营养物质增多时，可导致藻类等水生植物过量繁殖，造成水体富营养化。酸性和碱性废水，会使水体的 pH 值发生变化，破坏其自然缓冲作用，妨碍水体自净。

无机有毒物：主要有非重金属的氰化物、砷化物及重金属中的汞、镉、铬、铅等。氰化物是剧毒物质，对人的口服致死量为 $0.05 \sim 0.12 \mathrm{mg/mL}$，低浓度的氰化物会引起人的慢性中毒。砷是累积性中毒的毒物，当饮用水中砷含量大于 $0.05 \mathrm{mg/mL}$ 时，就会导致累积。重金属在水体中只要有微量的浓度即可产生毒性效应，某些重金属还可以在微生物的作用下转化为毒性更强的金属化合物；重金属不但不能被生物降解，相反却能在食物链的生物放大作用下，大量地富集，最后进入人体。

有机无毒物：有机无毒污染物多属于碳水化合物、蛋白质、脂肪等自然生成的有机物。它们易于生物降解，向稳定的无机物转化。在有氧条件下，由好氧微生物作用进行转化，其进程较快，产物多为二氧化碳、水等稳定物质；在无氧条件下，则在厌氧微生物作用下进行转化，这一进程较慢，产物主要为甲烷、二氧化碳等稳定化合物，同时也有硫化氢、硫醇等气体产生。

有机有毒物：多属于人工合成的有机物，如有机氯农药、合成洗涤剂、合成染料等，这类污染物不易被微生物所分解，而且有些是致癌、致畸、致突变物质。

其他污染物：其他水体污染物包括有放射性污染物、生物污染物和热污染。放射性污染物放出 α、β、γ 等射线损害人体组织，并可以蓄积在人体内部造成长期危害，促成贫血、白细胞增生、恶性肿瘤等各种放射性病症，严重者可危及生命。生物污染物主要是动物和人排泄的粪便，其中含有的细菌、病菌及寄生虫等能引起各种疾病。热污染指天然水体接受"热流出物"而使水温升高的现象。热污染可使水体温度升高，增加其化学反应速率，导致水中有毒物质的毒性作用加大，水温升高还会降低水生生物的繁殖率，并使氧的溶解度下降。

2. 水体污染的危害

水体被污染后，水的质量恶化，使用功能降低甚至丧失，加剧水资源紧缺，还对人体健康和生态环境产生一系列危害。

（1）危害人体健康

被污染的水体中含有农药、多氯联苯、多环芳烃、酚、汞、铬、铅、镉、砷、氰、放射性元素、致病细菌等有害物质，它们具有很强的毒性，有的是致癌物质。这些物质可以通过饮用水和食物链等途径进入人体，并在人体内积累，造成危害。

（2）造成水体富营养化

当含有大量氮、磷等植物营养物质的生活污水、农田排水连续排入湖泊、水库、河水等处的缓流水体时，造成水中营养物质过剩，便发生富营养化现象，导致藻类大量繁殖，水的透明度降低，失去观赏价值。同时，由于藻类繁殖迅速，生长周期短，不断死亡，并被好氧微生物分解，消耗水中的溶解氧；也可被厌氧微生物分解，产生硫化氢等有害物质。从以上两方面造成水质恶化，鱼类和其他水生生物大量死亡。

（3）破坏水环境生态平衡

良好的水体内，各类水生生物之间及水生生物与其生存环境之间保持着既相互依存又相互制约的密切关系，处于良好的生态平衡状态。当水体受到污染而使水环境条件改变时，由于不同的水生生物对环境的要求和适应能力不同，产生不同的反应，将导致种群发生变化，破坏水环境的生态平衡。

阅读资料

电镀废水的危害

电镀工厂（或车间）排出废水和废液，废水中常含有一种以上的有害成分，对人产生损失，对环境产生污染等危害，电镀废水的危害较大，可引起人畜急性中毒，致死，以及环境污染。

1. 氰化物

氰化物的毒性非常强，尤其是在酸性条件下，其会变成剧毒的的氢氰酸，因此说含氰的废水必须先经过处理，才可排入水道或河流中。氰化物人体致命的摄入量分别为：氰化钾为 120mg、氰化钠为 100mg；长期饮用含氰 $0.14mg/dm^3$ 的水会出现头疼、头晕、心悸等症状。

2. 六价铬和三价铬

铬有三价（Cr^{3+}）和六价（Cr^{6+}）之分。实验证明六价铬的毒性比三价铬高 100 倍，可在人、鱼和植物体内蓄积。六价铬对人体皮肤、呼吸系统以及内脏都有伤害，能致呼吸道癌，主要是支气管癌。

3. 铅和铅化物

铅及其化合物对于人体来说都是有害的元素，会引起水体中鱼类、水生物等的中毒，甚至致死，铅如果进入人体后，人体可以吸收的范围是 5% ~ 10%，超量后铅会在人体中积累，并且引发骨骼的内源性中毒现象，当血铅达到 $60 ~ 80\mu g/100cm^3$ 时，就会出现头疼、疲乏、记忆衰退、失眠、食欲不振等症状。

4. 镍和镍化合物

镍在人体中主要存在于脑、脊髓、五脏中，以肺为主。对于人体的影响主要表现在抑制酶系统。镍及其镍盐类对电镀工人的毒害主要是镍皮炎。

5. 铜和铜化合物

铜虽然是生命所必需的微量元素之一，但一旦摄入过量对于人体和动、植物都会产生危害。可导致皮炎和湿疹，甚至发生皮肤坏死的情况。

6. 锌和锌化合物

锌也是人体必需微量元素，正常人每天从食物中吸收锌 10 ~ 15mg。一旦过量也会导致急性肠胃炎症状，如恶心、呕吐，同时伴有头晕、周身无力等现象出现。

（资料来源：卫凯，王震，电镀废水危害与处理，《北方环境》，2011 年第 9 期）

3.1.4 水质指标

1. 水质

水质即水的品质，是指水与其中所含杂质共同表现出的物理、化学和生物的综合特性。自然界中的水不是纯粹的氢氧化物。水中所含杂质，按它们在水中存在状态可分为三类：悬浮物质、溶解物质和胶体物质。悬浮物质是由大于分子尺寸的颗粒组成（粒径大于 $1\mu m$），它们靠浮力和黏滞力悬浮于水中；溶解物则由分子或离子组成（粒径小于 $10^{-3}\mu m$），它们被水的分子结构所支撑；胶体物质则介于悬浮物质和溶解物质之间。

2. 水质指标

通常用各项水质指标来表示水中杂质的种类、成分、数量，作为水质的衡量标准。水质指标种类很多，可以分为物理性、化学性和生物性指标。物理性指标主要有：①感官物理性状指标，如温度、色度、浊度、嗅和味等；②其他物理性水质指标，如悬浮固体、溶解固体、总固体、电导率等。化学性指标主要有：①一般的化学性水质指标，如酸度、碱度、各种阴阳离子、硬度、含盐量、一般有机物等；②有毒的化学性指标，如重金属、氰化物、各类农药等；③氧平衡指标，如溶解氧（DO）、生化需氧量（BOD）、化学需氧量（COD）、总需氧量（TOD）等。生物性指标主要有大肠菌群数、细菌总数等。

下面介绍几种较为重要的水质指标。

（1）色度

色度是表示水颜色的指标，纯水无色，当水中含有杂质时则会呈现出一定的颜色。水的颜色有真色和表色之分。所谓真色是水中所含溶解物质或胶体物质所致，表色则包括由溶解物质、胶体物质和悬浮物质共同引起的颜色。色度是评价感官性状的重要指标，一般用铂钴标准比色法测定，1L 水中含有相当于 1mg 铂时产生的颜色规定为 1 度。

（2）pH 值

pH 值反映水的酸碱性质，天然水体的 pH 值为 6~9。

（3）悬浮固体

悬浮固体（SS）含量是指把水样用滤纸过滤后，被滤纸截留的残渣在一定温度下（103~105℃）烘干至恒重后所残余的固体物质总量。

（4）总含盐量

水中所含各种溶解性矿物质盐类的总量称为水的总含盐量，也称为总矿化度，其数值等于水中各种阴、阳离子含量的总和。天然水体中，阳离子主要有 Ca^{2+}、Mg^{2+}、Na^+、K^+ 等，阴离子主要有 HCO_3^- 、CO_3^{2-}、SO_4^{2-}、Cl^- 等。

（5）溶解氧

溶解氧（DO）是指溶解在水体中的氧浓度。有机污染物进入水体后通常要进行氧化分解，消耗水体中的溶解氧而导致其浓度降低。因此，溶解氧值越低，水体受有机物污染程度越高。

（6）生化需氧量

生化需氧量（BOD）表示在有氧条件下，微生物氧化分解单位体积污水中有机物所消耗的游离氧量，单位为 mg/L。一般在 20℃条件下，以 5 天为标准时间测定 BOD，称为 5 日生化需氧量，以 BOD_5 表示。

（7）化学需氧量

化学需氧量（COD）是指在一定条件下，污水中有机物与外加的强氧化剂作用时所消耗的氧化剂量，以含氧量（mg/L）表示。常用的氧化剂有重铬酸钾（$K_2Cr_2O_7$）

和高锰酸钾（$KMnO_4$）。

（8）大肠菌群数

大肠菌群数是指单位体积水中所含大肠杆菌群的数目，单位为个/L，它是常用的细菌学指标，是一种表明水被致病病菌、病毒污染的指标。

3.1.5　水环境保护标准

我国水环境保护标准包括水环境质量标准、水污染物排放标准、相关监测规范及方法标准和其他相关标准。

1. 水环境质量标准

国家环保部颁布的水环境质量标准包括《地表水环境质量标准》（GB3838—2002）、《海水水质标准》（GB3097—1997）、《地下水质量标准》（GB/T014848—93）、《农田灌溉水质标准》（GB5084—92）和《渔业水质标准》（GB11607—89）。

其中，《地表水环境质量标准》（GB3838—2002）依据地表水水域环境功能和保护目标，将我国地表水划分为五类：Ⅰ类主要适用于源头水、国家自然保护区；Ⅱ类主要适用于集中式生活饮用水地表水源地一级保护区、珍稀水生生物栖息地、鱼虾类产卵场、仔稚幼鱼的索饵场等；Ⅲ类主要适用于集中式生活饮用水地表水源地二级保护区、鱼虾类越冬场、洄游通道、水产养殖区等渔业水域及游泳区；Ⅳ类主要适用于一般工业用水区及人体非直接接触的娱乐用水区；Ⅴ类主要适用于农业用水区及一般景观要求水域。该标准项目共计109项，其中地表水环境质量标准基本项目24项，集中式生活饮用水地表水源地补充项目5项，集中式生活饮用水地表水源地特定项目80项。

2. 水污染物排放标准

我国现行的水污染物排放标准包括《污水综合排放标准》（GB8978—1996）、《船舶污染物排放标准》（GB3552—83）、《海洋石油开发工业含油污水排放标准》（GB4814—85）、《肉类加工工业水污染物排放标准》（GB13457—92）、《钢铁工业水污染物排放标准》（GB13456—92）、《畜禽养殖业污染物排放标准》（GB18596—2001）、《城镇污水处理厂污染物排放标准》（GB18918—2002）、《皂素工业水污染物排放标准》（GB20425—2006）、《制糖工业水污染物排放标准》（GB21909—2008）、《中药类制药工业水污染物排放标准》（GB21906—2008）、《羽绒工业水污染物排放标准》（GB21901—2008）、《油墨工业水污染物排放标准》（GB25463—2010）、《磷肥工业水污染物排放标准》（GB15580—2011）、《发酵酒精和白酒工业水污染物排放标准》（GB27631—2011）等50余项。

其中，《污水综合排放标准》（GB8978—1996）规定：排入 GB3838 Ⅲ类水域（划定的保护区和游泳区除外）和排入 GB3097 中二类海域的污水，执行一级标准；排入 GB3838 中Ⅳ、Ⅴ类水域和排入 GB3097 中三类海域的污水，执行二级标准；排入设置二级污水处理厂的城镇排水系统的污水，执行三级标准；排入未设置二级污水处理厂的城镇排水系统的污水，必须根据排水系统出水受纳水域的功能要求，分别执行一级标准和二级标准；GB3838 中Ⅰ、Ⅱ类水域和Ⅲ类水域中划定的保护区，GB3097—82 中一类海域，禁止新建排污口，现有排污口应按水体功能要求，实行污染物总量控制，以保证受纳水体水质符合规定用途的水质标准。该标准按照污水排放去向，分年限规定了 69 种水污染物最高允许排放浓度及部分行业最高允许排水量。

3. 相关监测规范、方法标准

该类标准规定了水质监测的标准方法及技术规范，包括《水质 生化需氧量（BOD）的测定 微生物传感器快速测定法》（HJ/T86—2002）、《水质 硫化物的测定 气相分子吸收光谱法》（HJ/T200—2005）、《水质 化学需氧量的测定 快速消解分光光度法》（HJ/T399—2007）、《水质自动采样器技术要求及检测方法》（HJ/T372—2007）、《水质 氨氮的测定 水杨酸分光光度法》（HJ536—2009）、《水质样品的保存和管理技术规定》（HJ493—2009）、《水质 多环芳烃的测定 液液萃取和固相萃取高效液相色谱法》（HJ478—2009）、《水质 硝基苯类化合物的测定 气相色谱法》（HJ592—2010）、《水质挥发性卤代烃的测定 顶空气相色谱法》（HJ620—2011）、《水质 石油类和动植物油类的测定 红外分光光度法》（HJ637—2012）等 160 余项。

4. 相关标准

与水环境保护相关的其他标准包括《饮用水水源保护区标志技术要求》（HJ/T433—2008）、《饮用水水源保护区划分技术规范》（HJ/T338—2007）、《电导率水质自动分析仪技术要求》（HJ/T96—2003）、《总磷水质自动分析仪技术要求》（HJ/T103—2003）、《近岸海域环境功能区划分技术规范》（HJ/T82—2001）等。

3.2 水处理方法

3.2.1 物理法

物理法是利用物理作用分离和回收污水中主要呈悬浮状态的污染物质，处理过程中污染物不发生变化，即使废水得到一定程度的澄清，又可对回收分离下来的物质加以利用。物理法具有经济、简单易行、效果良好的特点，包括过滤法、沉淀法等。

1. 过滤法

过滤法是利用筛滤介质来截留污水中的悬浮物，包括格栅、砂滤、超滤等。格栅（图 3-2）往往是废水进入水处理厂遇到的第一个设施，可拦截会阻塞或卡住泵、阀及其他机械设备的大颗粒物质，如废水中的破布、木材、塑料等。砂滤是通过粒状滤料（如石英砂）床层截留细小的悬浮物和胶体，一般用于中水回用。超滤是利用超滤膜过滤水中的微小生物体和胶体，主要用于生活饮用水处理。

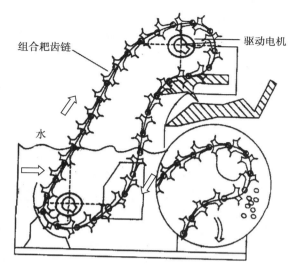

图 3 - 2　格栅示意图

2. 沉淀法

沉淀法是利用污水中悬浮物和水的密度不同，靠重力沉降作用使悬浮物从水中分离出来。沉淀处理设备有沉砂池、沉淀池等。根据水流方向的不同，沉淀池(图 3 - 3)可分为平流式沉淀池、辐流式沉淀池、竖流式沉淀池、斜板/斜管沉淀池。

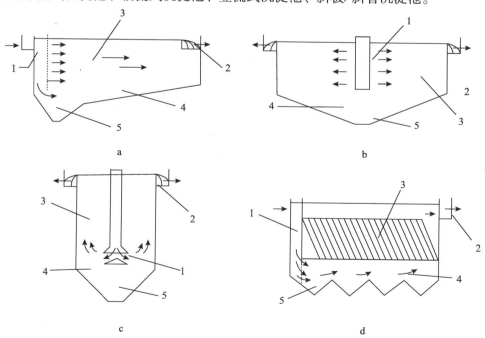

图 3 - 3　沉淀池示意图

(a. 平流式；b. 辐流式；c. 竖流式；d. 斜板/斜管式)

3.2.2 化学法

化学法是利用化学反应作用来分离、回收污水中无机的或有机的难以被微生物降解的溶解态或胶态的污染物，或使其转化为无害物质。化学法处理效果好，但运行费用较高，包括混凝法、中和法、化学沉淀法和氧化还原法等。

1. 混凝法

水中呈胶体状态的污染物，通常带负电荷，胶体颗粒之间互相排斥形成稳定的混合液，若向水中投加带有相反电荷的电解质（即混凝剂），可使污水中的胶体颗粒呈电中性，失去稳定性，并在分子引力作用下，凝聚成大颗粒而下沉。这种方法适用于处理含油废水、染色废水、洗毛废水等。混凝剂可分为无机混凝剂（表3-2）和有机混凝剂（表3-3）两类。无机混凝剂聚集速度慢，形成的絮状物小，腐蚀性强，在某些场合净水效果不理想。有机混凝剂用量少、混凝速度快，处理过程短，生成的污泥量少。其中，合成有机高分子混凝剂混凝性能好，但残留单体的毒性限制了其在水处理方面的发展；天然有机高分子絮凝剂近些年来发展迅速，具有混凝性能好、不致病及安全、可生物降解等优点。

表3-2　无机混凝剂种类

无机低分子混凝剂	无机盐类	硫酸铝、硫酸亚铁、硫酸铁、铝酸钠、氯化锌、四氯化钛
	碱类	碳酸钠、氢氧化钠、石灰
	金属氢氧化物	氢氧化铝、氢氧化铁
	固体细粉	高岭土、膨润土、酸性白土、炭黑
无机高分子混凝剂	阳离子型	聚合氯化铝（PAC）、聚合硫酸铝（PAS）、聚合硫酸铁（PFS）、聚合氯化铁（PFC）
	阴离子型	活化硅酸（ASI）、聚合硅酸（PSI）
	复合型	聚合硅酸铝（PASS）、聚硅硫酸铁（PFSS）、聚合氯化铝铁（PAFC）、聚合硫酸铝铁（PAFS）、聚合硅酸铝铁（PSAF）

表3-3　有机混凝剂种类

天然有机高分子絮凝剂		淀粉、纤维素、半纤维素、木质素、壳聚糖、甲壳素类
合成有机高分子絮凝剂	表面活性剂阴离子型	月桂酸钠、硬脂酸钠、油酸钠、十二烷基苯磺酸钠、松香酸钠
	表面活性剂阳离子型	松香胺醋酸、烷基三甲基氯化铵、十八烷基二甲基二苯乙二酮
	低聚度高分子混凝剂	精氨酸钠、羧基甲基纤维素钠、水溶性苯胺树脂盐酸盐、聚乙烯亚胺、聚乙烯苯甲基三甲基铵、淀粉、水溶性脲醛树脂、明胶
	高聚度高分子混凝剂	聚丙烯酸钠、聚乙烯吡烯盐、聚丙烯酰胺

2. 中和法

中和法用于处理酸性或碱性废水。向酸性废水投加碱性物质如石灰、氢氧化钠、石灰石等，使废水变为中性。对碱性废水可吹入含有 CO_2 的烟道气进行中和，也可用废酸、酸性废水等进行中和。常见中和法的工艺流程见图 3 – 4。

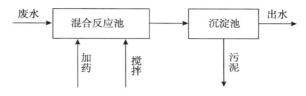

图 3 – 4　中和法工艺

3. 化学沉淀法

化学沉淀法是指往废水中投加某些化学药剂，与废水中的溶解性污染物发生反应，生成难溶于水的沉淀物，从而去除废水中的污染物。该方法多用于处理给水中的 Ca^{2+}、Mg^{2+} 及废水中的重金属离子汞、镉、铅、锌等。

例如，利用石灰去除给水中的 Ca^{2+} 和 Mg^{2+}，反应式为：

$$Ca^{2+} + CO_3^{2-} \longrightarrow CaCO_3 \downarrow$$
$$Mg^{2+} + 2OH^- \longrightarrow Mg(OH)_2 \downarrow$$

又如，利用碳酸钠处理含锌废水，反应式为：

$$Zn^{2+} + CO_3^{2-} \longrightarrow ZnCO_3 \downarrow$$

4. 氧化还原法

废水中呈溶解态的有机或无机污染物，在投加氧化剂或还原剂后，发生氧化或还原作用，使其转变为无害的物质。氧化法多用于处理含酚、氰废水，常用的氧化剂有空气、漂白粉、氯气、臭氧等。还原法多用于处理含铬、含汞废水，常用的还原剂则有铁屑、硫酸亚铁等。

例如，废水中加氯后生成的强氧化剂次氯酸可氧化多种污染物，反应式为：

$$Cl_2 + H_2O \longrightarrow HClO + HCl$$

又如，利用 $NaHSO_3$ 处理含铬废水，六价铬被还原成三价铬后，可利用 NaOH 使其生成沉淀，从废水中去除，反应式为：

$$2H_2Cr_2O_7 + 6NaHSO_3 + 3H_2SO_4 \longrightarrow 2Cr_2(SO_4)_3 + 3Na_2SO_4 + 8H_2O$$
$$Cr_2(SO_4)_3 + 6NaOH \longrightarrow 2Cr(OH)_3 \downarrow + 3Na_2SO_4$$

3.2.3　物理化学法

物理化学法是利用物理化学的原理来分离废水中无机的或有机的（难以生物降解的）溶解态或胶态的污染物。该方法在处理废水的同时，可回收有用组分，适合于处理杂质浓度很高（回收有用组分）或很低（深度净化）的废水，包括吸附法、离子交换法、膜析法和萃取法等。

1. 吸附法

利用固体吸附剂吸附去除废水中有溶解性的有机或无机污染物。常用的吸附剂为活性炭，可去除废水中的酚、汞、铬、氰等有毒物质，还有脱色、除臭等作用，一般用于废水的深度处理。活性炭吸附塔如图 3-5 所示。

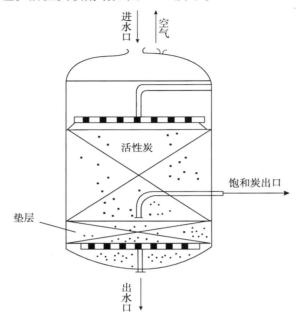

图 3-5 活性炭吸附塔示意图

2. 离子交换法

利用离子交换剂去除水中的有害离子。离子交换法多用于给水处理中的软化和除盐，主要去除水中的金属离子。离子交换剂可分为无机离子交换剂和有机离子交换剂两类。无机离子交换剂有天然沸石和合成沸石等。有机离子交换剂有强酸阳离子交换树脂、弱酸阳离子交换树脂、强碱阴离子交换树脂、弱碱阴离子交换树脂、螯合树脂和有机物吸附树脂等。

例如，利用 Na 离子交换树脂去除给水中的 Ca^{2+} 和 Mg^{2+}，反应式为：

$$2RNa^+ + Ca^{2+} \longrightarrow R_2Ca^{2+} + 2Na^+$$

$$2RNa^+ + Mg^{2+} \longrightarrow R_2Mg^{2+} + 2Na^+$$

3. 膜析法

利用薄膜来分离水中的污染物。根据提供给污染物透过薄膜所需的动力，可分为扩散渗析法、电渗析法、反渗透法和超过滤法。扩散渗析法依靠分子的自然扩散，利用阴离子或阳离子交换膜来分离回收废水中的某些离子。例如，钢铁厂在处理酸洗废水时，利用阴离子交换膜对废水中阴离子的选择透过性回收 SO_4^{2-}。电渗析法依靠电场作用使废水中的离子朝相反电荷的极板方向迁移，利用阴阳离子交换膜对废水中阴阳离子的选择透过性来分离回收有用组分，可用于酸性废水、含氰废水的处理等。反渗透法和超过滤法是在一定的压力作用下，水分子从高压侧透过膜进入低压侧，而溶解于水中的污染物则被膜所截留，污水被浓缩，透过膜的水即为处理过的水。反渗透法可用于去除盐、有机物、色度、重金属及放射性元素等。超过滤法可用于去除有机溶解物，如淀粉、蛋白质、油漆等。

4. 萃取法

利用废水中的污染物在水中和有机溶剂中的溶解度不同来处理废水。萃取法处理废水包括混合传质（将萃取剂加入废水中并充分混合接触）、分离（萃取剂和废水分离）和回收（从萃取剂中分离回收萃取物）3 个步骤。图 3-6 为酸化—萃取法处理化肥厂的含丁辛醇废水的工艺流程，废水经硫酸调节 pH 值后，用异辛醇为萃取剂进行二级错流萃取废水中的有机组分（丁醛、丁醇、辛烯醛和异辛醇等），萃取相经精馏装置分离出萃取剂和废水中的有机组分，萃余相用碱中和至中性，加水稀释后进入生化系统进行处理，使最终出水达到排放标准。

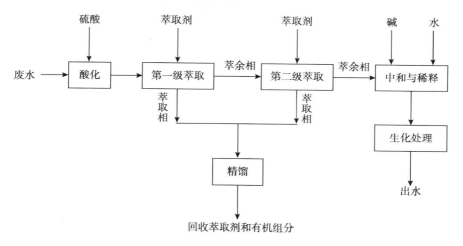

图 3-6 酸化—萃取法处理含丁辛醇废水的工艺流程

3.2.4 生物法

生物法是利用微生物吸附、分解、同化水中的有机物和某些无机物，达到净化污水的目的。它具有投资小、效率高、运行费用低、适用性广的特点，广泛用于城市污水和工业废水的处理。

3.2.4.1 基础知识介绍

1. 环境微生物

从生物学的定义出发，环境微生物不是一个类群，而是一个跨界的概念，分布在生物界的各个界别之中。原核生物界的细菌、原生生物界的原生动物、真菌界的真菌、动物界的微型后生动物，以及植物界的一些低等微型植物都是环境微生物。常见的几类环境微生物包括以下几类。

（1）细菌

细菌是单细胞生物，大多数细菌的直径大小在 $0.5 \sim 5 \mu m$ 之间，不具有核膜。按照细胞形态可分为球菌、杆菌和螺旋菌。按照细菌生理代谢过程中对氧的不同需求可分为好氧菌、厌氧菌和兼氧菌。按照革兰氏染色法可分为革兰氏阴性菌和革兰氏阳性菌。

（2）原生动物

原生动物是最原始、最简单的单细胞动物，细胞大小在 $100 \sim 300 \mu m$ 之间，具有核膜。原生动物常见的类群主要有肉足类、鞭毛虫类和纤毛虫类。肉足类原生动物细胞体无固定形状，靠可伸缩的伪足运动和摄食，又可称为变形虫。鞭毛虫类原生动物具有一根或多根鞭毛。纤毛虫类原生动物表面具有纤毛，可分为游泳型和固着型。草履虫是典型的游泳型纤毛虫，钟虫是典型的固着型纤毛虫。

（3）真菌

真菌细胞具有明显的细胞核，可分为真菌、酵母菌和霉菌三类。

（4）微型后生动物

原生动物以外的体型微小的多细胞动物叫微型后生动物，如轮虫、线虫、寡毛虫、浮游甲壳动物等。

（5）藻类

藻类是植物中的低等类。藻类具有去除污水中氮、磷等有机物的功能。

2. 微生物降解污染物的生理基础——酶

微生物在进行生理代谢时，都需要有酶。酶是动植物和微生物体内产生的具有催化能力的蛋白质。酶在生理代谢过程中，首先与底物结合，底物分子或底物分子中的某个基团被酶激活，从而加速了底物的代谢反应，形成了中间产物，并在形成最终产物时又释放出酶。因此，酶在整个代谢反应中并不参与反应，不会被消耗掉。酶促反应的一般形式可写为：

$$E + S \Leftrightarrow ES \Leftrightarrow (I)_n \Leftrightarrow EP \Leftrightarrow E + P$$

其中，E 是酶，S 是底物，ES 是与酶结合的底物，$(I)_n$ 表示一系列的中间产物，EP 是与酶结合的产物，P 是产物。

与化学催化剂相同，酶作为一种生物催化剂，也不参与反应，只改变反应速率，也具有高度的专一性；但酶的催化效率要比普通化学催化剂高 $10^6 \sim 10^{13}$ 倍；与化学催化剂不同，化学催化剂通常需要在高温、高压、强酸或强碱等条件下才能发挥作用，而酶所需要的条件是微生物正常生长所需的条件，酶在高温、高压、强酸或强碱等条件下就会失去活性。

酶的催化作用主要受以下因素影响。

（1）温度

温度对酶的作用有双重影响。一方面，像一般的化学反应一样，随着温度的升

106

高，活化分子数增加，酶催化的反应速率也升高；另一方面，由于酶是蛋白质，当温度升高时，酶蛋白会逐渐变性而失去活性。在这两种影响的共同作用下，温度对酶的影响规律如下：当温度为 0℃ 时，反应速度接近于零；当温度逐渐升高时，反应速度也逐渐加快；但是当温度再继续升高时，反应速度就很快下降。酶对温度极为敏感，各种酶在一定条件下都有它的最适温度，绝大多数酶在 60℃ 以上就会失去活性。

（2）pH 值

pH 值对酶活力的影响包括两方面。一方面，pH 值会影响酶分子的活力中心上的有关基团的解离或底物的解离，这样就影响了酶与底物的结合，从而影响了酶的活力；另一方面，过酸或过碱时，酶蛋白会变性而失去活性。在一定条件下，各种酶都有它的最适 pH 值，微生物的酶最适 pH 值一般为 6.5 ~ 7.5。

（3）激活剂

凡是能提高酶活力的简单化合物都可称为激活剂。酶的激活剂主要是一些简单的无机离子和小分子的有机物，无机阳离子 Na^+、K^+、Mg^{2+}、Ca^{2+} 等，无机阴离子 Cl^-、I^-、NO_3^- ♂、PO_4^{3-} 等，小分子的有机物抗坏血酸、半胱氨酸、谷胱甘肽等。

（4）抑制剂

能够使酶活力下降或丧失的物质都称为抑制剂。如重金属离子 Ag^+、Hg^{2+}、Cu^{2+} 等，小分子有机物如生物碱、有机磷农药、氰化物等。

3. 微生物降解污染物的方式

微生物降解污染物有两种方式：一种是以有机物为唯一碳源和能源，另一种是共代谢。

共代谢又称为协同代谢。例如，一些难降解的有机物通过微生物的作用能被改变化学结构，但并不能被用作碳源和能源，微生物必须从其他底物获取大部分或全部的碳源和能源，这样的代谢过程就是共代谢。

共代谢作用的存在，大大增加了一些难降解物质在环境中被微生物降解的可能性。例如，环己烷不能被用作假单胞菌的碳源，但经过共代谢，环己烷会转变成环己酮，环己酮则可以被用作假单胞菌的碳源，可被转化成环己醇，并被进一步降解成二氧化碳和水，释放能量。

4. 微生物降解污染物的基本反应

（1）氧化作用

氧化作用普遍存在于好氧环境中，在好氧菌的作用下，一些有机物基团会被氧化，如甲基、羟基、醛等。

（2）还原作用

还原作用通常发生在缺氧或厌氧的环境中，在厌氧菌的作用下，一些有机物基团会被还原，如羟基或醇的还原等。

（3）水解作用

水解作用是一种很基本的生物代谢作用，许多微生物都可以发生水解作用。通过水解作用，一些有机大分子会被转化为小分子。如酯类、酰胺类。

（4）脱羧基作用

有机酸普遍存在于受有机物污染的各种环境中，通过脱羧基作用可以使有机酸分子变小，连续的脱羧基反应可以使有机酸得到彻底的降解。一些小分子的有机酸经过脱羧基作用很快得到降解。

（5）脱氨基作用

脱氨基作用主要是在蛋白质降解方面，构成蛋白质的氨基酸的降解必须先经过脱氨基作用，然后才能像普通有机酸那样经过脱羧基作用等得到进一步的降解。脱氨基作用一般是通过加水或氧气使氨基去除。

5. 生物降解性

生物降解性是指有机污染物可被生物降解的程度。

对于有机污染物来说，分子结构对其生物可降解性的影响很大。首先是碳原子个数，也就是有机物碳链长度，基本规律是碳链越长越难降解。第二是碳链的结构，有支链的比没有支链的难降解，环形结构的更难降解，环的数目越多越难降解。第三是取代基的性质，卤代基会增加降解的难度，而羟基、羧基等则能使降解性提高。第四是取代基的位置，生物降解性的顺序通常是对位取代 > 间位取代 > 邻位取代。总的来说，有机物的难降解性与其结构的复杂性有关，那些难降解有机物又被称作持久性有机污染物（persistent organic pollutants，POPs），如多氯联苯、二恶英、DDT 等。

废水的生物降解性可用 BOD_5/COD 值来评价。BOD_5 表征废水中可被微生物降解的有机物的量。COD 表征废水中全部有机物的量。一般来说，废水的 BOD_5/COD 值大于 0.45，生物降解性较好；介于 0.30 和 0.45 之间，可被生物降解；介于 0.25 和 0.30 之间，较难被生物降解；小于 0.25，不易被生物降解。

3.2.4.2　生物法处理废水

根据生化反应中微生物是否需要氧气，生物法可分为好氧生物法（如活性污泥法、生物膜法等）和厌氧生物法（如厌氧发酵等）两类。

1. 好氧生物法

好氧生物法需要有氧气的供应，主要依靠好氧菌和兼性菌的生化作用来处理废水。在有充足的溶解氧的条件下，好氧菌吸收废水中的有机物，约 1/3 的有机物会被分解转化为 CO_2、NH_3、亚硝酸盐、硝酸盐、磷酸盐、硫酸盐等，同时释放能量为好氧菌提供能源，为异化分解过程；另有 2/3 的有机物作为好氧菌生长繁殖所需的构造物质，合成新的细胞质，为同化合成过程。好氧生物法处理废水不产生臭味，耗时短，适合所处理的废水中有机物浓度不高（BOD_5 通常为 100 ~ 750mg/L），如活性污泥法、生物膜法、生物好氧塘等。

（1）活性污泥法

活性污泥法是当前使用最广泛的一种生物处理方法。该法是将空气连续鼓入曝气池的污水中，经过一段时间，水中即形成繁殖有大量好氧性微生物的絮凝体——活性污泥，它能够吸附水中的有机物，生活在活性污泥中的微生物以有机物为食料，获得能量并不断生长繁殖。从曝气池流出的含有大量活性污泥的混合液进入沉淀池，经沉淀分离后，澄清的上清液被排放或进入下一个处理单元，沉淀分离出的污泥，一部分作为种泥回流进入曝气池，剩余部分则从沉淀池排放进入污泥的处理单元。活性污泥法有多种池型及运行方式，常用的有普通活性污泥法、完全混合式表面曝气池、吸附再生法等。废水在曝气池内的停留时间一般为 4~6h，能去除废水中约 90% 的有机物（BOD_5）。图 3-7 为常见的活性污泥法处理废水的工艺流程。

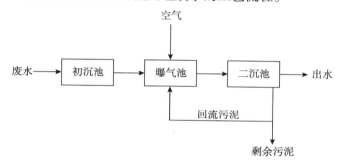

图 3-7　活性污泥法处理废水的工艺流程

（2）生物膜法

当废水连续流经固体填料（如碎石、炉渣或塑料蜂窝等）时，在填料表面就能形成污泥状的生物膜，生物膜上繁殖着大量的微生物，能够起到与活性污泥同样的净化作用，吸附和降解水中的有机污染物。与活性污泥法不同的是生物膜法的微生物是固着生长在填料表面，所以又称为"固着生长法"，而活性污泥法则又称为"悬浮生长法"。生物膜的厚度一般以 0.5~1.5mm 为佳，当生物膜超过一定厚度后，有机物和氧气不能传递到生物膜的内层，内层微生物得不到充分的营养，进入内源代谢阶段，并最终从填料表面脱落下来，随废水流入沉淀池，经沉淀分离后，污水得到净化，滤料表面又重新长出新的生物膜。生物膜法处理污水有多种处理构筑物，如生物滤池、生物转盘、生物流化床等。例如，生物流化床采用小粒径固体颗粒为载体，且载体在床内呈流化状态，单位体积表面积比其他生物膜法大得多，因此具有传质效果好，生化反应速率快，容积负荷高，抗冲击负荷能力强等特点。其中，三相生物流化床（图 3-8）的气、液、固三相直接在流化床体内接触进行生化反应，设备简单，操作较容易，不另设充氧设备和脱膜设备，充氧方式有减压释放空气充氧和射流曝气充氧等形式，载体表面的生物膜依靠气体的搅动作用使颗粒之间激烈摩擦而脱落。

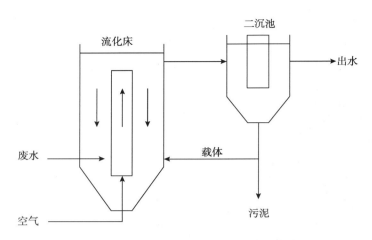

图 3-8 三相生物流化床处理废水的工艺流程

2. 厌氧生物法

厌氧生物法是在无氧的条件下，依靠厌氧菌及兼性菌来处理废水。与好氧生物法相比，厌氧生物法不需要供氧，最终产物为可用作清洁能源的甲烷，适合处理高浓度有机废水（一般 $BOD_5 \geqslant 2\ 000mg/L$）和城市污水处理厂的污泥。厌氧生物法的生物降解过程可分为两个阶段。第一阶段为酸性发酵阶段：降解初期，在产酸细菌的作用下，有机物的降解产物以有机酸（甲酸、乙酸、丙酸等）为主，还包括醇、CO_2、NH_3、H_2S 等，pH 值下降。第二阶段为碱性发酵阶段：随着产生的 NH_3 的中和作用，废水的 pH 值又逐渐回升，在甲烷细菌的作用下，有机酸和醇被降解为 CH_4 和 CO_2，pH 值迅速上升。厌氧生物法包括各种厌氧消化法，常见的处理构筑物有厌氧生物滤池、污泥消化池、上流式厌氧污泥床等。图 3-9 为厌氧生物滤池工艺的基本流程。由于厌氧滤池内充有填料，对废水中的悬浮物反应敏感，因此在废水进入滤池前，应通过初沉池将大部分沉淀去除。废水流入厌氧生物滤池后，逐层上流，并被附着在滤料表面的厌氧生物膜降解转化为沼气，使废水得以净化。滤池出水中会夹带一些生物膜，为保证出水质量，应通过二沉池分离去除。

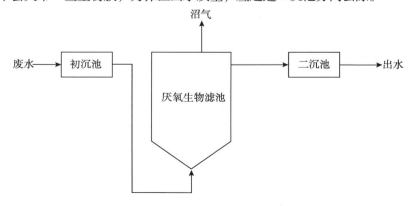

图 3-9 厌氧生物滤池处理废水的工艺流程

3. 生物塘法

生物稳定塘是利用水域的自我净化能力来处理废水。按照塘内微生物的种类和供氧情况可分为好氧塘、兼性塘、厌氧塘等。好氧塘的水深一般约 0.5m，阳光能透入塘的底部，塘内的好氧菌降解有机物并产生 CO_2，藻类的光合作用会消耗 CO_2 产生氧气。兼性塘的水深一般为 $1.0 \sim 2.0m$，上部溶解氧充足，好氧菌对废水进行净化，下部溶解氧不足，兼性菌对废水进行净化，塘底的沉淀污泥进行厌氧发酵。厌氧塘的水深一般大于 2.5m，高负荷，呈厌氧状态，净化速度慢，废水停留时间长。不同类型的稳定塘串联组成的生物稳定塘系统，往往具有更好的处理能力，还可以将出水回用于农业、渔业，例如灌溉农田，养殖渔业等。在中小城市和农村，经常会有一些不宜耕作的低价土地或废弃坑洼池塘，在这种情况下，生物稳定塘就成为最具优势的处理方案。为了提高生物稳定塘的处理能力和处理效果，可以在塘中种植一定的水生植物或放养一些水生动物，如浮水植物凤眼莲、挺水植物芦苇等，种植此类高等水生植物可以有效地控制出水的藻类，除去水中的有机毒物及微量重金属，还可利用收获的植物而获取一定的经济效益。例如，利用厌氧池/人工湿地/生物塘系统处理奶牛养殖场的废水（图 3－10），悬浮物和有机物主要在厌氧池和人工湿地内被去除，氨氮、总氮和总磷主要在人工湿地和生物塘中被去除，该系统每年约有 $2\,200m^3$ 的水可用于农田灌溉等用途，且该系统无任何机械设备，不耗电，不需添加药剂，成本低廉，维护简便，产出的风车草可用于编制草制品，美人蕉可作为猪、牛的饲料，狐尾藻可作为观赏植物或堆肥，都具有一定的经济价值和环境价值。

图 3－10 厌氧池／人工湿地／生物塘处理奶牛养殖场废水的工艺流程

4. 土地处理法

废水土地处理法是利用土壤—微生物—植物复合系统来处理废水的生态工程技术。该方法充分利用了土壤的物理特性（表层土的过滤截留和土壤团粒结构的吸附贮存）、物理化学特性（与土壤胶粒的离子交换、络合吸附）、化学特性（与土壤中的钙离子、铁离子等形成难溶盐类），微生物的吸附、降解作用和植物的拦截、过滤、吸收、同化作用。废水土地处理法的主要特点是三低一高，即投资低、运行费用低、能耗低、处理效果高。但土地处理系统占地面积大，是一种因地制宜的生态工程技术，并且在工程设计中应充分考虑到冬季运行、场地寿命、对地下水的影响等负面效应。

3.3 水处理系统

3.3.1 三级处理系统

废水中的污染物种类往往有许多，通常需要采用几种处理方法进行组合才能处理不同性质的污染物与污泥，达到净化目的。对于某种废水，采取哪几种处理方法组成的处理系统，需要根据废水的水质、水量，回收其中有用物质的可能性和经济性，纳污水体的具体条件，并通过调查研究与经济技术比较，结合当地的具体情况，必要时还须进行一定的科学实验，最后确定废水处理工艺流程。

废水处理系统（图3-11）按照处理程度可分为一级、二级和三级处理。一级处理主要是去除废水中呈悬浮状态的污染物质，调节pH值，减轻后续处理工艺的负荷，多采用物理法，如格栅、沉砂池和沉淀池等，经过一级处理后的废水，BOD去除率通常约为30%，一般达不到排放标准，仍需进行二级处理。二级处理主要是去除废水中呈胶体和溶解状态的有机污染物（即BOD、COD），多采用生物法，常用的设备如生物曝气池、生物滤池等和二沉池，经过二级处理的废水，BOD去除率可达90%以上，出水一般可达到污水排放标准。三级处理又称深度处理，其目的是在一级、二级处理的基础上，进一步去除前两级处理没能去除的污染物，包括难降解的有机物，氮、磷等能导致水体富营养化的可溶性无机物等，常见工艺有生物脱氮除磷法、混凝沉淀法、砂滤法、活性炭吸附、离子交换法以及电渗析法等，三级处理程度高，出水可排放水体或进行回用甚至回灌地下水。

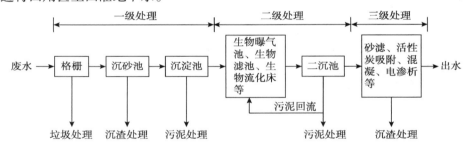

图3-11 废水三级处理系统

阅读资料

我国中水回用农业的困境与对策

1. 中水回用农业的必要性

水资源是可以再生利用的资源，所谓中水回用农业，就是指城乡各种污水经过处理后，达到规定的使用标准后灌溉农田。这既可以在相当程度上缓解农业水资源紧缺的状况，同时也是保护饮用水源，保障农业用水的重要手段。自20世纪70年代以来，很多国家开始了城市中水规模化灌溉农田的试验与应用。目前绝大多数国家的城市中水主要用于农业灌溉，发达国家的农业中水利用率大约为65%；世界上约有1/10的人口食用利用污水或中水灌溉的农产品。在中水回用上最具特色的国家是以色列，由于它地处干旱半干旱地区，为了应对水资源严重缺乏的困境，以色列主要采取农业节水灌溉与城市中水回用的措施。全国污水处理总量的46%直接回用于灌溉，另外 33% 和约 20% 分别回灌于地下或排入河道，整个国家的中水回用程度之高堪称世界第一。

目前我国大部分地区中水利用才刚刚起步，城市中水资源还有待加大力度去开发利用。近年来，随着节能减排工作的开展，城市污水处理设施建设不断加快，城市污水处理能力不断增强。据统计，我国已建成并投入运营的污水处理厂年处理污水量已达近 250 亿 m^3，约占我国城市供水总量的 50%。但是，这些处理后的污水绝大部分都没有得到有效利用，目前中水利用率只有 10% 左右，这不仅造成水资源的巨大浪费，而且加剧了我国水资源的紧张局面。因此，对我国这样一个人均淡水资源少且水污染严重的国家而言，中水回用不仅能缓解水资源贫乏的困境，而且可促进水资源的优化配置、减少污水污染环境的局面。

2. 中水回用农业的可行性分析

第一，中水利用技术成熟。现今技术已经证明废水处理和净化工艺可以提供任意质量要求的再生水。目前，美国的污水处理已向更高水平发展，其二级污水处理厂普遍增加了三级处理工艺流程。三级处理后的中水用于市政绿化、高尔夫球场灌溉、污水处理厂内工艺用水等；三级处理后再进行高级深度处理，其出水水质已达到饮用水标准，可补充饮用水水源区的地面水或地下水。

第二，中水回用农业经济效益高。其一，中水利用可大大降低农业用水成本。由于中水相对于自来水，水质要求不高，只需对污水处理厂出厂水经适当深度的处理便可供农业使用，其取水、制水价格成本都较自来水低得多。城市污水在污水处理厂二级处理的费用，由城市居民在自来水费用中缴纳，只要将水引出城市进入农田用水的蓄水池即可。据核算，中水水价最多也不会超过 0.2 元/m^3，费用主要用于引水渠的维修、水的提升及人员工资，比淡水价格便宜 2/3 以上。其二，中水回用农业可降低污水处理成本。由于氮、磷是作物生长所必需的营养元素，用于农业灌溉就不需要进行以除磷脱氮为目的的深度污水处理，不仅能够简化工艺，并降低污水处理厂的基建费用，还能减少污水处理的运行费用。其三，中水回用农业与中水的其他用途相比最为经济可行。农业用水对水质的要求较低，中水处理工艺可省略除磷脱氮环节。与中水回用于工业、补充地下水源等其他用途相比，中水用于农田灌溉的成本是最低的。它既是农业用水的补充水源，又可起到净化和保护水环境的功效。

第三，中水回用农业可提高优质水源的利用效率。提高中水回用农业的使用比例，可增强优质水资源使用的经济效益。据国家科技部估计，农业用水的经济效益不到城市用水和工业用水经济效益的 10%。为获得最高经济效益，自然要减少农业用水以保证城市和工业用水。但是，粮食安全问题一直是我国的首要问题之一，不能以简单的减少农业灌溉面积来解决水资源短缺的问题。中水回用于农业，可将节约下来的优质水资源供给第二、三产业，实现水资源"优质优用，低质低用"的使用原则，能有效缓解农业用水与工业用水及城市生活用水的矛盾。

3. 我国中水回用农业面临的主要障碍

（1）中水资源利用配套基础设施建设滞后

城市中水的输送、存储、配送管网及其相关配套设施建设是城市污水再生回灌农田的重要前提条件。目前，许多城市建设了不少污水处理厂，但中水利用配套设施建设滞后，阻碍了中水的规模化利用。一是中水管网建设滞后于污水处理，中水利用难以推广。要推广中水利用，就必须建设配套的中水管网系统，这就意味着要投入巨大的资金对城镇旧的给水排水管网进行重新改造。但就目前的管理体制而言，由于大多数地区的地表水和地下水、供水和排水之间是分割管理的，即没有一个具体机构来统一协调、规划和管理城市的中水利用，因此中水管网建设难度非常大。二是中水农田灌溉利用设施工程建设滞后。很多污水处理厂的出水口与农田没有很好的配套设施连接，缺乏中水灌溉农田所需的输水管道和水库。同时在输水过程中主渠道需要建设防渗的储存净化塘，若离农田较远，还需建设高压扬水泵站等设施，以防止地下水污染，但目前我国这些基础建设的实际规模还远不能满足现实的需要。三是城市污水处理设施不够完善。目前很多城市污水处理厂收集的污水包括生活污水和部分工业废水，处理时没有分类而是同时进行，这样无法保证处理后出水的质量和中水使用的安全性。

（2）缺乏统一的中水利用标准

目前我国在国家层面上还没有制定比较完善的中水利用标准，各地也只有北京等少数几个省市制定了地方中水利用标准。目前能够使用的只有《建筑中水回用设计规范》，但其可操作性不强。这导致了在评价中水水质是否达到利用要求时缺少科学而统一的标准，这给中水利用的管理带来相当大的困难。

（3）中水利用缺乏相关的法规与检测制度保障

中水利用需要健全的法制保障，但我国关于中水安全回用农业的法规政策很少。目前关于中水利用的法规仅有建设部的《城市中水设施管理暂行办法》，该《办法》作为部门规章，所涵盖的范围过窄，效力层次低、执行力度有限。除此之外，并无一部详细明确的有关中水利用的法规。另外，关于回用农田灌溉的中水水质缺乏系统完备的检测制度，没有专业的管理部门监督。中水回用农业的关键是必须确保回灌区的农业环境及农产品质量安全，因此，必须实时监测确保回灌农田的中水水质达到灌溉用水的标准，但目前我国缺乏相应的中水检测制度保障。

4. 中水回用农业的主要对策与措施

（1）把中水回用于农业灌溉纳入城市发展总体规划

将中水回用农田灌溉列入城市发展总体规划，不仅可以减少污水排放量，减轻水体污染，使回归自然水体的处理水得到进一步净化，而且能够改善缺水地区由于长期用污水灌溉农田造成的生态环境恶化。因此，中水回用农业是提高水的循环利用率，恢复农田生态的重要手段。

（2）拓宽融资渠道，加大中水回用农田灌溉基础设施建设的投资力度

首先，应充分发挥政府的公共服务职能，把中水回用的基础设施建设列为政府基础设施建设计划，通过生态补偿机制，将中水回用农田灌溉置换出来的优质水源"优质优用"，从获得的收益中提取一部分作为中水回用农田灌溉基础设施建设基金，在资金上给予保障。其次，要尽快建立起与市场接轨的多元化投资体制，通过实施"谁污染、谁治理、谁用水、谁花钱"的以水养水的政策，弥补部分资金缺口。再次，应积极利用金融组织贷款，鼓励和吸引社会资金等多种融资渠道，投入中水回用项目的建设和运营。

（3）加强农业中水利用的管理与监督

加强中水回用农业的监管力度，建立健全中水农业安全回用的法规和标准，以及相应的管理制度和监督机制，使农业中水利用工作科学化、规范化。建议在回灌区建立长期观测网点，开展定点定位动态监测，随时监控回灌影响变化情况，避免中水灌溉对农业环境造成危害，确保农产品质量安全和农田生态安全。

（4）制定鼓励中水利用的收费制度

目前中水的价格和自来水的价格相差不大，导致使用中水的动力不足。因此，政府应当科学处理地表水、地下水、自来水、中水价格以及污水处理费之间的比价关系，通过补贴、专项资金、优惠政策等措施鼓励中水生产和循环利用。例如，在水价格的制度设计上，农田回灌的中水价格应该大大低于河水、地下水及其他天然水源灌溉用水的价格，在经济上鼓励农民选择中水回灌农田。

（5）加强农业中水利用知识的传播

我国城市污水经过处理用于城市生活和工业的时间有 30 年左右的历史，但大规模用于农田灌溉的局面还未形成。社会上对中水回用农业还不理解，就此，应加强中水回用农业知识的传播，提高对中水农用的认知度与使用意识。

（6）加大农业中水利用研究的投入

我国农业中水的研究与利用和国外差距很大。污水处理技术的发展过程与回用标准、设计规范，技术与经济之间存在着相互制约的关系，必须以现有的、可行的技术为依托，考虑经济上的承受能力和实际可行性逐步进行，并在此基础上，对中水的回用进行持续性的研究，逐步提高污水处理及回用水平。

（资料来源：谢淑娟，匡耀求，黄宁生，我国中水回用农业的困境与对策，《中国人口·资源与环境》，2011 年专刊）

3.3.2 污泥处理系统

废水在处理的过程中，大部分污染物都集中在产生的污泥中，包括有毒物质（有机物、重金属、病原微生物等）、营养性物质（氮、磷等）及可回收利用物质等，因

此对污泥必须进行妥善处理，否则会造成二次污染。

常见的污泥处理系统如图 3 - 12 所示，包括污泥浓缩、污泥消化、污泥脱水、污泥干燥与焚烧、污泥的最终处置。污泥浓缩是使污泥初步脱水，降低污泥含水率，缩小污泥体积，为后续处理做准备，常见的方法为重力沉降法，在浓缩池中通过重力沉降实现污泥与水分离。污泥消化是利用微生物的代谢作用使污泥中的有机物稳定化，常用的方法为厌氧消化法。污泥脱水是对浓缩后的污泥进行脱水处理，进一步降低污泥的含水率，常用的方法有自然蒸发法和机械脱水法。自然蒸发法是将污泥铺在污泥干化场上，污泥中水分一部分会蒸发至空气中，一部分会渗入土壤、经排水管收集后进行废水处理。机械脱水法是通过投加混凝剂（聚丙烯酰胺、聚合氧化铝等）使污泥发生絮凝以改善污泥的脱水性能，然后经机械脱水设备（如真空过滤机、离心机、压滤机等）进行脱水处理。污泥干燥是将经过脱水处理后的污泥在高温下干燥，减少了污泥体积以便于包装运输，杀灭了病原菌与寄生虫卵以有利于环境卫生，常见的污泥干燥设备有回转炉、快速干燥器等。污泥焚烧是将污泥在高温下进行快速的氧化反应，使污泥中有毒有害的有机成分转变为低毒无害的无机成分，如 CO_2、H_2O 等。污泥的最终处置是指将垃圾干燥、焚烧后的废物残渣进行最终的处置，常见的方法为填埋。

图 3 - 12　污泥处理系统

阅读资料

城市污水处理厂污泥的资源化利用

1. 城市污水处理厂产生的污泥特点

1) 污水处理厂产生的污泥数量巨大

我国自 20 世纪 90 年代末以来，城市污水处理事业迅速发展，城市污水处理厂由 400 多座发展到 2005 年的 708 座，年产污泥近 60 万 t（干物质计），根据 2010 年远景规划，到 2010 年全国污水处理厂数量将会达到 2 000 座左右，污水处理率达到 50%，相应产生的污泥量约为 1 000 万 t/年。而当前在全国现有污水处理设施中有污泥稳定处理设施的还不到 1/4，处理工艺和配套设备较为完善的还不到 1/10，能够正常运行的为数不多，污水污泥如不加以合理处理、处置和利用，将会造成严重的环境问题。

2) 污水处理厂产生的污泥相对稳定

尽管污泥中含有大量的有机物和氮磷钾等营养元素，但是污泥中还存在大量的重金属，重金属对于人等其他生物有很大的危害，因此能不能将污泥农用，主要取决于污泥中重金属的含量，从我国污水处理厂生产过程中产生的污泥来看，其所含的重金属主要是铜和锌，并且其含量相对比较稳定，而其他重金属的含量相对较低。因此，可以将污泥进行好氧堆肥处理，然后用于农田生产。从酸碱性上来讲，污泥的酸碱度适中，通常不会对处置和利用造成大的影响。目前，在人们环保意识逐渐增强的情况下，污泥中的重金属含量也会逐渐下降。

3）污水处理厂产生的污泥肥效较高

污水处理厂产生的大量污泥中不但含有大量的有机物和氮磷钾等元素，而且还含有大量植物必需的微量元素。从统计数字上来看，我国污泥有机物的平均含量为 38% 左右，其中氮元素的含量为 3% 左右，磷元素的含量为 1.5% 左右，钾元素的含量为 0.7% 左右。污泥中营养元素含量数据表明，我国污泥中营养元素的含量都超过了堆肥的养分标准。在我国，尽管地区之间污水处理厂产生的污泥中的营养元素含量有一定的差别，但是相同地区污泥中营养元素的含量却并没有太大的变化。随着脱氮脱磷技术处理技术的不断成熟，污泥中的氮磷等营养元素的利用率将不断提高。

2. 传统方式处理污泥存在的问题

1）污泥填埋

污泥填埋是应用比较广泛的一种处理方式，这种方法是我国通常选用的方法。污泥填埋处理的方法比较简单，操作方便。但是这种方法会造成地下水的污染，并且需要大量的土地。对于人口密集的地区来讲，在填埋地址的选择以及运输上存在着一定的困难。污泥填埋在 90 年代的欧洲得到了较好的应用，特别是希腊、德国、法国在前几年应用最广泛的处置方式。但是，由于其对环境的污染和占用大量土地以及对其标准要求越来越高，许多国家和地区已经较为慎重地采用此种方式处置污泥。填埋方式在欧盟逐渐被淘汰，爱尔兰与法国已经禁止污泥填埋，美国许多地区已经禁止污泥土地填埋。考虑到我国的实际情况，污泥填埋还将在一定时间内是一种过渡性的处理处置措施。

在我国，由于在污泥处理问题上起步较晚，没有成熟的经验，相当多的城市还没有对污泥处理场所进行总体规划，这样就使得污水处理厂很难找到恰当的污泥处理方法以及场所。通常都将污泥和垃圾一块儿填埋，这样做的后果是导致填埋场地环境进一步恶化，造成严重危害。

2）污泥海洋倾倒

在一些沿海国家和沿海城市，以前普遍采用海洋倾倒的方法对污泥进行处理，这种操作方法相当简单，但是会引起严重的海洋污染，目前已经遭到世界各国的强烈反对，其中美国等西方国家已经从法律上进行了规定，严禁将污泥向海洋中倾倒。

3）污泥焚烧

污泥焚烧也是一种比较简单的污泥处理方法，污泥焚烧不但可以使污泥体积大量减少，而且还能够达到杀灭细菌的目的。我国目前污泥焚烧所采用的工艺技术为干化焚烧、与生活垃圾混合进行焚烧、利用水泥炉窑掺烧、利用燃煤热电厂掺烧。干化焚烧厂通常建在城镇污水处理厂内，而后三种焚烧方式，通常需将污泥输送到相应的处理厂与其他物料混合焚烧。但是在污泥焚烧的过程中，常常会产生二氧化硫、氯化氢、二恶英等污染性气体，产生严重的二次污染。同时，污泥焚烧需要的成本相对较高，并且焚烧产生的热能无法得到有效的利用。

3. 污水处理厂产生的污泥的资源化方法

1）污泥农业资源化

目前，将污泥农业资源化备受重视，因为这种方法不但对污泥的处理量大，而且可以降低环境污染，同时还可以节省大量的资金。由于污泥当中含有大量的有机质以及氮磷钾等营养元素，因此，可以将污泥用作植物生长发育所需要的肥料。在西方国家，20 世纪 70 年代就已经将污泥肥料用在农田和园林中了。在使用过程中，首先必须将污泥在适当的温度下进行好氧发酵，这样可以将污泥进行脱水，同时还可以进行有机物熟化；接下来将处理后的污泥、粉煤灰、氮磷钾等营养元素、添加剂等进行均匀混合，然后进行造粒、干燥处理，这样就制成了生物有机肥料。在这个过程中，不但实现了杀菌，而且还固化了重金属。

2）污泥制作动物饲料

由于污泥中含有大量的粗蛋白、纤维素、脂肪酸等有机质。污泥当中的粗蛋白主要以氨基酸的状态存在，并且这些氨基酸都是家畜必需的。因此，可以将污泥进行净化后制作动物饲料。研究表明，用净化后的污泥制作的饲料来饲养家禽，家禽没有出现任何不良反应。将污泥饲料和普通饲料对比饲养，发现家禽的体重以及产蛋率都有所增加。从实验结果得知，将污泥制作成动物饲料，是一件切实可行的事情。这样一方面可以大量消化污泥，同时还可以节省大量的资金。

3）污泥制作环保材料

从污泥当中还可以提取微生物絮凝剂，通过微生物絮凝剂的吸附作用，可以实现油水分离，将污水当中的悬浮物和有机物除掉，这样可以避免污水的富营养化。使用矿化污泥还可以生产对水面溢油有较好作用的吸附剂，从而可以有效处理油田溢油等环境污染问题。活性污泥还可以用作煤球内的黏结剂，在煤球燃烧的过程中，污泥可以改善高温下煤球的内部结构，促进煤球的有效燃烧，同时，污泥所含的有机质也可以在燃烧的过程中释放大量热能。

4）污泥制作燃料

（1）将污泥进行低温热解制作油类物质

污泥低温热解是一种新型热能利用技术，这种办法是在低温（300～500℃）、高压（或者常压）、没有氧气的情况下，利用催化剂（污泥中的硅酸铝或者重金属铜等）将污泥中的蛋白质和脂类物质进行催化分解，从而分解成碳氢化合物，并最终分解成油类物质。

（2）污泥制作沼气

污泥中含有大量的厌氧菌群，可以在无氧环境下将污泥进行消化分解并最终生产沼气，同时还可以杀死各种病原菌以及寄生虫卵。

5）污泥综合利用

污泥的综合利用主要指利用脱水污泥或污泥焚烧灰作建材和滤料等，如制砖、制陶粒、制水泥，制人工轻质填料，混凝土的填料、制活性炭、制生化纤维板等。

（1）污泥制作水泥

利用污泥制作水泥最早在日本研制成功，近年来我国在污泥制作水泥方面也取得了一定的成功，实验结果表明，将污泥制作水泥完全可以达到资源化和无害化。

（2）污泥制作陶粒

将污泥制成粉状物并对粉状物高温加热，使其高温融化，这样可以使污泥中的部分物料融化，融化后的物质经过冷却就可以形成具有一定强度的固体。在我国，同济大学用苏州河河底的污泥制取陶粒已经取得了成功，并且污泥当中所含的重金属物质能够进行固熔。将制得的陶粒在水中浸泡 7 天，没有任何物质析出，在王水中浸泡，重金属的析出量也大幅度下降。使用污泥制作的陶粒可以作为路基材料、花卉草木的覆盖材料、混凝土的骨料等。

（3）污泥制作砖块

污泥可以直接进行干化，然后烧制砖块，或者采用污泥焚烧灰制砖块。浙江大学通过开发研究，成功开发研制出一种轻质砖。这种轻质砖具有高抗压、低能耗、质量轻、辐射少、省资源等优点。还有的专家将 20% 的污泥与粉煤灰、黏土相混合烧制砖块，这样制得的砖块不但不影响砖块的各项性能，而且还可以有效改善煤的燃烧状况。

（4）污泥制作纤维板

由于粗蛋白可以溶解于酸性、碱性或中性溶液中。污水处理厂产生的污泥当中粗蛋白的含量是 30%～40%，并且其中还含有部分酶，也属于蛋白质。在碱性环境下，经过加热、干燥和加压处理，粗蛋白的物理性质和化学性质都会随之而发生变化，这就是蛋白质的变性。正是存在这种变性作用，才使污泥可以制成活性污泥树脂，再和纤维胶压制成板材。

（5）污泥制作活性炭

活性炭是一种吸附性非常强的物质，它可以吸附多种有毒物质，因此活性炭是一种使用效果非常好的环保材料。通常情况下，用污水处理厂产生的污泥制作活性炭主要有两种方式：一种是高温炭化法制取，另一种是使用工业废弃硫酸对污泥中的含碳物质催化炭化进行制取。

污泥原则上是一种废弃物，尽管其中含有大量的有机质和营养物质，使其具有一定的利用价值，但是污泥本身，以及处理处置的过程中，或多或少的会造成环境问题。因此，应推行以最终安全处置为目标，而不是盲目追求资源化的目标，并在体现"减量化、稳定化、无害化"的原则下，在坚持"安全、环保"的原则下，实现污泥的综合利用，回收和利用污泥的能源和物质。为此，认真针对污泥资源化展开研究，并将研究结果应用在生产实践上，才能妥善解决污泥资源化的问题，才能实现污泥的集约化处理。

（资料来源：李彦平，浅谈城市污水处理厂污泥资源化的利用，《中国石油和化工标准与质量》，2011 年第 12 期）

3.3.3 脱氮除磷系统

废水中往往含有一定量的氮、磷，当这些营养性污染物未经去除而直接排入受纳水体后，会导致藻类和其他水生植物的异常生长，消耗水中的溶解氧，使水质恶化，严重影响水体的经济价值和社会效益。随着水资源短缺和水污染加剧，废水在排放前进行脱氮除磷已成为污水处理厂的主要任务。

目前，多采用生物法脱氮除磷。

生物脱氮是利用微生物将有机氮和氨态氮转化为氮气，包括硝化反应和反硝化反应两个过程。硝化反应是在好氧条件下，硝化细菌（硝酸菌和亚硝酸菌）将废水中的氨态氮转化为硝酸盐和亚硝酸盐。反硝化反应是在无氧条件下，反硝化菌将硝酸盐氮和亚硝酸盐氮转化为氮气。

生物法除磷是利用微生物过量吸收废水中的溶解性磷酸盐并沉淀分离而除磷，包括厌氧放磷和好氧吸磷两个阶段。厌氧放磷是含有过量磷的废水和含磷污泥进入厌氧状态后，活性污泥中的聚磷菌在厌氧状态下将体内积聚的聚磷分解为无机磷释放回废水中，聚磷菌在分解聚磷时产生的能量除了一部分供自己生存外，其余供聚磷菌吸收废水中的有机物，并在厌氧发酵产酸菌的作用下转化为乙酸苷，再进一步转化为聚 β - 羟基丁酸（PHB）储于体内。好氧吸磷是进入好氧状态后，聚磷菌将储存于体内的 PHB 进行分解，并释放出大量的能量，一部分供自己增殖，另一部分供其吸收废水中的磷酸盐，以聚磷的形式积聚于体内，此阶段活性污泥迅速增殖，除一部分活性污泥回流到厌氧池外，其余作为剩余污泥排出系统，从而使废水中的磷得以去除。

去除城市污水中氮磷的工艺有 A/O 工艺、A²/O 工艺、序批式工艺（包括传统 SBR 法、CASS 工艺、MSBR 法等）、氧化沟系列工艺等。

1. A/O 工艺

A/O 工艺是 Anoxic/Oxic（兼氧/好氧）或 Anerabic/Oxic（厌氧/好氧）工艺的缩写，工艺流程如图 3 - 13 所示。A/O 法不能同时脱氮除磷，但只要控制一定的回流比和泥龄，系统便可达到较好的脱氮效果或除磷效果。A/O 法在除磷方面的推广受到以下几个因素的制约：第一，生物除磷是将液相中的污染物转移到固相中予以去除。A/O 法的特点之一是泥龄短、污泥量多，剩余污泥含磷率高于传统活性污泥法，污泥在浓缩硝化过程中会将吸收的磷释放出来，要彻底去除系统中的磷，还需要增加后续处置设施。当温度低、进水负荷低时，微生物代谢能力减弱，污泥生长缓慢，除非污泥含磷量特别高，否则只排少量污泥，磷的去除率必然很低。第二，厌氧池的厌氧条件难以保证。理论计算认为当泥龄大于 5 天时，硝化菌便能在系统中停留。当曝气池水力停留时间偏长时，废水中的氨氮在硝化菌的作用下转化成 NO_2^- 和 NO_3^-，回流污泥中就不可避免地混入了 NO_x。原污水和回流污泥混合，反硝化菌优先获得碳源进行脱氮，聚磷菌竞争不到碳源，不能有效释放，因而也不能过量吸收磷，系统除磷能力下降。第三，受水质波动影响大。磷的厌氧释放分有效和无效两部分，聚磷菌在释磷的过程中同时吸收原污水中的低分子有机物，合成细胞内贮物，我们把这一过程称为有效释磷。聚磷菌只有有效释磷后，才能在随后的好氧阶段过量摄磷。当废水中可供聚磷菌利用的低分子有机物量很少时，聚磷菌便发生无效释磷，即在释磷过程中不合成细胞内贮物。无效释放出来的磷在系统中是不能被去除的。因此，A/O 工艺除磷效果受进水水质影响很大，不够稳定。

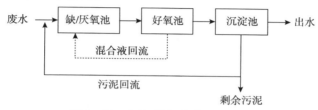

图 3 – 13 A/O 脱氮除磷工艺流程

2. A^2/O 工艺

传统 A^2/O 法是目前普遍采用的同时脱氮除磷的工艺，它是在传统活性污泥法的基础上增加一个缺氧段和一个厌氧段，工艺流程如图 3 – 14 所示。污水首先进入厌氧池与回流污泥混合，在兼性厌氧发酵菌的作用下，废水中易生物降解的大分子有机物转化为挥发性脂肪酸（VFAs）这一类小分子有机物。聚磷菌可吸收这些小分子有机物，并以 PHB 的形式贮存在体内，其所需要的能量来自聚磷链的分解。随后，废水进入缺氧区，反硝化菌利用废水中的有机基质对随回流混合液而带来的 NO_3^- 进行反硝化。废水进入好氧池时，废水中有机物的浓度较低，聚磷菌主要是通过分解体内的 PHB 而获得能量，供细菌增殖，同时将周围环境中的溶解性磷吸收到体内，并以聚磷链的形式贮存起来，经沉淀以剩余污泥的形式排出系统。好氧区的有机物浓度较低，这有利于好氧区中自养硝化菌的生长，从而达到较好的硝化效果。

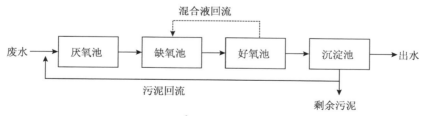

图 3 – 14 A^2/O 脱氮除磷工艺流程

倒置 A^2/O 工艺即缺氧/厌氧/好氧的工艺流程，是对传统 A^2/O 工艺的改进，其脱氮除磷效果更好。缺氧区位于厌氧区之前，有利于微生物形成更强的吸磷动力，微生物厌氧释磷后直接进入好氧环境充分吸磷；所有参与回流的污泥都经历了完整的释磷、吸磷过程，故在除磷方面具有群体效应优势；缺氧池位于厌氧池前，允许反硝化菌优先获得碳源，因而加强了系统的脱氮能力。

3. 序批式工艺

SBR 工艺是间歇性活性污泥法，由一个或多个曝气反应池组成，污水分批进入池中，经活性污泥净化后，上清液排出池外即完成一个运行周期。每个工作周期顺序完成进水、反应、沉淀、排放 4 个工艺过程。该工艺的特点是具有一定的调节均化功能，可缓解进水水质、水量波动对系统带来的不稳定性。工艺处理简单，处理构筑物少，曝气反应池集曝气沉淀、污泥回流于一体，可省去初沉池、二沉池及污泥回流系统，且污泥量少，容易脱水，控制一定的工艺条件可达到较好的除磷效果，但存在自动控制和连续在线分析仪器仪表要求高的特点。

CASS 工艺是一种连续进水式 SBR 曝气系统，工艺流程图见图 3 – 15。该工艺不仅具有 SBR 工艺简单可靠、运行方式灵活、自动化程度高的特点，而且对污水预处理要求不高，只设间隙 15mm 的机械格栅和沉淀池，脱氮除磷效果明显。生物处理核心是 CASS 反应池，除磷脱氮降解有机物及悬浮物等功能均在该池内完成。在 CASS 池中，通过隔墙将反应池分为功能不同的区域，在各分隔中溶解氧、污泥浓度和有机负荷不同，各池中的生物也不同。整个过程实现了连续进、出水。同时，在传统的 SBR 池前或池中设置了选择器及厌氧区，提高了脱氮除磷效果。

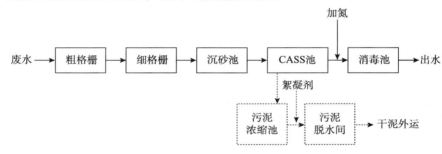

图 3 – 15　CASS 脱氮除磷工艺流程

MSBR 工艺是 20 世纪 80 年代初期发展起来的污水处理工艺，经过不断地改进和发展，目前较新的是第三代工艺。MSBR 工艺的特点是系统从连续运行的单元（如厌氧池）进水，从而加速了厌氧反应速率，改善了系统承受水力冲击负荷和有机物冲击负荷的能力；同时，由于 MSBR 工艺增加了低水头、低能耗的回流设施，极大地改善了系统中各单元内 MLSS 的均匀性。因此，MSBR 系统汇集了 A^2/O 系统与 SBR 系统的全部优势，因而出水水质稳定、高效，并有极大的净化潜力。

氧化沟工艺是一种延时曝气的活性污泥法，由于负荷很低，耐冲击负荷强，出水水质较好，污泥产量少且稳定，构筑物少，氧化沟可以按脱氮设计，也可以略加改进实现脱氮除磷。20 世纪 90 年代中期，氧化沟工艺因其良好的脱氮效果并且无需沉淀池开始被推广，此时期建设的大型污水处理厂项目基本上都采用氧化沟工艺。近几年来，国内对各种类型氧化沟工艺的除磷脱氮效果、设计、充氧设备及运行控制等方面进行了大量的研究。对多种氧化沟都进行了一定的革新，如 Carrousel 氧化沟由第一代的普通的 Carrousel 氧化沟发展为具有脱氮除磷功能的 Carrousel2000 型氧化沟，后又发展为第三代的 Carrousel3000 型氧化沟。国内许多污水处理厂使用的情况证明，氧化沟工艺是一种工艺流程简单、管理方便、投资省、运行费用低、工艺稳定性高的污水处理技术，目前国内较多采用的氧化沟主要有 Orbal 氧化沟、Carrousel 氧化沟、T 型氧化沟、DE 型氧化沟、一体化氧化沟等。

思考题

1. 什么是水环境容量？
2. 水质指标主要有哪几类？分别举例说明。
3. 水处理的方法有哪些？分别适合处理何种污染物？
4. 简述城市污水的三级处理系统每一级处理的目的、采用的方法和出水效果。
5. 污泥的处理方法有哪些？

第4章 固体废物处理与处置

4.1 概　　述

4.1.1 固体废物

固体废物（solid waste）是指人类在生产建设、日常生活和其他活动中产生的污染环境的固态、半固态废弃物质。从广义上讲废物可划分为固态、液态和气态废弃物质三种。与废水和废气相比，固体废物有着明显不同的特征：固体废物的呆滞性大、扩散性小，主要通过污染水、空气和土壤对环境造成不良影响；"废物"这个概念具有明显的时间性和空间性，在某一时间或某一地点难以被利用的"废物"，往往在另一时间或另一地点就变成了有价值的"资源"。

固体废物有多种分类方法。例如，按照化学性质可分为有机废物和无机废物，按照危害状况可分为有害废物和一般废物，等等。我国的《固体废物污染环境防治法》是按照来源进行分类，将固体废物分为工业固体废物和城市生活垃圾两类，其中对危险废物则单独列为一章进行专门规定。

1. 工业固体废物

工业固体废物是指在工业、交通等生产活动中产生的固体废物，主要来自于冶金工业、矿业、石油化工、轻工业、机械电子行业、建筑业以及其他工业部门。煤矸石、粉煤灰、炉渣、矿渣、金属、塑料、橡胶、陶瓷、沥青等都是典型的工业固体废物。

阅读资料

我国工业固体废物污染治理现状

1. 工业固体废物的产生、排放及利用情况

2008 年，全国工业固体废物产生量 190 127 万吨，比上年增加 8.3%；工业固体废物排放量 782 万吨，比上年减少 34.7%。全国危险废物产生量 1 357 万吨，比上年增加 25.8%；危险废物排放量 718 吨，比上年减少 30.0%。2001—2008 年全国工业固体废物产生及处理情况见表 4-1。2008 年，工业固体废物排放量超过 100 万吨的省市有山西省和重庆市。这两个省市的工业固体废物排放量占全国工业固体废物排放量的 48.8%。2008 年，工业固体废物排放量超过 60 万吨的行业依次为：煤炭开采和洗选

业，电力、热力的生产及供应业，有色金属矿采选业，黑色金属矿采选业。这4个行业的工业固体废物排放量占统计工业行业固体废物排放总量的68.0%。

表4-1 2001—2008年全国工业固体废物产生及处理情况统计表　　单位：万吨

年度	产生量	排放量	综合利用量	贮存量	处置量
2001	88 746	2 894	47 290	30 183	14 491
2002	94 509	2 635	50 061	30 040	16 618
2003	100 428	1 941	56 040	27 667	17 751
2004	120 030	1 762	67 796	26 012	26 635
2005	134 449	1 655	76 993	27 876	31 259
2006	151 541	1 302	92 601	22 398	42 883
2007	175 632	1 197	110 311	24 119	41 350
2008	190 127	782	123 482	21 883	48 291

2. 工业固体废物资源综合利用概况

1）一般工业固体废物资源综合利用概况

对于一般工业固体废物的主要处理方法是综合利用。在这方面，我国已走出了一条符合我国国情的技术路线，即以大宗利用为主，兼顾多功能、高效能的利用，在取得环境效益和社会效益的同时，尽可能收到良好的经济效益。多年来，大力研究和开发了工业废渣耗用量大的水泥、墙体材料、筑路、填方等方面的技术。化工、石化等行业还在固体废物回收利用方面开发了无废、低废的清洁工艺技术。统计结果表明，随着我国一般工业固体废物综合利用技术水平的不断提高，一般工业固体废物综合利用量逐年上升。

2008年，全国工业固体废物综合利用量123 482万吨，比上年增加11.9%，综合利用率达64.9%；其中，冶炼废渣22 900万吨，粉煤灰25 634万吨，煤矸石15 021万吨，尾矿112 353万吨，工业固体废物贮存量21 883万吨，比上年减少9.3%。工业固体废物处置量48 291万吨，比上年增加16.8%。

2）伴生矿综合利用现状

我国矿产资源总回收率为30%，比国外先进水平低约20个百分点。在已探明的矿产储量中，共生、伴生矿产比重为80%左右，具有很高的综合利用价值。但我国约有2/3具有共生、伴生有用组分的矿山未开展综合利用。共生、伴生矿产资源综合利用率仅为35%左右。煤系共生、伴生20多种矿产，绝大多数没有利用。

目前，我国矿产的采选回收率平均比国际水平低10%～20%；尾矿的综合利用率仅为8.2%左右，与国外60%的综合利用率相差甚远。

3）再生资源回收利用情况

目前，全国主要回收企业有10万多家，各类回收网点约20万个，回收加工厂1万多个，各种回收人员达1 500万人以上，其中约有1 300万人从事个体回收，承担了再生资源市场 80% 的回收量。近年来，我国每年回收再生资源 1 亿多吨，进口再生资源 4 000 多万吨，为国民经济发展提供了 1.1 亿多吨的工业原料。

2008 年，由于金融危机的影响，我国再生资源回收利用工作进展趋缓。初步统计，废钢铁、废有色金属、废轮胎、废家电及电子产品、废纸以及报废汽车拆解、报废船舶拆解等八个大类的主要再生资源回收总量为 1.161 亿吨，比 2007 年的 1.146 亿吨增长 1.3%，回收总值 2 574.3 亿元，比 2007 年的 3 178.4 亿元降低了 19%；进口总量为 4 240.44 万吨，较 2007 年增长 5.5%，进口总额为 150 亿美元，较 2007 年进口总额降低 20% 以上。

（资料来源：中国环境保护产业协会固体废物处理委员会，我国工业固体废物污染治理行业 2009 年发展综述，《中国环境保护产业发展报告（2009 年)》，2010 年 12 月）

2. 城市生活垃圾

城市生活垃圾又称为城市固体废物，它是指在城市居民日常生活或者为城市日常生活提供服务的活动中产生的固体废物。主要包括厨余物、废纸、废塑料、废织物、废金属、废玻璃、废陶瓷片、砖瓦渣土、粪便以及废家用电器、庭院垃圾等。

阅读资料

我国城市生活垃圾分类现状——以杭州市为例

杭州位于中国东南沿海北部，是浙江省省会，"上有天堂、下有苏杭"，是古往今来的人们对于这座美丽城市的由衷赞美。杭州于 2011 年 12 月被评为全国文明城市，其中城市垃圾处理作为社会文明程度的重要指标。

2000 年，国家建设部确定北京、上海、广州、深圳、杭州、南京、厦门和桂林 8 个城市，作为"生活垃圾分类收集试点城市"，杭州为响应国家号召，首先在西湖区特别是西湖景区建立了系列分类的果壳箱，并于同年 11 月 27 日下发了《杭州市城市生活垃圾分类收集实施方案》，杭州市成为全国最早开始实施垃圾分类措施的先锋城市之一。

1. 城市生活垃圾分类现状介绍

2010 年 3 月，杭州市城管办通过居民生活垃圾分类调查，最终将居民生活垃圾分为 4 类：即可回收垃圾、厨房垃圾、其他垃圾、有毒有害垃圾，把来自上城区、下城区、江干区等 8 个市辖区的 37 个小区纳入生活垃圾分类试点，在试点小区的各居民楼下摆放了 4 种不同颜色的垃圾箱。即分别为：蓝色代表可回收垃圾，绿色代表厨余垃圾，橘黄色代表其他垃圾，红色代表有害垃圾，同时为试点的每户家庭免费发放了可降解的垃圾袋。位于上城区的建南小区是杭州首批垃圾分类试点小区之一，小区相关负责人为配合市城管办的工作，在小区里新设立了宣传垃圾分类的展板，还给住户发放了宣传小册子，并开展垃圾积分换物的活动，鼓励居民进行垃圾分类。随着杭州市生活垃圾分类工作的推广，目前杭州的各市辖区已实施垃圾分类的小区数目共达到了

767 个。

2. 城市生活垃圾分类案例介绍

（1）垃圾分类处理实名制

上城区湖滨街道小区将印有住户家庭地址的标签贴在垃圾袋上，按照每天一只的数量发放到每户家庭，主要用于厨房垃圾投放。在投放时，要求居民做到就近、定时原则（定时投放时间为早上 7：00—8：30；中午 11：00、12：30；晚上 5：00、6：30，共 5 次）。居民垃圾分类情况由指导员进行登记和积分，积分前三名的住户给予奖励；分类不到位的发放《垃圾分类提示书》，由指导员耐心进行跟踪宣传和教育。

（2）分腔式垃圾分类直运车

2010 年 4 月 1 日，国内首辆分腔式垃圾分类直运车亮相杭城，不同性状垃圾同车分类运输得以实现。首辆垃圾分类运输车为双腔式 5t 压缩车，采用了后装压缩和独特的双响压缩技术，从而实现了对居民生活垃圾的分类收集运输。

（3）注重教育，组建队伍

位于下城区的东新街道以宣传教育为重点，采取了分层分级的培训方式，街道积极派员参加市里组织的垃圾分类培训课程，培训后再负责为本社区主任、卫生主任、物业公司等相关人员进行垃圾分类培训，街道更要求各社区组织居民小组长和居民成员进行实地培训，这批参培人员如今都已成为垃圾分类宣传工作的中坚力量，以个体影响群体，到辖区单位、幼儿园、学校等再次开展宣传工作。

3. 城市生活垃圾分类时效分析

自 2000 年以来的这十多年时间里，杭州市政府及其城市管理委员会等部门花费心思为杭州市城市生活垃圾的分类及处理献计献策，做出了很大的贡献，包括在 2012 年刚出台的《杭州垃圾分类收集放置管理办法》，无不体现着党和国家对城市居民亲切的关怀。伴随杭州城市化进程的深入和旅游业的迅速发展，杭州市生活垃圾量逐年增加，从 1990 年的 43.89 万 t，增加到 2000 年的 84.71 万 t，年均增长率为 9.3%。再从 2001 年 115.70 万 t 增加到 2006 年的 158.43 万 t，年均递增率为 7.4%。直到 2008 北京奥运年杭州市垃圾量猛增了 13.4%，总体趋势不容乐观。就人均而言，2008 年杭州市生活垃圾人均垃圾产生量为 1.23kg/（人·d），比 1996 年 0.92kg/（人·d），增加了 33.7%，已超过我国城市生活垃圾平均单位产量 1kg/（人·d）的 23%。杭州市各市辖区的垃圾清运量也增减不一，以 2008 年为例，虽然杭州城市居民生活垃圾产量很大，且各辖区分布不均，但是生活垃圾总量增长势头已得到了较好的控制，其中上城区和下沙区却出现了负增长，其他如下城区、拱墅区、西湖区、江干区等生活垃圾产量增长率都控制在 10% 以内，可见杭州市政府及城管办等部门这些年来为城市环保事业所做的努力成效卓越，数据表明：杭州不愧当选为 2011 年全国文明城市。

（资料来源：黄小洋，城市生活垃圾分类现状及对策建议，《绿色科技》，2012 年第 4 期）

3. 危险废物

危险废物是指列入国家危险废物名录或者根据国家规定的危险废物鉴别标准和鉴别方法认定的具有危险特性的废物。主要来自于核工业、化学工业、医疗单位和科研单位等。危险废物有急性毒性、易燃性、反应性、腐蚀性、浸出性和疾病传染性等。针对危险废物，我国制定了《国家危险废物名录》和《危险废物鉴别标准》。

阅读资料

我国危险废物处置现状

2008 年，我国纳入统计的危险废物集中处置厂共 518 座，比上年新增 196 座。除云南和西藏无危险废物集中处置厂外，其余各省市均有数量不等的处置厂，最多的是广东省，共 86 座。2008 年，危险废物集中处置厂的总运行费用为 32.5 亿元，比上年增加 88.7%；危险废物日处置能力为 19 362 吨。其中，焚烧处置能力为 13 909 吨，填埋处置能力为 1 701 吨；危险废物实际处置量为 130.0 万吨，比上年增加 13.7%。其中，焚烧量 98.9 万吨，比上年增加 26.5%，填埋量 16.6 万吨，比上年减少 42.9%；危险废物贮存量为 196 万吨，比上年增加 27.3%；危险废物综合利用量为 122.9 万吨，比上年增加 35.1%。

2008 年纳入调查的县及县以上的医院为 10 842 家，共有 232 万张床位；医疗废物处理设施 4555 套；医疗废物产生量为 30.1 万吨，医疗废物处理量为 29.5 万吨，其中送往集中处理厂的处理量 22.6 万吨。

（资料来源：中国环境保护产业协会固体废物处理委员会，我国工业固体废物污染治理行业 2009 年发展综述，《中国环境保护产业发展报告（2009 年）》，2010 年 12 月）

4.1.2 "三化"原则

固体废物处理的"三化"是指"无害化"、"减量化"和"资源化"。"三化"原则是我国《固体废物污染环境防治法》中确立的固体废物污染防治原则，是我国固体废物管理的基本政策。

（1）"无害化"

固体废物"无害化"处理的基本任务是将固体废物通过工程处理，达到不损害人体健康，不污染周围的自然环境。垃圾的"无害化"处理工程主要有垃圾的焚烧、卫生填埋、堆肥、厌氧消化、有害废物的热处理等。

（2）"减量化"

固体废物的"减量化"的基本任务是通过适宜的手段减少和减小固体废物的数量和容积。一方面对固体进行处理利用，一方面减少固体废物的产生。

（3）"资源化"

固体废物"资源化"的基本任务是采取工艺措施从固体废物中回收有用的物质和资源。固体废物"资源化"是固体废物的主要归宿。通过"资源化"可以回收有用的物质和能源，创造经济价值和节约资源，并可以减少固体废物的产生量。例如，通过有机废物的焚烧处理回收热量或进一步发电，利用垃圾厌氧消化产生沼气，并作为能源向居民和企业供热或发电等。

4.1.3 固体废物的处理处置技术

固体废物的处理是指将固体废物转变成适于运输、利用、贮存或最终处置的过程。固体废物的处理技术包括物理处理、化学处理、热化学处理、生物处理、固化/稳定化处理等。物理处理是通过浓缩或相变化改变固体废物的结构，使之成为便于运输、贮存、利用或处置的形态，包括压实、破碎、分选、增稠和吸附等。化学处理是通过化学方法破坏固体废物中可降解的有机物，使其达到无害化，包括氧化、还原、中和、化学沉淀等。生物处理是通过微生物分解固体废物中可降解的有机物，使其达到无害化或综合利用，主要有好氧堆肥、厌氧消化等。热处理是通过高温破坏和改变固体废物的组成和结构，从而使其达到减量化、无害化和综合利用的目的。主要有焚烧、热解、焙烧和烧结等。固化处理是采用固化基材将固体废物固定或包裹起来以降低其对环境的危害，从而能够较安全地运输和处置，主要用来处理危险废物。

固体废物的处置是固体废物污染控制的末端环节，是解决固体废物的归宿问题。固体废物的处置技术包括海洋处置和陆地处置两大类。海洋处置包括深海投弃和海上焚烧；陆地处置包括土地填埋、土地耕作和深井灌溉等。

4.2 生活垃圾的卫生填埋

4.2.1 卫生填埋场及其分类

卫生填埋（sanitary landfill）又称为卫生土地填埋，是土地填埋处理的一种，是为了保护环境，按照工程理论和土工标准，对生活垃圾进行有控制管理的一种科学工程方法。20世纪30年代初，美国开始对传统的填埋法进行改良，提出一套系统化、机械化的科学填埋法，称为卫生填埋法。卫生填埋是"利用工程手段，采取有效技术措施，防止渗滤液及有害气体对水体和大气的污染，并将垃圾压实减量至最小，填埋占地面积也最小。每天操作结束或每隔一定时间用土覆盖，使整个过程对公共卫生安全及环境污染均无害的一种土地处理垃圾方法"。

图4-1为卫生填埋场的剖面图。为了对卫生填埋场进行科学有效的管理，同时与受控填埋场相区别，其主要判断依据有以下6条。

（1）是否达到了国家标准规定的防渗要求；

（2）是否落实了卫生填埋作业工艺，如推平、压实和覆盖等；

（3）污水是否处理达标排放；

（4）填埋场气体是否得到有效的治理；

（5）蚊蝇是否得到有效控制；

（6）是否考虑终场利用。

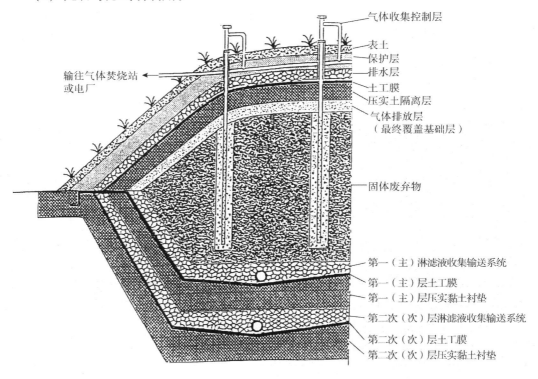

图4-1 卫生填埋场剖面图

根据填埋场中垃圾降解的机理，填埋场可分为好氧填埋场、准好氧填埋场和厌氧填埋场3种类型。

（1）好氧填埋场

好氧填埋场是在垃圾堆体内布设通风管网，用鼓风机向垃圾体内送入空气。垃圾有充足的氧气使之好氧分解，垃圾性质稳定较快，堆体迅速沉降，反应过程中产生较高温度，垃圾中有害微生物被消灭。好氧填埋场只须作简单的防渗处理，不需布设收集渗滤液的管网系统。好氧填埋场适应于干旱少雨地区的中小型城市；适应于填埋有机物含量高，含水率低的生活垃圾。

（2）准好氧填埋场

准好氧填埋场利用自然通风，空气通过集水管向填埋层中流通。如填埋层中含有有机废物，因最初和空气接触，由于好氧分解，产生二氧化碳气体，气体经排气设施或立渠放出。随着堆积的废物越来越厚，空气被上层废物和覆盖土挡住无法进入下层，下层生成的气体穿过废物间的空隙，由排气管排出。这样，在填埋层中形成与放出的空气体积相当的负压，空气便从开放的集水管口吸进来，向填埋层中扩散，扩大了好氧范围，促进有机物分解。但是，空气无法到达整个填埋层，当废物层变厚以后，空气接近不了的填埋层的中央部分就处于厌氧状态。

（3）厌氧填埋场

厌氧填埋场在垃圾堆体内无需供氧，基本上处于厌氧分解状态。由于无需强制鼓风供氧，简化结构，降低了电耗，使投资和运营费用大为减少，管理变得简单，同时，不受气候条件、垃圾成分和填埋高度限制，适应性广。该法在实际应用中，不断完善发展成改良型厌氧卫生填埋，是目前世界上应用最广泛的类型。我国上海老港、杭州天子岭、广州大田山、北京阿苏卫和深圳下坪等填埋场都是这种类型。

4.2.2 填埋场选址

场址的选择应考虑4个方面的要求：工程、环境、法律法规和政策、经济。要选择一个前景好的场址，必须特别注意公众安全、政策上可行，确定新的填埋场址是一项高度敏感、冒险的工作。场址的初步调查：设计者应仔细研究可能场地的地图、地理和土壤勘探图以及测绘图，搜集当地关于该可能场地的有关经验资料，并核实资料的准确性和观察场地附近的详细情况，其规划设计程序如图4-2所示。

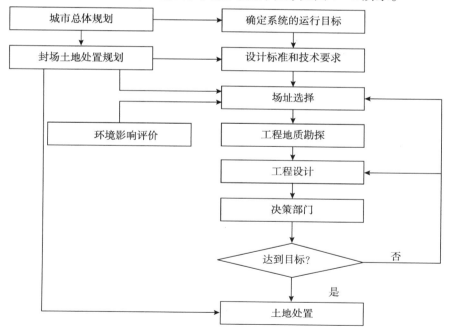

图4-2 填埋场规划设计程序

现场调查包括：步测整个场地、记录植被情况、土壤类型、岩石露出情况、泉水及渗漏情况、水流量、斜坡状况等。一般场地图纸应以 1∶4000 的比例或更大的比例绘制，具体取决于场地的大小。截面图和详图应以 1∶1000 的比例或更大的比例绘制。场地图纸应表示出场地和场地附近相关的情况，包括等高线、地界线、工程许可路线（输电线、铁路线、管道线）、入场道路及填埋场内道路、过磅设备、现有的或预定设备（地下或地上）、地下水排泄点、地下水流向、集水井、喷口、地下水监测点、污水井、消防用水池、覆盖层土堆、采石场、沙和砾石沟槽、水塔、建筑物、隔墙、分隔沟、渗滤液收集和处理系统、填埋体升层等。地质调查包括确定地下土层和岩石层的位置和厚度，了解低渗透层的特性、地下水深度和水质，有多种钻探和开凿技术。探井技术用于得到大范围的土壤和岩石样品，既便宜又快速；试验钻可以得到较深处的样品，但费用较昂贵，而且还要求现场测试土壤、测量地下水深度和水质以及安装监测井，确定井的数量、深度、位置和钻探方法具有高度的现场特性。

4.2.3　卫生填埋工艺

不同的填埋场类型和不同的填埋方式，其填埋作业流程基本相同，图 4 - 3 为典型的垃圾卫生填埋工艺流程。了解待处理废物的性质（如成分、含水率等），对确定填埋场的整体计划以及填埋场的作业工艺是非常重要的。填埋工艺需要考虑以下问题。

（1）计划收集人口数

按确定的计划处理区域统计人口的数量，并适当留有余量。

（2）每人每日平均垃圾产量

计划收集垃圾量与计划收集人口数之间的比值，即每人每日平均产生多少垃圾。一般而言，城市居民每人每日平均产生的垃圾量为 800 ~ 1 200g，而农村村民每人每日则产生 600g 左右垃圾。

（3）计划垃圾处理量

垃圾处理量按如下公式计算：

计划垃圾处理量 = 计划收集垃圾量 + 垃圾直接运入量

　　　　　　　　= 计划收集人口数 × 每人每日平均产生垃圾量 + 垃圾直接运入量

垃圾直接运入量是指填埋场附近的单位或居民直接运入填埋场进行处理的量。

（4）垃圾填埋量

基于每个城市垃圾处理各种方法（如采取焚烧、填埋、堆肥等）的比例，可计算出需填埋处理的垃圾量。

（5）垃圾压实密度

垃圾压实密度是指由机械将垃圾挤压成紧固状态时的垃圾密度。这个数值根据填埋垃圾的种类、压实机械而不同。表 4 - 2 为不同种类垃圾的压实密度参考数值。

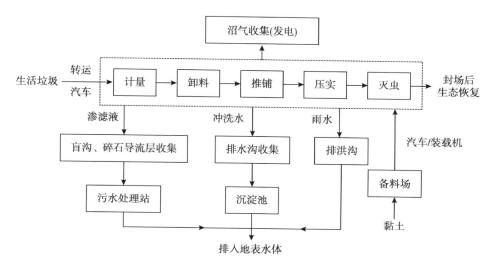

图 4 – 3　垃圾卫生填埋工艺流程

表 4 – 2　不同种类垃圾的压实密度

垃圾种类	范围	平均值	代表值	
可燃垃圾主体（60%以上）	0.74 – 1.00	0.83	可燃垃圾	0.77
不燃垃圾主体（60%以上）	0.42 – 1.59	0.86	建筑废料	0.71
混合垃圾	0.41 – 1.28	0.71	焚烧残灰	1.00
			污泥	0.80
			塑料及不燃垃圾	0.43

（6）垃圾填埋容量

以往垃圾填埋容量多以质量表示，现在一般用容积来表示，单位为 m^3/d。

（7）填埋高度

填埋场的设施通常是根据填埋面积来决定的（如渗滤液处理设施、渗滤液收集导排系统、防渗系统面积的设置等），而这个面积的大小又与建设费用密切相关。在填埋面积一定的情况下，填埋高度越高填埋库容则越大，经济性越好。

（8）覆盖厚度

一般垃圾一次性填埋，每层垃圾厚度应为 3m 左右。当天作业完毕，覆土 30cm 左右。考虑到填埋场的生态恢复，最终覆土厚达 1m。如按照严格的覆盖规程，填埋场覆盖土量一般占填埋场总量的 1/3 左右。

（9）填埋场使用年限

填埋场的规模根据填埋场使用年限而定。从理论上讲，填埋场使用年限越长越好，但考虑到填埋场的经济性、填埋场地形的可能性以及填埋场终场利用的可能性，填埋场使用年限的确定必须在选址规划和做填埋计划时就考虑到。一般填埋场使用年限为

5～15年。

填埋垃圾按单元从压实表面开始，向外向上堆放。某一作业期（通常是一天）构成一个填埋单元（隔离）。将收集和运输车辆运来的垃圾按45～60cm厚为一层放置，然后压实。一个单元的高度通常为2～3m。工作面的长度随填埋场条件和作业尺度的大小不同而变化。工作面是在给定时间内垃圾卸载、放置和压实等的工作面积。单元的宽度一般为3～9米，取决于填埋场的设计和容量。

常见的填埋方法有地面填埋法、开槽填埋法和谷地填埋法。

（1）地面填埋法

地面填埋法主要适用于地形、地质条件不宜开挖沟槽的平原区。填埋场起始端先建土坝作为外屏障。在坝内沿坝场方向堆卸废物，使其形成每层厚度为0.4～0.8m连续叠堆的条形堆，并逐层压实。每天完成条堆高度在1.8～3.0m之间，最后用15～30cm厚的土覆盖，形成地面堆埋单元。覆盖土由相邻近地区和坑底采集。一个单元的长度视场地条件与操作规模而定，宽度一般为2.4～6.0m不等。如此堆埋操作直至完成填埋场的最终高度封场为止。

（2）开槽填埋法

开槽填埋法（图4－4）主要适用于地面有足够深度的可采土壤，且地下水位较深的地区。填埋初期，先挖掘一段足够一日填埋量的条形槽，将开挖土在槽上筑成土堤作为储备覆盖土。在槽中卸下固体废物，展成薄层压实，连续操作至预期高度。日覆盖土由相邻沟槽开挖的土方获得。典型填埋场沟槽开挖长度为30～120m，深度为1～2m，宽度为4.5～7.5m。

（3）谷地填埋法

谷地填埋法主要适用于有天然或人为谷地与沟壑可利用的地区。固体废物的卸料位置与压实方式视地形、覆盖土性质、水文地质条件与通路而确定。

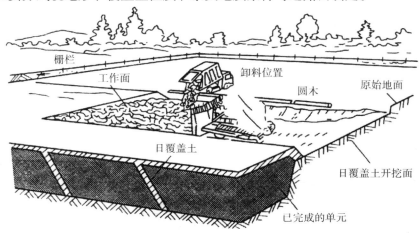

图4－4　开槽填埋作业方式

4.2.4　填埋渗滤液

渗滤液是指垃圾填埋后，经过微生物的分解和地表水影响，会有一定量的液体穿经固体废物并从废物中吸收容纳溶解物和悬浮物，其中含有多种污染成分。渗滤液的污染控制是填埋场设计、运行和封场的关键性问题。

填埋场渗滤液的主要成分如表 4-3 所示，可分为以下 4 类。

（1）常见元素和离子：如 Mg、Fe、Na、NH_3、CO_3^{2-}、SO_4^{2-}、Cl^- 等；

（2）微量金属：如 Mn、Cr、Ni、Pb 等；

（3）有机物：常以 COD、TOC 来计量；

（4）微生物。

表 4-3　卫生填埋场典型渗滤液成分

污染物名称	典型表征值/（mg/L）	变化范围/（mg/L）
BOD_5	20 000	200～4 000
COD	30 000	300～9 000
电导物	6 000	3 000～9 000
氨氮	500	5～750
氯化物	2 000	100～3 000
总铁	500	250～2 500
锌	50	25～250
铅	2	0.2～10
pH 值	6	4.0～9.0

填埋场渗滤液有如下主要来源。

（1）直接降水

降水包括降雪和降雨，它是渗滤液产生的主要来源。影响渗滤液产生数量的降雨特性有降雨量、降雨强度、降雨频率、降雨持续时间等。降雪和渗滤液产生量的关系受降雪量、升华量、融雪量等影响。在积雪地带，还受融雪时期或融雪速度的影响。

（2）地表径流

地表径流是指来自场地表面上坡方向的径流水，对渗滤液的产生量也有较大的影响，具体取决于填埋场地周围的地势、覆盖材料的种类及渗透性能、场地的植被情况及排水设施的完善程度。

（3）地表灌溉

地表灌溉也会影响渗滤液的产生量，取决于地表灌溉量、填埋场地周围的地势、覆盖材料的种类及渗透性能、场地的植被情况及排水设施的完善程度。

（4）地下水

如果填埋场地的底部在地下水位以下，地下水就可渗入填埋场内，渗滤液的数量和性质取决于地下水与垃圾的接触情况、接触时间及流动方向。如果在设计施工中采取防渗措施，可以避免或减少地下水的渗入量。

（5）废物中的水分

指固体废物进入填埋场时的水分。包括固体废物本身携带的水分以及从大气和雨水中的吸附水量。通常废物携带的水分有时是渗滤液的主要来源之一。填埋污泥时，不管污泥的种类及保水能力如何，通过一定程度的压实，污泥中总有相当部分的水分变成渗滤液自填埋场流出。

（6）覆盖材料的水分

随覆盖材料进入填埋场的水量和覆盖层物质的类型、来源以及季节有关。覆盖层物质的最大含水量可以用田间持水量（field capacity，FC）来定义，即克服重力作用之后能在介质空隙中保持的水量。典型的田间持水量对于砂而言为 6% ~12%，对于黏土质的土壤为 23% ~31%。

（7）有机物分解生成水

垃圾中的有机组分在填埋场内经厌氧分解会产生水分，其产生量与垃圾的组成，pH 值、温度和菌种等因素有关。

渗滤液的处理方法主要有生物法、化学法、物理法和物理化学法。

（1）生物法

根据微生物菌群的特性，将生物法分为好氧生物法和厌氧生物法两类。好氧生物法包括普通活性污泥法、完全混合式表面曝气法、吸附再生法、生物滤池、生物转盘、生物接触氧化等。厌氧生物法主要包括厌氧活性污泥法、升流式厌氧污泥床（UASB）、厌氧生物滤池、厌氧膨胀床、厌氧流化床、厌氧生物转盘等。

（2）化学法

化学法主要包括化学沉淀法、混凝法、中和法和氧化还原法等。

（3）物理法

物理法主要包括格栅/筛网法、重力分离、浮选、离心分离、砂滤等。

（4）物理化学法

物理化学法主要包括萃取、吸附、离子交换和膜法等。

4.2.5 填埋场气体

填埋场气体主要是填埋垃圾中可生物降解有机物在微生物作用下的产物，其中主要含有氨气、一氧化碳、氢气、硫化氢、甲烷、氮气和氧气等，此外，还含有很少量的微量气体。填埋气体的典型特征值为：温度 43 ~49℃，相对密度为 1.02 ~1.06，为水蒸气所饱和，高位热值为 15 630 ~19 537kJ/m^3。填埋场气体的典型组分见表 4 - 4。随着填埋场的条件、垃圾的特性、压实程度和填埋温度等的不同，所产生的填埋气体各组分的含量会有所变化。

表 4－4　典型填埋场气体组成

组分	体积分数（干基）/%	组分	体积分数（干基）/%	组分	体积分数（干基）/%
甲烷	45～60	氧气	0.1～1.0	氢气	0～0.2
二氧化碳	40～60	硫化氢	0～1.0	一氧化碳	0～0.2
氮气	2～5	氨气	0.1～1.0	微量气体	0.01～0.6

　　填埋场气体中的主要成分是甲烷和二氧化碳。这两种气体不仅是温室气体，而且是易燃易爆气体。填埋气体中的甲烷会增加全球温室效应，其温室效应的作用是二氧化碳的 22 倍。当甲烷在空气中的浓度达到 5%～15% 之间时，会发生爆炸。此外，填埋气体还会影响地下水水质，溶于水中的二氧化碳，增加了地下水的硬度和矿物质的成分。因此，填埋场气体对周围的环境安全存在威胁，必须对填埋场气体进行有效的控制。

　　填埋场气体会对环境和人类造成严重的危害，但填埋场气体中的甲烷是一种宝贵的清洁能源，具有很高的热值。将填埋场气体与其他燃料的发热量进行比较（表 4－5），填埋场气体的热值和城市煤气的热值接近，每升填埋场气体燃烧释放的能量大约相当于 0.45 升柴油、0.6 升汽油。

表 4－5　填埋场气体与其他燃料发热量的比较

燃料种类	纯甲烷	填埋场气体	煤气	汽油	柴油
发热量/（kJ/m³）	35 916	9 395	6 744	30 557	39 276

　　填埋场气体的利用常有以下几种方式。

　　（1）用于锅炉燃料

　　将填埋场气体用作锅炉燃料，用于采暖和热水供应。这是一种比较简单的利用方式，这种利用方式不需对填埋气体进行净化处理，设备简单，投资少，适合于垃圾填埋场附近有热用户的地方。

　　（2）用于民用或工业燃气

　　将填埋气净化后，用管道输送到居民用户或工厂，作为生活或生产燃料。此种利用方式需要对填埋场气体进行较深度的后处理，包括去除二氧化碳、有害气体、水蒸气及颗粒物等，投资大，技术要求高，适合于大规模的填埋场气体利用工程。

　　（3）用作汽车燃料

　　对填埋气进行膜分离净化后，将二氧化碳含量降至 3% 以下并去除有害成分后作为汽车用天然气。大约 1m³ 填埋气可代替 0.7kg 的汽油。车辆改用填埋气需要对内燃机进行改装。

　　（4）沼气发电

　　填埋沼气发电，每发一度电约消耗 0.6～0.7m³ 沼气，热效率为 25%～30%。沼气发电的成本略高于火电，但比油料发电便宜得多。沼气发电最大的优点是系统独立性强，不受外部环境制约，易于实施。

长沙县城市生活垃圾卫生填埋场

长沙县固体废弃物处置场位于长沙县安沙镇汉山村唐家冲一带的山间谷地，紧临107国道，距城区32km，交通便利，占地面积15ha，填埋量为246万 m^3，按110t/d的垃圾量增长比例推算，设计使用年限为30～35a。场区所在地属中亚热带向北亚热带过渡的大陆性季风湿润气候。平均气温17.2℃，境内雨水充足，降雨量集中在春季，3—5月最大，占全年降雨量的40%以上，11月到翌年2月最少，占全年降雨量的16%，年均降水量1 358.3mm，年平均相对湿度81%，平均风速2.0m/s，最大风速20m/s，主导风向为西北偏北风，夏季多南风和西北风。场区位于构造侵蚀丘陵地貌之东西向沟谷中，北、西、南三向沟顶为地表分水岭，沟谷宽度80～140m，两侧山坡北陡南缓，山坡坡度10°～20°，南面山坡植被发育，北面山坡杂草丛生，仅稀疏分布少量树木。西向马鞍形分水岭垭口高程127m，为白沙河的源头。场区总体地势为北高南低，西高东低。该工程地质条件类型为土体和岩体。土体主要为黏土体，多为耕作层，厚度为1～3m，属弱透水层，下伏砂性土1～3m。岩体主要为燕山期二云母二长花岗岩，上部为强风化层，厚度为1.3～8.0m，中风化层厚度为0.3～12.4m；其下部为微风化花岗岩。场区水文地质条件简单，地下水类型有松散岩类孔隙水和花岗岩裂隙水两大类。松散岩类孔隙水主要分布在沟谷底部和两侧山坡，含水层厚度为1～3m，含贫乏的孔隙潜水，地下水位埋深0～2m，地下水接受大气降水及花岗岩裂隙水补给，沿冲沟向下游排泄。花岗岩裂隙水，含水层岩性为构造裂隙发育，含贫乏的裂隙水。

垃圾填埋设计采用改良型厌氧卫生填埋工艺，主要有拦污大坝工程、帷幕防渗灌浆工程、导渗排气工程、污水处理工程、截洪沟工程和封场工程等。

1. 拦污大坝

为了有效增加填埋场库容量，充分增大项目投资效益，根据场地自然地形，填埋场整体呈单边开口式谷地地形，拦污坝建造线路选择在东边谷口位置，坝轴线北侧点在95m高程附近南北坐标38414700线上，南侧点选择在尽量与95.0m等高线有较大交角，并与南北坐标38414650线相交附近。拦污坝整体为浆砌石双斜面坝体。考虑到基础长期受渗滤液浸泡，故设置在强风化岩中下部，坝体建设总长度为185.7m，坝体最大建设高20.5 m，坝顶宽2.0m，上游坝坡坡度为1：0.15，起坡点从高程91.00m起，其上为垂直段。下游坝坡坡度为1：0.6，用料石砌筑成阶梯形，起坡点从93.0m高程起，其上为垂直段。坝体上游设置与坝体齐平的钢筋混凝土防渗面板，厚度为0.7m，保护层厚度为0.05m，坝体设置6条横缝，同时防渗面板中间部位再增设1条横缝，采用1道橡胶止水片，止水片嵌入坝基基岩0.5m。

2. 帷幕防渗灌浆

垃圾填埋场的防渗方案，大体可分为水平防渗和垂直防渗两大类。水平防渗是在填埋场的场地内建造黏土防渗衬垫或合成橡胶人工衬垫工程，一般而言，工程大投资多，焊接技术要求高，在水平衬垫上填埋垃圾后，若有破漏难以发现。通过分析工程地质地貌条件，该工程采用垂直灌浆帷幕，在3个部位采取了防渗措施。主要部位在地下水汇集出口处，即拦污坝的坝基，利用灌浆压力将地下水出口处的岩石裂隙充填封闭，使坝上游污染的地下水阻集于帷幕前，通过导渗管网将污水排入污水池，使渗滤液不致通过地下向下游渗漏。拦污坝帷幕灌浆水平长度186m，采用两排帷幕，排距2m，孔距1m，同时两排中间加一排固结孔，孔深进入基岩7~8m，上游排深入微风化基岩3~5m，下游排深入微风化基岩1~3m，上、下游排灌浆钻孔交错布置，设计钻孔283个，最大孔深为21m，钻孔工程量6 720m。南面山体分水岭灌浆阻水幕孔原设计采用单排孔，孔距2m，经试验段自检效果不很理想。设计方最后提出进行加排加密试验比较，注浆效果明显，且加排效果比加密效果好，因此，一致通过采用两排钻孔灌浆，孔距2m，排距0.8m，共布孔383个，检查孔为注浆长度的10%，钻灌总孔深超过9 000m。西面马鞍形垭口分水岭设计两排灌浆孔，排距0.8m，孔距2m，加上最后检测孔，共计注浆总长度858m。

3. 排渗导气工程

为了及时排出垃圾体内的渗滤液，专门设置了盲沟和竖向石笼相结合的工程设施，有组织地排出垃圾体内渗滤液。库区内由西向东设置1条纵向盲沟，盲沟宽度为2.50m，深度为1.0m，底部铺土工布，盲沟内填粒径为40~80mm的鹅卵石，上面再铺土工布，并覆盖0.10m厚粗沙。沟底坡度为4%，坡向渗滤液处理厂。盲沟内设置1条直径为600mm的渗滤液收集管，管材为多孔钢筋混凝土，开孔间距纵向70，横向50，每延米开孔率为280cm^{2}且不得超过管周长2/5。孔口大小为10mm且错排布置。沿纵向盲沟每间隔50 m设置横向排污盲沟，横向坡度3%，形成一个鱼骨刺形排列的高透水性碎石排污沟，沟内设置1根DN200软式透水管。垂直石笼底部与场底纵横盲沟相接，石笼随着垃圾填埋高度上升建造，当垃圾填埋到1个大台阶（垂直高度25m），在其面上再设1组盲沟与随垃圾填埋而升高的石笼相接，形成1个纵横相连，上下相接的排渗导气网。填埋场内气体采用就地燃烧方式处理，不进行有组织收集和处理。

4. 渗滤液处理工程

该污水处理工程采用吹脱—兼氧—厌氧—好氧—砂滤相结合工艺，工程设计处理能力为100t/d。处理出水通过专用管道排入本地的北山河。出水要求达到《生活垃圾渗滤液排放限值》（GB1689—1997）二级标准。

5. 截洪沟工程

为减少填埋库区内大气降水渗入垃圾体内，在库区修筑2道全封闭雨水截洪沟，其标高分别为96m和125m。截洪沟采用浆砌石块，水泥砂浆抹面，每隔20m设伸缩缝 1 道，缝宽 20mm，沟底伸缩缝采用沥青麻丝填缝，沟壁伸缩缝采用木板沥青填缝。整沟有 5‰的跑水坡度，其中，北面截洪沟雨水排入填埋库区下的水塘，入塘前设置沉砂池。南向截洪沟排水排至外排水系统，明沟与外排水检查井连接前设沉砂池，沉砂池与检查井用 D600 钢筋混凝土管连接。截洪沟过水能力按"十年一遇"最大降水进行设计，"三十年一遇"最大降水进行校核。当垃圾覆盖截洪沟时加设钢筋混凝土盖板，并与渗滤液排出系统相连接起排除渗滤液的作用。在 96m 和 125m 截洪沟间设 3 个垂直于山坡的陡槽，供排除作业面上的汇水之用。陡槽随垃圾填埋的升高加设盖板并覆设反滤层。

6. 封场工程

场地封场是有效保护填埋工作环境，保障垃圾填埋后填埋场的安全腐熟，使垃圾填埋场有效恢复的必然手段。填埋场最终覆盖系统主要组成有：植物层、保护层、排水层、防渗层、气体收集层、基础层等 6 层。采用的终场覆盖材料有压实黏土、土工膜、土工合成黏土层三种。这 3 种材料联合使用以达到最好的经济效益和环境效益。

封场后还必须对其进行维护，包括场地维护和污染治理的继续运行和监测。具体为：渗滤液处理系统运行和监测、渗滤液调节池臭气处理系统运行和监测、填埋气体导排系统运行和监测、地表地下水监测、地面沉降监测、场地维护等。

（资料来源：郭敦纯，杨仁斌，钟陶陶，长沙县城市生活垃圾卫生填埋场工程实例，《市政技术》，2008 年第 2 期）

4.3 垃圾焚烧

4.3.1 固体物质的焚烧

可燃的固体废物基本是有机物，由大量的碳、氢、氧元素组成，有些还含有氮、硫、磷和卤素等元素。这些元素在焚烧过程中与空气中的氧气发生反应，生成的产物有如下几种。

①有机碳的焚烧产物是二氧化碳。

②氢的焚烧产物是水。若有氟和氯存在，也可能有它们的氢化物生成。

③固体废物中的有机硫和有机磷，在焚烧过程中生成二氧化硫或三氧化硫及五氧化二磷。

④有机氮化物的焚烧产物主要是气态的氮气，也有少量的氮氧化物生成。由于高温时空气中的氧气和氮气也可反应生成一氧化氮，相对于空气中氮气来说，固体废物中的氮元素含量很少，一般可以忽略不计。

⑤有机氟化物的焚烧产物是氟化氢。若体系中氢的量不足以与所有的氟结合生成

氟化氢时，可能出现四氟化碳或二氟氧化碳。

　　⑥有机氯化物的焚烧产物是氯化氢。

　　⑦有机溴化物和碘化物焚烧后生成溴化氢及少量溴气和元素碘。

　　⑧根据焚烧元素的种类和焚烧温度生成的其他产物。

4.3.2　垃圾焚烧炉

　　垃圾焚烧（waste incineration）是一种较古老的传统的处理垃圾的方法，将垃圾用焚烧法处理后，垃圾能减量化，节省用地，还可消灭各种病原体，将有毒有害物质转化为无害物。

　　1. 机械炉排炉

　　机械炉排炉的发展历史最长，应用实例最多，如图 4－5 所示。机械炉排炉可分为三段：干燥段、燃烧段、燃尽段。

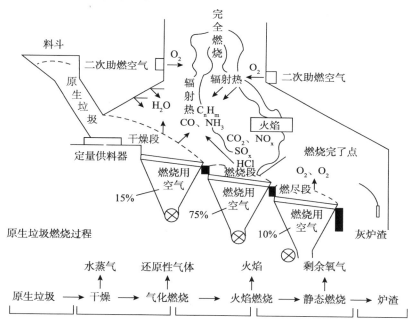

图 4－5　机械炉排炉焚烧示意图

　　2. 流化床焚烧炉

　　流化床焚烧炉以前用来焚烧轻质木屑等，但近年来开始用于焚烧污泥、煤和城市垃圾。流化床焚烧炉的特点是适用于焚烧高水分的物质等。流化床焚烧炉的流态化原理使选择流化床的结构和形成至关重要，根据风速和垃圾颗粒的运动而处于不同流区的流态化可分为：固定床、沸腾流化床、湍流流化床和循环流化床。图 4－6 为 3 种流化床焚烧炉。

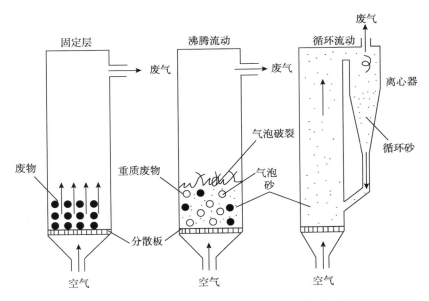

图4-6 3种流化床（固定床、沸腾流化床、循环流化床）焚烧炉示意图

3. 回转窑焚烧炉

回转窑可处理的垃圾范围广，特别是在焚烧工业垃圾领域内应用广泛。在城市生活垃圾焚烧的应用主要是为了达到提高炉渣的燃尽率，将垃圾完全燃尽以达到炉渣在利用时的质量要求。回转窑焚烧炉（图4-7）是一个带有耐火材料的水平圆筒，绕着其水平轴旋转。从一端投入垃圾，当垃圾达到另一端已被燃尽成炉渣。圆筒可调速，一般为0.75~2.5转/分钟。

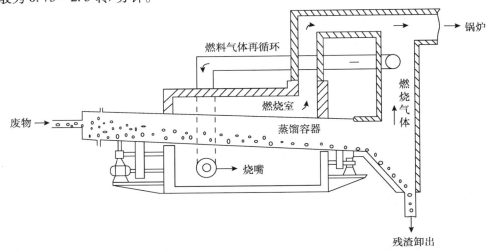

图4-7 回转窑焚烧炉示意图

表4-6列出了3种焚烧炉的优缺点。

表 4 - 6　各种焚烧炉的优缺点

焚烧炉类型	优点	缺点
机械炉排炉	适用大容量 公害易处理 燃烧可靠 余热利用率高	造价高 操作与维修费高 应连续运转 操作运转技术高
流化床焚烧炉	适用中等容量 燃烧温度低 热传导性佳 公害低燃烧效率较佳	操作运转技术高 燃料的种类受到限制 需添加流动媒介 进料颗粒较小 单位处理量所需动力高 炉床材料腐蚀
回转窑焚烧炉	垃圾搅拌及干燥性佳 可适用中、大容量 可高温安全燃烧 残灰颗粒小	连接传动装置复杂 炉内的耐火材料易损坏

4.3.3　垃圾焚烧处理技术的发展

1. 国外垃圾焚烧处理技术的发展

国外最早进行垃圾焚烧技术研究开发的是德国，随即英国、法国、美国、日本等国也积极开展了这方面的研究。目前，欧美国家的垃圾焚烧发展已经到了发达、成熟和稳定的阶段。在欧洲一些主要国家，垃圾焚烧所占比例较高，特别是丹麦、瑞典、荷兰、法国、德国等国家，垃圾焚烧的比例达到了 25% 以上。

德国 1965 年的垃圾焚烧炉只有 7 台，年处理垃圾 71.8 万吨，可供总人口 4.1% 的居民用电。至 1985 年，焚烧炉已增至 46 台，年处理垃圾 800 万吨以上，占垃圾总数的 30%，可供总人口 34% 的居民用电，柏林、汉堡、慕尼黑等大型城市中，民用电的 10.75% 来自垃圾焚烧。1995 年德国垃圾焚烧炉达 67 台，受益人口的比率从 34% 增加到 50%。近几年来，德国垃圾焚烧厂的数量和处理量都在稳步增加，例如，2006 年焚烧厂数量比 2001 年增加 18%，垃圾焚烧量增加 32%。

美国国土广大，长期以来城市生活垃圾处理一直以卫生填埋为主。从 20 世纪 80 年代起，政府投资 70 亿美元，兴建 90 座焚烧厂，年总处理能力 3 000 万吨。至 2004 年，美国的垃圾焚烧已占垃圾处理总量的 7.4%（表 4 - 7）。

表 4 - 7　美国生活垃圾处理处置比例

年　　份	回收或堆肥/%	焚　　烧/%	填　　埋/%
2002	26.7	7.7	65.6
2004	28.5	7.4	64.1

目前，欧美国家垃圾焚烧技术具有如下特点。

（1）炉排炉成为主流技术

所采用的焚烧技术有多种类型，但对于城市生活垃圾处理最适宜的技术是炉排炉，它具有技术发展成熟、燃烧稳定、可靠性高等特点。其中往复炉排炉已经成为垃圾焚烧的主流技术。

（2）能源的高效利用

如今能源需求和气候变化已经成为全世界需要共同面对的问题，各国都努力在保证经济发展所需要的能源供应情况下减少温室气体排放。其中采取的一个重要措施是采用可再生能源，促进能源结构的改变。城市生活垃圾发电属于生物质能，是可再生能源的一种重要形式。在法国，生活垃圾的能源回收是第二大可再生电力和热源。通过提高能源利用效率可有效减少温室气体的排放，对于气候控制有着积极的贡献。通过提高能源效率，可减少约 50 % 的温室气体排放量。

欧洲的焚烧厂能源利用效率一般都很高。欧盟委员会和 CEWEP（欧洲焚烧厂协会）建议的焚烧厂回收效率为 50% ~ 60%。欧盟现有焚烧厂的能量利用效率如表 4 - 8 所示。

表 4 - 8 欧盟现有焚烧厂能量利用效率

类　　型	热效率/%
仅发电	17 ~ 30
热电联产	70 ~ 85
供热站（销售蒸汽或热水）	80 ~ 90
蒸汽销售给大型化工厂	90 ~ 100
热电联产和具有烟气冷凝的供热厂	85 ~ 95
热电联产和具有冷凝、热泵的供热厂	90 ~ 100

（3）污染的综合治理

先进的垃圾焚烧厂配备有分选、大件垃圾处理系统，不仅提高了废品回收率，尤其是改善了进炉垃圾的特性，提高焚烧效果和效率。另外，部分垃圾焚烧厂还可以采用专门技术和设备来处理市政污泥和部分工业废物，综合解决了城市环境问题。调查表明，法国 1993—2000 年政府资助的项目有 40% 的新建焚烧厂采用分类收集、分类焚烧，80% 的焚烧厂与一般工业废物混合焚烧，有 40% 的焚烧厂与污泥混合焚烧。如 2008 年 6 月竣工的位于巴黎西部塞纳河畔的 ISSY - LES - MOULINEAUX（ISS ANE）生活垃圾分选及焚烧厂，投资 5.26 亿欧元，回收废物 5 万 t/a，焚烧生活垃圾 46 万 t/a。

（4）高蒸汽参数发电技术的发展应用

焚烧厂通常采用蒸汽参数 4.0 ~ 4.5MPa、380 ~ 400℃。但是采用高蒸汽参数提高能源效率的新技术是焚烧发展的趋势。早在 1969 年法国巴黎 Ivry - Sur - Seine 焚烧厂，采用 7.5MPa、475℃的蒸汽参数，运行了 30 多年，效果良好。其他还有西班牙 Mataro（6.0MPa，380℃），法国 Lasse Silvert Est Anjou（6MPa，400℃）、Ivry（7.5MPa、475℃）、Lasse Sivert Est Anjou（6.0MPa，400℃）和丹麦 Odense（5.0MPa，520℃）焚烧厂等。最近欧洲建设的焚烧厂大多采用高蒸汽参数，如表 4-9 所示。

表 4-9　欧洲新建垃圾焚烧厂状况

焚烧厂	意大利 Bresecia 1#线	荷兰阿姆斯特丹 5#、6#焚烧线	德国 Mainz 焚烧厂	西班牙 Bilbao 焚烧厂
开始运营年份	2004 年	2007 年	2007 年	2004 年
炉排形式	往复炉排	水平炉排	往复炉排	往复炉排
NO_x 去除	SNCR	SNCR	SNCR	SNCR
特点	优化提高效率	中间蒸汽过热、水冷凝	带有混合循环（天然气发动机）	带有混合循环（天然气发动机）
焚烧物	污泥，生物质	生活垃圾	生活垃圾，天然气	生活垃圾，天然气
蒸汽参数/MPa	7.3	13.0	13.0	13.0
过热蒸汽温度/℃	480	440	400/555	540
发电总效率/%	28	34	>40	46
上网发电效率/%	25	30	>40	42

采用高蒸汽参数要求考虑特殊措施，如采用镍铬合金层或其他特殊材料来保护换热器表面、降低烟气温度至 650℃ 以下以减少过热器的高温腐蚀等。从技术上来讲采用高蒸汽参数是完全可行的。最佳蒸汽参数的选择需要进行技术经济比较，很大程度上取决于烟气的腐蚀性和垃圾成分。

（5）燃气联合发电技术的发展应用

一些焚烧厂采用燃气联合发电技术提高发电效率。如表 4-9 中的德国 Mainz、西班牙 Bilbao 焚烧厂，效率可以达到 40% 以上。在亚洲，日本 Sakai 垃圾焚烧发电厂也采用这种工艺，在垃圾焚烧余热发电的同时另行设计安装了 1 台使用天然气的燃气轮机发电机，利用燃气轮机发电机的尾气余热使垃圾焚烧余热锅炉的蒸气过热以提高垃圾焚烧系统发电效率，增加 23% 的发电能力，具有较好的经济效益。

（6）电热冷联供技术

焚烧厂采用电热冷联供方式提高能量利用效率，主要形式包括通过电热联供、供热水和蒸汽、供冷等，使能源利用效率大幅度提高。负责巴黎大区垃圾收集及处理的巴黎 SYC-TOM 组织管辖的 Issy-les-Moulineaux、Ivry-Paris XⅢ、Saint-Ouen 焚烧厂的能源利用主要采用热电联产形式，产生的电力出售给法国国家电力，蒸汽出售给巴黎城市供热公司（CPCU），可为 20 多万户家庭供热，占总需求的 45%。丹麦焚烧厂生产出的热能现已占总区域供热需求量的 10% 以上，供暖期 4 000~8 760h/a，有很大规模的供热管网可以保证常年供热。其他国家如挪威、芬兰、奥地利等利用焚烧厂能源供热的情况也很普遍。采用焚烧厂能源进行区域供冷也是一种有效的途径，有应用但并不多。大约10年前供冷管网开始在北欧（如斯德哥尔摩）、美国（印第安纳州）建设，进行区域供冷。

2. 我国垃圾焚烧处理技术的发展

国外目前比较成熟的垃圾焚烧设备多为马丁炉排链条炉。对于热值较高的城市垃圾而言，这种选择无疑具有其科学性，但在处理热值较低且变化范围较大的我国城市垃圾时，必然带来一定程度上的困难，甚至影响整个垃圾焚烧厂运行。深圳环卫综合处理厂引进的日本焚烧炉就曾遇到这种情况。从投资的角度来看，引进一套（两台）日处理量600吨垃圾的焚烧发电处理厂需要投资约4.5亿人民币，对于处于发展时期的我国来说是难以接受的。若能开发研制符合中国国情的国产化垃圾焚烧炉，将具有广阔的应用前景。在固体废物的焚烧处理方面，我国科研工作者做过大量工作，主要采用鼓泡流化床或循环流化床。对于热值及成分多变的垃圾，流化床燃烧具有其独特优势，这已为国内外学者所公认。尤其是在污染物控制方面，流化床同时解决了燃烧与脱除污染物过程，有效地降低了设备的初始投资，减小系统的复杂性，因此采用流化床焚烧方式，开发研制符合中国国情的国产化垃圾焚烧炉将是一条合理的技术路线。从工艺角度看，垃圾焚烧技术的核心是燃烧问题，只有保证锅炉能稳定、充分清洁地燃烧，才可能实现垃圾的无害化和降容化。为了组织好燃烧，需开发一套成熟的能把成分复杂、大小不一的原始垃圾顺利送入燃烧装置，并把灰渣及不可燃物质从燃烧设备顺利排出的技术和装置，焚烧后垃圾减量程度可达90%。为了保证垃圾焚烧后不对环境造成二次污染，需要发展相关的污染控制技术，一方面要靠合理、有效地组织燃烧过程以控制 NO_x 和二恶英类污染物的产生量，另一方面要有效地去除或防止 HCl、SO_x 和重金属的污染。为了减少投资和提高效率，需要有效地回收燃烧产物——烟气中的热能。烧掉垃圾，只是满足环保的需要，实现了垃圾的无害化、降容化。垃圾焚烧炉的热利用，即进一步运用余热锅炉，充分利用焚烧热，实现蒸气发电、供热，使垃圾资源化。此外，还可对焚烧后的灰渣进行制砖等综合利用。概括地说，垃圾焚烧综合利用技术需要解决燃烧、污染控制和进料、排渣等一系列问题。这些问题在燃烧组成稳定的燃料时是可以解决的，但由于作为燃料的垃圾成分复杂而需要进行深入详细的研究。

4.3.4　垃圾焚烧二恶英控制

二恶英（图4-8）是指含有一个或二个氧键连接二个苯环的有机化合物，包括PCDD 和 PCDF 两类。二恶英是一类急性毒性物质，它的毒性相当于氰化钾的1 000 倍以上，即使在极微量的情况下，长期摄入也可引起癌变、畸形等顽症，因而被人们称之为"地球上毒性最强的毒物"。二恶英主要来源于固体废弃物焚烧、含氯农药合成、纸浆的氯气漂白。其中垃圾焚烧所排放二恶英的量为其排放总量的75%以上，如日本

1990 年二恶英的排放量为 3940 ~ 450g（TEQ），其中垃圾焚烧排放出的量为 3100 ~ 7400g（TEQ），占二恶英总排放量的 80% ~ 90%。因此，发达国家对垃圾焚烧厂进行了严格的规定。

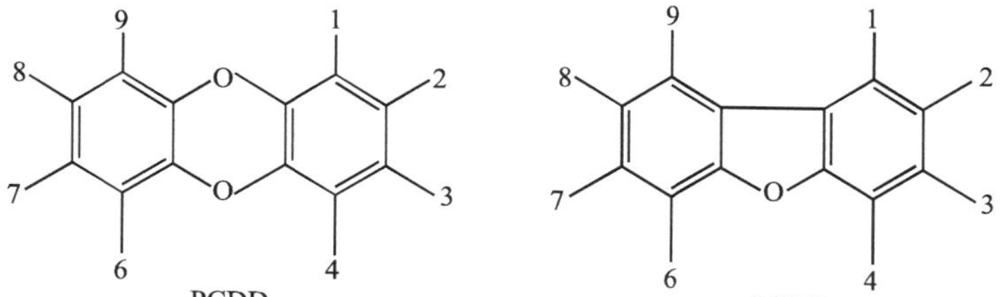

图 4-8　二恶英的分子结构

垃圾焚烧过程中，二恶英的生成机理相当复杂，至今为止国内外的研究成果还不足以完全说明问题，已知的生成途径可能有以下几种。

①生活垃圾中本身含有微量的二恶英，由于二恶英具有热稳定性，尽管大部分在高温燃烧时得以分解，但仍会有一部分在燃烧以后排放出来；

②在燃烧过程中由含氯前体物生成二恶英，前体物包括聚氯乙烯、氯代苯、五氯苯酚等，在燃烧过程中前体物分子通过重排、自由基缩合、脱氯或其他分子反应等过程会生成二恶英，这部分二恶英在高温燃烧条件下大部分也会被分解；

③当因燃烧不充分而在烟气中产生过多的未燃尽物质，并遇适量的触媒物质（主要为重金属，特别是铜等）及 300 ~ 500℃ 的温度环境时，则在高温燃烧中已经分解的二恶英将会重新生成。

垃圾焚烧过程中，二恶英的控制措施主要有以下几项。

（1）垃圾预处理

在垃圾进入焚烧炉之前，采用垃圾分选技术，分选出垃圾中的铁、铜、镍等过渡金属；减少含氯有机物的量，从源头减少垃圾焚烧二恶英生成的氯来源。

（2）抑制二恶英生成

在燃烧过程中，控制燃烧条件，控制二恶英的炉内生成。采用垃圾熔融气化法（1000℃ 以上）遏制二恶英的生成。将煤与垃圾混合燃烧，利用煤中硫来抵制二恶英生成。在垃圾焚烧过程中，添加脱氯剂实现炉内低温脱氯，将大部分气相中的氯转移到固相残渣中，从而减少二恶英的炉内再生成和炉后再合成。

（3）烟气净化处理

目前广泛应用的烟气净化技术是活性炭喷射吸附和催化剂塔。活性炭喷射吸附不仅需要配备相应的设备和活性炭，且吸附饱和后的活性炭需作为危险废物进行处置，活性炭的消耗和处置费用增加了垃圾焚烧厂的运行费用。催化剂塔也需相应的设备和占地面积，还必须使烟气保持适当的温度。美国戈尔公司发明的 Remedia 二恶英催化氧化分解去除技术则避免了以上不足，采用 GORE - TEX 薄膜和含催化剂的膨体聚四氟乙烯纤维毡复合加工成各种滤袋，将高效除尘和催化氧化去除二恶英的功能集于一身，固态的二恶英与其他微小颗粒物如重金属等一起被 GORE – TEX 薄膜过滤去除，气态的二恶英则通过薄膜与滤料纤维中的催化剂发生氧化分解反应转变成二氧化碳、水和氯化氢气体而被去除，二恶英的排放可低于 $0.1ng/m^3$。目前，Remedia 技术已应用于日、美、德等国的城市垃圾焚烧厂。

4.4 垃圾堆肥

4.4.1 堆肥过程

堆肥（compost）是在人工控制的条件下，在一定的水分、碳氮比和通风条件下，通过微生物的发酵作用，将有机物转变为肥料的过程。更科学一点讲，堆肥是依靠自然界广泛分布的细菌、放线菌、真菌等微生物，人为地将可生物降解的有机物向稳定的腐殖质转化的微生物过程。堆肥是进行固体废物稳定化、无害化处理的重要方式，也是实现固体废物资源化、能源化的重要技术。

堆肥化的一般过程如图 4 – 9 所示，底料是堆肥系统的处理对象，一般是污泥、城市固体废弃物等。调理剂可分为能源调理剂和结构调理剂两类。能源调理剂是加入堆肥底料的一种有机物，增加可生化降解有机物的含量，从而增加了混合物的能量。结构调理剂是一种加入堆肥底料的无机物或有机物，可减少底料密度、增加底料空隙，从而有利于通风。

图 4 – 9 堆肥过程示意图

堆肥过程中发生的生物化学反应极其复杂，在实际的设计和操作过程中，通常根据温度的变化情况分为以下几个阶段。

（1）潜伏阶段

堆肥开始时，微生物逐渐适应新的环境，即驯化阶段。

（2）中温增长阶段

嗜温性微生物最为活跃，主要利用物料中的溶解性有机物大量繁殖，并释放出热量，使温度不断上升。

（3）高温阶段

当温度上升至45℃以上时，嗜热性微生物大量繁殖，嗜温性微生物则受到抑制或死亡。该阶段对有机物的分解最有效，除了溶解性有机物继续得到分解外，固体有机物（如纤维素、半纤维素、木质素等）也开始被强烈地分解。当温度达到 50℃ 左右时，各类嗜热性细菌和真菌都很活跃；60℃ 时，不再适合真菌生存，只有细菌仍在活动；70℃ 以上时，大多数微生物均不适应，其代谢活动受到抑制并大量死亡。在该阶段的后期，由于可降解有机物已大部分耗尽，微生物的内源呼吸起主要作用。

（4）熟化阶段

温度逐渐降至中温，并最终过渡到环境温度。由于有机物大部分为难降解物质，腐殖质大量形成。在温度下降的过程中，一些嗜温性微生物重新开始活动，对残余有机物作进一步的分解，腐殖质更趋于稳定化。生物分解过程中产生的氨在这一阶段通过硝化细菌转变成硝酸盐，其反应式可表示为：

$$22NH_4^+ + 37O_2 + 4CO_2 + HCO_3^- \longrightarrow 2NO_3^- + C_5H_7NO_2 + 20H_2O + 42H^+$$

由于硝化细菌生长缓慢，且只有 40℃ 以下才活动，所以硝化反应通常是在有机物分解完成后才开始进行。氨在转化为硝酸盐以后才容易被植物吸收，因此熟化阶段对于生产优质堆肥是一个很重要的过程。

堆肥过程中的控制参数见表 4 - 10。

表 4 - 10　堆肥过程控制参数

控制因子	适宜条件	控制因子	适宜条件
颗粒直径	12～50mm	温度	45～60 ℃
孔隙率	40%～60%	酸碱度（pH）	6.5～7.5
含氧量	16%～18%	碳氮比（C:N）	25:1～40:1
含水率	40%～55%	碳磷比（C:P）	75:1～150:1

4.4.2　堆肥化系统

根据堆肥处理过程中起作用的微生物对氧气的不同要求，可以把堆肥处理分为好氧堆肥和厌氧堆肥。好氧堆肥堆体温度高，一般在 50～65℃，故亦称为高温堆肥。由于高温堆肥可以最大限度地杀灭病原菌，同时对有机质的降解速度快，目前大多都采用高温好氧堆肥。好氧堆肥是指以好氧菌为主对废物进行吸收、氧化、分解。微生物通过自身的生命活动，把一部分被吸收的有机物氧化成简单的无机物，并放出生物生长活动所需的能量，把另一部分有机物转化合成为新的细胞物质，使微生物增长繁殖，产生更多的生命体。

不同堆肥技术的主要区别在于维持堆体物料均匀及通气条件所使用的技术手段。这些技术可以简单到把混匀的堆料堆成条垛式，然后定期翻堆倒垛以提供好氧条件，或者复杂到把堆料放入发酵仓中，用机械设备对物料进行连续的混匀，通过通气设备进行连续的通气。堆肥系统的分类大同小异，根据技术的复杂程度，一般分为 3 类：条垛式系统、通气静态垛式系统、发酵仓式系统。

1. 条垛式系统

在堆肥系统中存在着技术水平等级之分。条垛式是堆肥系统中最简单的一种。这是一种最古老的堆肥系统,即将堆肥物料以条垛状堆置,垛的断面可以是梯形、不规则四边形或三角形。条垛式的堆肥特点是通过定期翻堆来实现堆体中的有氧状态。翻堆可以采用人工方式或特有的机械设备。最普遍的条垛形状是 3~5 米宽,2~3 米高的梯形条垛。最佳的尺寸根据气候条件、翻堆使用的设备、堆肥原料的性质而定。不管是为了便于操作和维持堆体形状,还是为了周围环境和渗漏问题,条垛式堆肥都应堆在沥青、水泥或者其他坚固的地面上。为便于水快速流走,场地必须有坡度。当用坚硬的材料(如道路沥青和混凝土)建造场地表面时,其坡度至少应为 1%;当用不够坚硬的材料(如砾石和炉渣)建造场地表面时,其坡度应至少为 2%。

翻堆的频率受许多条件限制。首先,翻堆的目的是提供堆体中微生物群的氧气需求,因此翻堆的频率在堆肥初期应显著高于堆肥的后期。其他因素如:腐熟程度、翻堆设备类型、能力、防止臭味的发生、占地空间的需求及各种经济因素的变化。条垛式堆肥一次发酵周期为 1~3 个月。

尽管技术水平低,条垛式系统也有许多优点:所需设备简单,成本投资相对较低;翻堆会加快水分的散失,堆肥易于干燥;填充剂易于筛分和回用;因为堆腐时间相对较长,产品的稳定性相对较好。条垛式系统的缺点也很明显:条垛式系统占地面积大(堆体本身占地面积大,又加之堆腐周期长);需要翻动堆体进行通气,因此要有大量的翻堆机械及人力;相对于其他堆肥系统而言,条垛式堆肥系统需要更频繁地监测,才能确保足够的通气量和温度;翻堆会造成臭味的散失,特别是当堆腐生污泥或未经稳定化的污泥时情况更为严重,这会造成与公众的关系问题;条垛式在不利的气候条件下不能进行操作,雨季会破坏堆体结构,冬季会造成堆体热量大量散失,温度降低,这些问题可以通过加盖棚顶来解决,但这会提高投资成本;为了保证良好的通气条件,条垛式系统所需要的填充剂比例相对较大。

对于条垛式系统来说,大部分场地需要排水系统,它至少由两部分组成:排水沟和贮水池。重力流排水沟的结构不必太复杂,常用的是地下排水管系统或具有格栅和入孔的排水管系统。面积大于 20 000 m^2 的场地或多雨量地区都必须建贮水池,用以收集堆肥渗滤液和雨水。

2. 通风静态垛式系统

相对于条垛式系统,能更有效地确保达到高温、有利于进行病原菌灭活的堆肥系统称为通气快速堆肥法。通气静态垛式系统就是在通气快速堆肥法的基础上发展起来的。通气静态垛与条垛式系统的不同之处在于:堆肥过程中不进行物料的翻堆,通过鼓风机通风使堆体保持好氧状态。在静态垛堆肥中,通气系统包括一系列管路,这些管路位于堆体下部,与鼓风机连接。在这些管路上铺一层木屑或者其他填充料,可以使通气达到均匀,然后在这层填充料上堆放堆肥物料构成堆体,在最外层覆盖上过筛或未过筛的堆肥产品进行隔热保温。整个堆体应在沥青或水泥地面上进行，以防止渗滤液对土壤的污染或对地面的腐蚀。

通气静态垛堆肥技术中，关键的是通气系统，包括鼓风机和通气管路。通气管路可以是固定式的，也可以是移动式的；管路材料可以是可重复使用的，也可以是可降解的。在固定式通气系统中，通气管路放入水泥沟槽中或者平铺在水泥地面上，上铺木屑等填充料形成多空气流通路径的效果。还有一些固定式通气系统完全靠水泥沟槽充当通气管路。水泥沟槽必须能支撑住上面堆料的压力。移动式通气系统主要由简单的管道直接放在地面上构成。移动式系统的优点是成本低，设计灵活，易于调整。它比固定式系统使用得更普遍。

通气静态垛式系统有许多优点：设备的投资相对较低；相对于条垛式系统，温度及通气条件得到更好的控制；产品稳定性好，能更有效地杀灭病原菌及控制臭味；由于条件控制较好，通气静态垛式系统堆腐时间相对较短，一般为 2～3 周；由于堆腐期相对较短、填充料的用量少，因此占地也相对较少。但是通气静态垛式系统的缺点也较明显，堆肥易受气候条件的影响。例如雨天会破坏堆体的结构，这个问题可以通过加盖棚顶来解决，但同时也会增加投资。与条垛式系统不同之处在于，在足够大体积、合适的堆腐条件下，通气静态垛式系统受寒冷气候的影响较小。

3. 发酵仓式系统

发酵仓式系统是使物料在部分或全部封闭的容器内，控制通气和水分条件，使物料进行生物降解和转化。发酵仓系统与其他两类系统的根本区别是：该系统是在一个或几个容器内进行，是高程度的机械化和自动化。堆肥基本步骤与其他两类系统相同。堆肥的整个工艺包括通风、温度控制、水分控制、无害化控制、堆肥的腐熟等几个方面。作为发酵仓系统，不仅应尽可能地满足工艺的要求，而且要实现机械化大生产。作为动态发酵工艺，堆肥设备必须具有改善、促进微生物新陈代谢的功能。例如翻堆、曝气、搅拌、混合，通风系统控制水分、温度，在发酵的过程中自动解决物料移动及出料问题，最终达到缩短发酵周期、提高发酵速率、提高生产效率、实现机械化大生产。

发酵仓系统可以分为几类。按照物料的流向，系统可分为水平流向反应器和竖直流向反应器。竖直流向反应器包括搅动固定床式、包裹仓式；水平流向反应器包括旋转仓式和搅动仓式。美国国家环保局把发酵仓系统分为推流式和动态混合式。在推流式系统中，系统操作是根据入口进料、出口出料的原则进行的，每个物料颗粒在堆肥发酵仓的停留时间相同。在动态混合式系统中，堆肥物料在堆肥过程中被机械不停地搅动混匀。这两类系统又可根据发酵仓的不同形状进一步划分，推流式系统分为圆筒形反应器、长方形反应器和沟槽式反应器；动态混和式系统分为长方形发酵塔和环形发酵塔。

相对于条垛式系统和通气静态垛式系统，发酵仓系统的特点是：堆肥设备占地面积小；能够进行很好的过程控制（水、气、温度）；堆肥过程不会受气候条件的影响；

能够对废气进行统一的收集处理，防止了环境的二次污染，同时也解决了臭味问题；在发酵仓系统中，可以对热量进行回收利用。但是发酵仓系统也存在着明显的不利因素：首先是高额的投资，包括堆肥设备的投资（设计、制造），运行费用及维护费用；由于相对短的堆肥周期，堆肥产品会有潜在的不稳定性，几天的堆腐不足以得到一个稳定的、无臭味的产品，堆肥的后熟期相对延长；完全依赖专门的机械设备，一旦设备出现问题，堆肥过程即受影响。

4.5　固体废物环境标准

我国固体废物环境标准包括固体废物污染控制标准、危险废物鉴别标准、固体废物监测方法标准和其他相关标准。

1. 固体废物污染控制标准

国家环保部颁布的固体废物控制标准包括《生活垃圾填埋场污染控制标准》（GB16889—2008）、《进口可用作原料的固体废物环境保护控制标准》（GB16487—2005）、《医疗废物集中处置技术规范（试行）》（环发［2003］206 号）、《医疗废物转运车技术要求（试行）》（GB19217—2003）和《医疗废物焚烧炉技术要求（试行）》（GB19218—2003）、《危险废物焚烧污染控制标准》（GB18484—2001）、《生活垃圾焚烧污染控制标准》（GB18485—2001）、《危险废物贮存污染控制标准》（GB18597—2001）、《危险废物填埋污染控制标准》（GB18598—2001）、《一般工业固体废物贮存、处置场污染控制标准》（GB18599—2001）、《含多氯联苯废物污染控制标准》（GB13015—91）、《城镇垃圾农用控制标准》（GB8172—87）、《农用粉煤灰中污染物控制标准》（GB8173—87）和《农用污泥中污染物控制标准》（GB4284—84）。

目前，尚无垃圾堆肥的污染控制标准。

2. 危险废物鉴别标准

危险废物鉴别标准包括《危险废物鉴别标准》（GB5085—2007）和《危险废物鉴别技术规范》（HJ/T298—2007）。

其中，《危险废物鉴别标准》（GB5085—2007）规定了危险废物的鉴别程序和鉴别规则，适用于任何生产、生活和其他活动中产生的固体废物的危险特性鉴别，适用于液态废物的鉴别，但不适用于排入水体的废水的鉴别，不适用于放射性废物。危险废物的鉴别应按照以下程序进行。

①依据《中华人民共和国固体废物污染环境防治法》、《固体废物鉴别导则》判断待鉴别的物品、物质是否属于固体废物，不属于固体废物的，则不属于危险废物。

②经判断属于固体废物的，则依据《国家危险废物名录》判断。凡列入《国家危险废物名录》的，属于危险废物，不需要进行危险特性鉴别（感染性废物根据《国家危险废物名录》鉴别）；未列入《国家危险废物名录》的，应按照腐蚀性鉴别、急性

毒性初筛、浸出毒性鉴别、易燃性鉴别、反应性鉴别、毒性物质含量鉴别标准进行危险特性鉴别。

③按照腐蚀性鉴别、急性毒性初筛、浸出毒性鉴别、易燃性鉴别、反应性鉴别、毒性物质含量鉴别标准进行危险特性鉴别，凡具有腐蚀性、毒性、易燃性、反应性等一种或一种以上危险特性的，属于危险废物。

④对未列入《国家危险废物名录》或根据危险废物鉴别标准无法鉴别，但可能对人体健康或生态环境造成有害影响的固体废物，由国务院环境保护行政主管部门组织专家认定。

3. 固体废物监测方法标准

该类标准规定了固体废物监测的标准方法及技术规范，包括《固体废物浸出毒性浸出方法 水平振荡法》（HJ557—2010）、《固体废物 二恶英类的测定 同位素稀释高分辨气相色谱—高分辨质谱法》（HJ77.3—2008）、《固体废物 浸出毒性浸出方法 硫酸硝酸法》（HJ/T299—2007）、《固体废物 浸出毒性浸出方法 醋酸缓冲溶液法》（HJ/T300—2007）、《危险废物（含医疗废物）焚烧处置设施二恶英排放监测技术规范》（HJ/T365—2007）、《固体废物 浸出毒性浸出方法 翻转法》（GB5086.1—1997）、《固体废物 总汞的测定 冷原子吸收分光光度法》（GB/T15555.1—1995）、《固体废物 铜、锌、铅、镉的测定 原子吸收分光光度法》（GB/T15555.2—1995）、《固体废物 砷的测定 二乙基二硫代氨基甲酸银分光光度法》（GB/T15555.3—1995）、《固体废物 六价铬的测定 二苯碳酰二肼分光光度法》（GB/T15555.4—1995）、《固体废物 总铬的测定 二苯碳酰二肼分光光度法》（GB/T15555.5—1995）、《固体废物 总铬的测定 直接吸入火焰原子分光光度法》（GB/T15555.6—1995）、《固体废物 六价铬的测定 硫酸亚铁铵滴定法》（GB/T15555.7—1995）、《固体废物 总铬的测定 硫酸亚铁铵滴定法》（GB/T15555.8—1995）、《固体废物 镍的测定 直接吸入火焰原子分光光度法》（GB/T15555.9—1995）、《固体废物 镍的测定 丁二酮肟分光光度法》（GB/T15555.10—1995）、《固体废物 氟化物的测定 离子选择性电极法》（GB/T15555.11—1995）和《固体废物 腐蚀性测定 玻璃电极法》（GB/T15555.12—1995）。

4. 其他相关标准

与固体废物相关的其他标准包括《危险废物（含医疗废物）焚烧处置设施性能测试技术规范》（HJ561—2010）、《地震灾区活动板房拆解处置环境保护技术指南》（公告2009年第52号）、《新化学物质申报类名编制导则》（HJ/T420—2008）、《医疗废物专用包装袋、容器和警示标志标准》（HJ421—2008）、《铬渣污染治理环境保护技术规范（暂行）》（HJ/T301—2007）、《报废机动车拆解环境保护技术规范》（HJ348—2007）、《废塑料回收与再生利用污染控制技术规范（试行）》（HJ/T364—2007）、《固体废物鉴别导则（试行）》（公告2006年第11号）、《长江三峡水库库底固体废物清理技术规范》（HJ/T85—2005）、《危险废物集中焚烧处置工程建设技术规范》（HJ/

T176—2005）、《医疗废物集中焚烧处置工程技术规范》（HJ/T177—2005）、《废弃机电产品集中拆解利用处置区环境保护技术规范（试行）》（HJ/T181—2005）、《化学品测试导则》（HJ/T153—2004）、《新化学物质危害评估导则》（HJ/T154—2004）、《化学品测试合格实验室导则》（HJ/T155—2004）、《环境镉污染健康危害判定标准》（HJ/T155—2004）、《工业固体废物采样制样技术规范》（HJ/T20—1998）、《船舶散装运输液体化学品危害性评价规范　水生生物急性毒性试验方法》（GB/T16310.1—1996）、《船舶散装运输液体化学品危害性评价　规范水生生物积累性试验方法》（GB/T16310.2—1996）、《船舶散装运输液体化学品危害性评价　规范水生生物沾染试验方法》（GB/T16310.3—1996）、《船舶散装运输液体化学品危害性评价规范　哺乳动物毒性试验方法》（GB/T16310.4—1996）、《船舶散装运输液体化学品危害性评价　规范危害性评价程序与污染分类方法》（GB/T16310.5—1996）、《环境保护图形标志—固体废物贮存（处置）场》（GB/15562.2—1995）、《农药安全使用标准》（GB4285—89）。

思考题

1. 垃圾处理的基本原则是什么？

2. 垃圾填埋场渗滤液中主要有哪些污染物？

3. 典型的垃圾焚烧炉有哪几种？简述其各自特点。

4. 简述垃圾堆肥的三种工艺及其各自的特点。

5. 在《固体废物污染环境防治法》中，危险废物的定义是什么？

第5章 环境物理性污染与防治

城市是人类高度文明的产物，是近代文明的象征，一个国家城市化水平的高低已成为其现代化水平的一个重要标志。我国近年来高速的经济发展促使了城市化的进程，预计2020年中国城镇人口将达到5.72亿。自工业革命以来，人类在走向现代化、工业化、城市化社会发展的同时带来了资源枯竭、生态破坏、环境污染等一系列问题。

有别于水环境污染、大气环境污染和固体废弃物污染等化学污染，本章所讲的噪声污染、放射性污染、电磁波污染、光污染、热污染和恶臭污染等几种环境污染是由物理因素引起的污染。虽然物理性污染在其形成过程中极少给周围环境留下具体的污染物，但目前物理性污染已成为现代人类尤其是城市居民感受到的严重公害之一。例如，居民经常处于强噪声的干扰中，因夜间强烈的施工噪声干扰睡眠而发生暴力冲突的情况时有发生。又如，随着居民生活水平的提高，人们对所处居住环境也日益重视，对恶臭污染问题也越来越关注。

5.1 噪声污染与防治

5.1.1 噪声与噪声污染

声音是一种物理现象．人类的生存空间是一个有声的世界。在大自然中人们享受着风声、雨声、鸟叫、虫鸣；而在社会生活中声音与人们的关系也非常密切，在人们的日常生活、工作和学习中起着非常重要的作用。例如，谈话可以传递信息、交流思想；美妙的音乐则可以使人得到美的享受，陶冶情操。人们生活在声音的世界里，在生活中不仅要适应有声的环境，同时也需要一定的声音来使身心得以满足。

人们的生活离不开声音，但人们并不是任何时候都需要声音，同样的声音有时是必要的，有时又变成不需要的。这与人们所处的环境和主观感觉有关，在不同的时间、地点和条件下，不同的人往往会产生不同的主观判断。例如，在人们心情舒畅或休息时听音乐，音乐就是悦耳的乐声；而当人们心情烦躁或集中精力思考问题时，再和谐的音乐也会使人产生反感。因此，从人的主观因素这个角度出发，凡是干扰人们休息、学习和工作的声音，即不需要的声音，都统称为噪声。另外，人们对任何频率的声音都有一个绝对的时限忍受强度，超过这一强度就会对人体健康有所损害。分贝是声压级单位，用于表示声音的大小，记为 dB。按普通人的听觉：0～20dB，很静，几乎感觉不到；20～40dB，安静，犹如轻声絮语；40～60dB，一般，普通室内谈话；60～70dB，吵闹，有损神经；70～90dB，很吵，神经细胞受到破坏；90～100dB，吵闹加剧，听力受损；100～120dB，难以忍受，待 1min 即暂时致聋。判断一种声音是否是噪声，可以根据它对人体的危害程度来加以判别。因此，概括起来，从环境保护的要求来说，噪声（noise）就是对人体有害和人们不需要的声音，如机器的轰鸣声，各种交通工具的鸣笛声，人的嘈杂声及各种突发的声响等。

如前所述，当噪声超过人们的生活和生产活动所能容许的程度时，就形成了噪声污染。20 世纪 50 年代以来，噪声污染已成为各国主要公害之一。我国从 20 世纪 70 年代初开始，噪声污染与水污染、大气污染和固体废物污染一起构成了当代城市污染的"四害"之一。根据我国城市区域环境噪声标准（表 5－1），相关监测数据表明我们大多数城镇的生活区、文教区、商业区、工厂区的声强都严重超标，超标城市的百分率分别为特殊住宅区 57.1%，居民、文教区 71.7%，居住、商业、工业混杂区 80.4%，工业集中区 21.7%，交通干线道路两侧 50.0%，有 2/3 的城市人口处于较高的噪声环境下，有将近 30% 的城市人口生活在难以忍受的噪声环境中，噪声污染就在我们每个人的身边。根据相关统计资料，在环境诉讼信访案件中，噪声污染案件占了 30%～50%，且在环境诉讼案件中所占比率呈连续上升的趋势，这充分说明噪声扰民已成为人们反映强烈的环境热点问题。

表 5－1　我国城市区域环境噪声标准

适用区域	昼间噪声级/dB	夜间噪声级/dB	备注
特殊住宅区	45	35	特别需要安静的住宅区，如医院、疗养院、宾馆等
居民文教区	50	40	指居民和文教、机关区
一类混合区	55	45	指一般商业与居民混合区，如小商店、手工作坊与居民混合区
二类混合区、商业中心区	60	50	指工业、商业、少量交通和居民混合区；商业集中的繁华地区
工业集中区	65	55	指城市或区域规划明确规定的工业区
交通干线道路两旁	70	55	指车流量 100 辆/h 以上的道路两旁

但是相对于其他污染来说，噪声污染具有其独特的特征。

（1）暂时性

噪声污染在环境中没有污染物，既不会累积，也不会残留。一旦噪声污染源停止发生，噪声污染便立即消失。

（2）局限性

即噪声影响范围上的局限性。一般噪声的传播距离不会很远，不会影响很大的区域，例如汽车噪声污染以城市街道和公路干线两侧最为严重。

（3）分散性

即环境噪声源分布上的分散性。对某一环境区域来说，噪声污染源往往不是单一的，而是呈现出多个、分散的污染源形式。

5.1.2　噪声污染源

声源是指向外辐射声音的振动物体。噪声源可分为由自然现象引起的自然噪声源和人为噪声源两大类。由于目前人们尚无法控制自然噪声，所以噪声污染通常指人为噪声。人为噪声污染源按其声源发生的场所，一般可分为以下 4 种。

（1）交通运输污染源

交通运输污染源是指运行中的汽车、拖拉机、摩托车、飞机、火车等各种交通运输工具，它们的喇叭声、发动机声、进气和排气声、启动和制动声、轮胎与地面的摩擦声等都是噪声。例如，载重汽车、公共汽车、拖拉机等重型车辆的行进噪声为 89 ~ 92dB，电喇叭噪声为 90 ~ 110dB，汽车喇叭噪声为 105 ~ 110dB。

交通运输噪声对环境冲击极强。其中，飞机噪声强度最大，一般大型喷气客机起飞时，距跑道两侧 1km 内语言通信受干扰，4km 内不能睡眠和休息，超音速飞机在 15km 的高空飞行，其压力波可达 30 ~ 50km 范围的地面，使很多人受到影响。

并且，这类噪声对环境的影响范围也极广。有资料报道，70% 的城市环境噪声来自于交通运输噪声，市内大街上车流量高峰期的噪声可高达 90dB，交通堵塞时的噪声甚至可达 100dB 以上。尤其是汽车和摩托车，所产生的噪声几乎影响到每一个城镇居民。

（2）工业污染源

工业污染源是指生产过程中发生振动、摩擦、撞击以及气流扰动等的机械，如空压机、印刷机、纺织机、电锯、锻压、铆接等。工业噪声强度大，不仅直接给生产工人带来危害，而且对厂区附近的居民影响也很大。据材料报道，我国约有 20% 左右的工人暴露在听觉受损的强噪声中，有近亿人受到噪声的严重干扰，工业噪声是造成职业性耳聋的主要原因。表 5 - 2 中列出了一些典型机械设备的噪声级范围。

表 5 - 2　一些机械设备产生的噪声

设备名称	噪声级/dB	设备名称	噪声级/dB
汽油机	95 ~ 110	切管机	100 ~ 105
柴油机	110 ~ 125	轧钢机	92 ~ 107
织布机	100 ~ 105	鼓风机	95 ~ 115
纺纱机	90 ~ 100	空压机	85 ~ 95
超声波清洗机	90 ~ 100	电刨	100 ~ 120
印刷机	80 ~ 95	车床	82 ~ 87
球磨机	100 ~ 120	气锤	95 ~ 105
蒸气机	75 ~ 80	电锯	100 ~ 105

（3）建筑施工污染源

建筑施工污染源是指建筑施工过程中常用的打桩机、混凝土搅拌机、推土机等机械。近些年来，我国的基础建设迅速发展，兴建和维修工程的工程量与范围不断扩大，采用的打桩机、空压机等大型建筑施工设备的数量也逐年增加。建筑施工噪声虽然是临时的、间歇的，但严重影响了居民区人们的睡眠和休息，对人的生理和心理损害很大。表5-3列出了常见建筑施工机械的噪声级范围。

表5-3　建筑施工机械噪声级范围

机械名称	距声源15m处噪声级/dB	机械名称	距声源15m处噪声级/dB
凿岩机	80～100	混凝土搅拌机	75～90
铺路机	80～90	挖土机	70～95
推土机	80～95	打桩机	95～105
风镐	80～100	固定式起重机	80～90

（4）社会生活污染源

社会生活污染源主要指社会活动，包括商业、娱乐歌舞厅、体育及旅行和庆祝活动等，以及家庭生活设施，包括音响、洗衣机、电视机和电冰箱等家用电器。社会生活噪声是影响社会环境最广泛的噪声来源，一般在80dB以下，对人没有直接的生理危害，但却能干扰人们的工作、学习和休息，使人心烦意乱。据环境监测表明，我国有近2/3的城市居民在噪声超标的环境中生活和工作。表5-4列出了一些典型家庭用具的噪声级范围。

表5-4　家庭噪声源及噪声级范围

设备名称	噪声级/dB	设备名称	噪声级/dB
缝纫机	45～75	排风机	45～70
电风扇	30～65	吸尘器	60～80
电视机	60～83	洗衣机	50～80
电冰箱	35～45	抽水马桶	60～80

5.1.3　噪声污染的危害

噪声污染是影响面最广的一种污染，其对环境造成的危害主要从以下三方面来论述。

1. 对人体的危害

噪声对人体产生的巨大危害，一般可分为生理损伤和心理影响。

噪声的生理损伤是指长期处在噪声过强的环境中，会引起听力损失或噪声性耳聋，甚至会导致某些疾病，主要包括以下几种。

（1）引起听力损伤

一般来说，噪声对人体的听力损害可分为暂时性和永久性两种。人们短期在强噪声环境中，会感到声音刺耳、不适、耳鸣，出现暂时性听力下降。但只要离开噪声环境到安静的场所休息一段时间，听觉就会逐渐恢复，这种现象称为暂时性听力偏移，也叫听觉疲劳。它只是暂时性的生理现象，听觉器官没有受到损害。若长期暴露在强噪声环境中，内耳感觉器官会受到器质性损伤，听觉疲劳不能恢复，就由暂时性听力偏移变成永久性耳聋。听觉细胞不会受损害的极限是 85dB，因而大多数国家都规定 85dB 为人耳最大允许噪声值。表 5－5 是卫生部关于不同级别噪声对听力损伤的调查结果。另外，还有一种疾病称为爆震性耳聋。当人们突然听到强烈噪声时，比如爆破、爆炸等，人的听觉器官会发生急性外伤，鼓膜破裂流血，甚至双耳完全失聪。爆震性耳聋多发生在噪声强度高于 140dB 以上的特殊场合。

表 5－5　噪声对听力损伤的调查结果

噪声级/dB	连续暴露年限/年	听力损伤率/%
90	30	6.4
95	30	18.9
100	30	29.3

（2）诱发多种疾病

噪声作用于人的神经系统，使大脑皮层的兴奋与抑制平衡失调，导致条件反射异常，脑血管张力遭到损害，神经细胞边缘出现染色质的溶解，严重的可以引起渗出性血灶，脑电图电位改变，使人感到头痛、头晕、耳鸣、心慌和全身无力等。如果这种平衡失调得不到及时恢复，久而久之，就形成牢固的兴奋灶，导致神经衰弱，出现心悸、多梦、易疲劳、易激动、失眠、记忆力减退等神经衰弱症状。表 5－6 列出了噪声对人神经系统的危害。

表 5－6　某机械厂高噪声环境中工人的健康检测结果（噪声强度为 95dB 以上，统计人数为 202）

症　状	头　晕	头　痛	心　烦	心　慌	多　梦	失　眠	记忆力减退
所占比例/%	19	27	18	27	15	32	17

噪声会对心血管系统造成损害。一些实验表明，噪声能引起人体紧张反应，刺激肾上腺素的分泌，引起心跳加快、心律不齐、血管痉挛、血压升高等，由此导致心脏病。另外，噪声还会引起心室组织缺氧，心肌损害，并引起血中胆固醇含量增高，导致冠心病和动脉硬化。有报道称，20 世纪的环境噪声是心脏病发病率增加的一个重要原因。

噪声会使内分泌系统失调，导致机能紊乱。噪声会使甲状腺功能亢进，肾上腺皮质功能增强或减弱，长期刺激下，还可导致性功能紊乱，月经失调，孕妇流产率、畸胎率、死胎比率增加。

噪声会引起人的唾液、胃液分泌减少，胃酸度降低，胃收缩减退，胃肠消化功能紊乱，食欲下降，甚至发生恶心呕吐，从而易患胃溃疡和十二指肠溃疡。研究表明，在吵闹的工业企业里，溃疡症的发病率比在安静环境中高 5 倍。

（3）影响儿童和胎儿生长发育

噪声对胎儿会造成有害影响。有研究证实，噪声会使母体产生紧张反应，引起子宫血管收缩，从而影响供给胎儿发育所必需的养料和氧气。对机场附近居民的调查研究发现，胎儿畸形、婴儿体重减轻都与噪声有密切关系。

噪声还会影响少年儿童的智力发展。在噪声环境中，听不清老师讲课会造成儿童对讲授内容不理解，长此以往将会影响其智力发展。有调查显示，儿童的智力发育在吵闹环境中会比在安静环境中低20%。

噪声对人体造成的心理影响主要是通过妨碍人们正常的睡眠与休息，从而使人烦躁、激动、易怒，甚至失去理智。适当的睡眠是人消除疲劳、恢复体力和维持健康的一个重要条件，是保证人体健康的重要因素，但是噪声会影响人的睡眠质量和数量。因噪声干扰而发生的民间纠纷事件是很常见的。同时，由于噪声干扰了人的睡眠而容易使人白天疲劳、反应迟钝、注意力难以集中，所以往往会影响工作效率和工作质量。

2. 对动物的危害

噪声对自然界的动物也有刺激，包括听觉器官、内脏器官和中枢神经系统的病理性改变和损伤。相关资料表明：120～130dB的噪声会引起动物听觉器官发生病理性变化；130～150dB的噪声会使动物听觉器官受到损伤和非听觉器官发生病理性变化；150dB以上的噪声能使动物的各种器官受损，严重的会导致死亡。例如，强噪声会使鸟类羽毛脱落，不产卵，甚至会内出血而死亡。20世纪60年代曾有报道，美国空军的F－104喷气飞机在俄克拉荷马市上空作高度为10 000m、频率为每天8次的超声速飞行，飞行了6个月后，一个农场的10 000只鸡死掉了6 000只。还有实验证明，豚鼠暴露在170dB的噪声下5分钟就会死亡。

3. 对建筑物的危害

噪声对建筑物和仪器设备也有危害，随着超音速飞机、火箭和宇宙飞船的发展，人们对此也越来越关注。在强噪声作用下，材料会因声疲劳而引起裂纹甚至断裂，如超音速飞机起落时所产生的巨大冲击波能使墙体震裂、门窗破坏、钢筋变形、精密仪表失灵等。有资料表明，140dB的噪声开始对轻型建筑物有破坏作用。据美国统计，在喷气飞机使建筑物受损害的3 000件事件中，抹灰开裂的占43%，窗户损坏的占32%，墙体开裂的占15%，瓦损坏的占6%。20世纪50年代，一架以1.1×10^3km/h的速度（亚音速）飞行的飞机，在作60m低空飞行时，其噪声使地面一幢楼房遭到破坏。1962年有报道，3架美国军用飞机在以超音速低空飞过日本藤泽市时，当地许多居民住房玻璃被震碎，屋顶瓦被掀起，烟囱倒塌，墙壁裂缝，日光灯掉落。

阅读资料

现代大型水泥厂生产工人职业噪声暴露

水泥厂一线生产工人和技术管理员持续暴露于噪声环境中。其噪声强度范围为

70～110 dB。本次调查的 4 家水泥生产企业，约 35%人员暴露在大于 85dB 的噪声强度之中，约 20%的人员暴露在大于 90dB 的噪声强度之中。这些工人主要包括破碎巡检工、原料磨巡检工、回转窑巡检工、煤磨巡检工和水泥磨巡检工，绝大部分是男性工人。对工种进行个体噪声检测时发现，实际接触噪声强度超标的工种也就是上述的几个主要工种，其 8h 等效声级为 85～95dB。现代大型水泥生产企业最常见的接触噪声强度最大的 3 个工种为破碎巡检工、粉磨机巡检工和回转窑巡检工，其接触噪声强度最大可达 100dB 左右，但由于作业工人工作方式均以巡检为主，实际接触高噪声时间为 2h 左右，其他时间多在控制室、休息室或者在这些高噪声源周围进行巡检作业，这些时间段接触噪声强度为 75～85dB，而午餐时间 2h 基本不受噪声的影响（约 60dB）。因此，作业工人实际接触噪声（8h 等效声级）介于其余每班接触噪声的最高值与最低值之间，并有偏向低值一端的倾向。

调查发现，52%以上的工人认为噪声干扰他们的谈话，34%以上的工人认为噪声影响到他们的工作，且有 10%以上的人认为噪声使他们经常发生头疼。职业健康检查显示，工龄在 1 年以上的工人，纯音听力测试异常率为 13.2%，噪声性耳聋发生率为 6.9%，主要是高噪声区域（破碎、粉磨和回转窑区域）的工人，这些工人从事水泥生产的工龄较长（>10 年）。

（资料来源：黄世文，江世强，黎海红等，4 家现代大型水泥厂生产工人职业噪声暴露分析，《中国职业医学》，2012 年第 1 期）

5.1.4　噪声污染的防治

噪声污染的防治就是在保证正常操作的前提下，用最经济有效的办法，把环境中的噪声污染降低到符合允许标准，可以从加强行政监督管理、采取工程技术控制和对噪声进行合理利用 3 方面着手。

1. 加强行政监督管理

（1）城市合理的功能分区

城市经济和交通运输的发展，必然导致城市区域噪声源种类和强度的增加，但是城市总体规划与城市旧区改造、城市道路系统的规划建设与改造，都为改善城市区域声环境带来了难得的机遇。城市合理的功能分区，以及完善的、分工合理的道路系统是整个城市区域具有良好声环境的前提。例如，市政道路发展的规划要"以人为本"，充分考虑道路交通噪声对人们日常生活的影响，道路与居民区应设置合理的距离，扩大缓冲地带；建筑规划部门在规划设计人居建筑时，要有防治现有道路交通噪声源的措施，科学选择对居民影响最小的布局方案，将临街建筑安排为非居住性建筑，如商店、餐饮或娱乐场所，使其成为防噪屏障，并按要求在道路两旁、住宅区周围种植乔灌结合的绿化林带，另外，在建筑设计时应合理安排卧室、起居室的朝向和位置，设置隔声门窗等，以达到降低交通噪声影响的目的。

（2）制定和实施强制性的管理法规

制定并执行强制性的噪声控制和管理法规是保证城市宁静环境的重要措施。交通噪声源噪声级别高且流动性大，污染范围广。通过加宽道路、以立交桥代替平面交叉、在城市的主次干道强化对机动车的禁鸣管理、限制车速、在交道口处安置测声器和数字显示器等措施，均可以降低交通噪声级。另外，由于有些居住区的环境噪声级已接近甚至高于工业、建筑施工噪声，因此也必须有管理办法严加控制，其中包括加强对居民的环境意识、社会公德的教育。

（3）提高相关从业人员素质

目前相关从业人员素质参差不齐，有的环境保护意识不强，法制观念淡薄；有的片面追求工程进度，而忽视对周围环境造成的影响。所以应定期组织相关从业人员认真学习《中华人民共和国环境保护法》、《中华人民共和国环境噪声污染防治法》及相关的法律法规，通过学习使相关从业人员的法制观念有一个较大的提高，真正做到懂法、遵法、守法。

（4）加强信息反馈，建立噪声污染控制联系网

各种噪声污染源流动性大、分布面广、位置隐蔽，仅靠环保监理人员检查管理远远不够。应充分利用电视台、报社等新闻单位进行宣传和监督，并建立噪声污染控制联系网，接受群众监督举报，及时将信息反馈到环保部门，以便加强监督管理。

（5）加强监督管理，严格审批手续

目前非工业建设项目环境管理比较薄弱，建筑施工不进行环保审批的现象还普遍存在。由于建筑施工工地的流动性较大，施工到哪里就将噪声带到哪里，所以加强建筑施工项目的环境管理，依据相关的法律法规严格审批手续极为重要。一是对新、改、扩建施工项目，必须按照国家规定的程序报环保部门审批。未经批准的，相关部门不得办理施工手续，施工单位不得进入施工现场。二是对产生环境噪声污染的建筑施工项目，施工单位必须在开工前15天内向环保部门领取建筑施工排放噪声登记表，要如实申报此项目的名称、施工场所和期限，以及所采取的环境噪声污染防治措施等。三是在市区噪声敏感区域内，禁止夜间（晚上22：00到次日凌晨6：00）产生环境噪声的施工作业。确因特殊需要必须夜间连续作业的施工单位，应提前5天到环保局申请，经批准后，施工单位要告示附近居民，取得居民的谅解后，方可施工。四是产生环境噪声污染的施工单位，要按照国家规定依法缴纳超标准排污费。五是对未经许可在建成区域内夜间作业并产生环境噪声污染的施工单位，由环保部门责令改正，并予以从重处罚。

（6）切实解决好噪声治理的资金落实问题

疏通资金渠道，可将企业缴纳的排污费返回一部分作为噪声治理专项资金，对噪声污染严重的企业限期治理，并按标准对治理项目认真验收。

2. 技术控制措施

声是一种波动现象，在传播过程中遇到障碍物会发生反射、干涉和衍射现象；在不均匀媒质中或从某媒质进入另一种媒质时，会发生透射和折射现象；声波在媒质中传播时，由于媒质的吸收和波束的扩散作用，声波强度会随着距离的增加发生衰减。对于声波的这些认识是控制噪声污染的理论基础。从噪声的传播过程来看，一般包括噪声源、传播途径、接受者三个环节，只有当这三个环节同时存在时，噪声才会对人造成干扰和危害。因此可分别采用从声源上降低噪声、在传输途径上控制噪声、在接受点阻止噪声的途径来控制噪声污染。

（1）从声源上降低噪声

对噪声源进行控制，是最根本、最直接、最理想的噪声控制措施，即使是部分减弱声源处的噪声强度，也会使在传播途径中或接受处的噪声控制工作大大简化。

控制噪声源的有效方法是通过改进设备结构，改进生产工艺，提高加工和装配质量以降低噪声污染源的辐射声功率。例如，用液压代替冲压，用斜齿轮代替直齿轮，用焊接代替铆接等。国外目前已研究出使用低声的新材料来制造机械。据报道科学家们已找到了一种新型的无声合金材料，该材料被形象地称为"能吃噪音的金属"。这种合金材料既能满足机械强度和物理性能，又由于其独特的内部结构，使每一个应力循环都有显著的能量损失，从而降低机械在运转过程中产生的振动和噪声，起到无声防噪的作用。目前，无声合金材料在国外已被广泛地应用于多个工业部门。例如，日本东芝公司研制的一种无声合金材料已在汽车、家用电器和机械工业的大量部件中得以使用，起到了良好的防噪效果。

在工矿企业中，往往会遇到各种类型的噪声源，它们产生噪声的机理各不相同，所采用的声源控制技术也不相同。下面简单介绍，如表 5-7 所示。

表 5-7 不同类型噪声源的声源控制技术

类型	产生原因	声源控制技术
机械噪声	由各种机械部件在外力激发下产生振动或互相撞击而产生的，如部件旋转运动的不平衡、往复运动的不平衡及撞击摩擦等。	①避免运动部件的冲击和碰撞，降低撞击部件之间的撞击力和速度，延长撞击部件之间的撞击时间；②提高旋转运动部件的平衡精度，减少旋转运动部件的周期性激发力；③提高运动部件的振动振幅，采取足够的润滑减少摩擦力；④在固体零部件接触面上增加特性阻抗不同的黏弹性材料、减少固体传声；在振动较大的零部件上安装减振器，以隔离振动，减少噪声传递；⑤采用具有较高内损耗系数的材料制作机械设备中噪声较大的零部件，或在振动部件的表面附加外阻尼，降低其声辐射效率；⑥改变振动部件的质量和刚度，防止共振，调整或降低部件对外激发力的响应，降低噪声。
气流噪声	由气流流动过程中的相互作用或气流和固体介质之间的作用产生。	①选择合适的空气动力机械设计参数，减少气流脉动，减少周期性激发力；②降低气流速度，减少气流压力突变，以降低湍流噪声；③降低高压气体排放压力和速度；④安装合适的消声器。

类型	产生原因	声源控制技术
电磁噪声	由交替变化的电磁场激发金属零部件和空气间隙周期性振动产生。	降低电动机噪声的主要措施有：①合理选购沟槽数和级数；②在转子沟槽中充填一些环氧树脂材料，降低振动；③增加定子的刚性；④提高制造和装配精度。降低变压器电磁噪声的主要措施有：①减少磁力线密度；②选择低磁性硅钢材料；③合理选择铁心结构，铁心间隙充填树脂性材料，硅钢片之间采用树脂材料粘贴。

（2）在传播途径上控制噪声

由于条件的限制，从声源上降低噪声往往难以实现。例如，当机械或工程已经完成后，再从声源上来控制就很受限制了。此时，在传播途径上控制噪声则是最常用的方法，效果十分明显。在传播途径上控制噪声的方法很多，如消声、隔振处理以及隔声屏障等的使用都是有效措施，见表5-8。应该采用何种措施，则要在调查测量的基础上，根据具体声源和传播途径，有针对性地选择，同时注意这些措施的可行性和经济性。

表5-8　在传播途径上控制噪声的各种措施

措施	原理	材料	设备	应用
吸声降噪	当声波入射到物体表面时，部分入射声波能被物体表面吸收而转化成其他能量。吸声的效果不仅与吸声材料有关，还与所选的吸声结构有关。	常用的吸声材料分三种类型：①纤维型多孔吸声材料，如玻璃纤维、矿渣棉、毛毡、甘蔗纤维、木丝板等；②泡沫型吸声材料，如聚氨基甲酯酸泡沫塑料等；③颗粒型吸声材料，如膨胀珍珠岩、微孔吸声砖等。	共振吸声器（单个空腔共振结构）、穿孔板（槽孔板）、微穿孔板、膜状和板状等共振吸声结构及空间吸声体	常用于会议室、办公室、剧场等室内空间，一般可将室内噪声降低5~8dB。由于吸声材料只是降低反射的噪声，故它在噪声控制中的效果是有限的。
消声降噪	当声波经过管道或腔体时，会发生声波的吸收、反射或干涉，从而降低了声波的声能。	多孔吸声材料，如玻璃棉、矿渣棉、泡沫塑料等；并且利用各种不同形状的管道和共振腔进行适当的组合。	阻性消声器、抗性消声器和阻抗复式性消声器	主要用于控制空气动力性噪声，方法简便而又有效。例如，在通风机、鼓风机、压缩机、内燃机等设备的进出口道中安装合适的消声器，可降噪20~40dB。
隔声降噪	利用一些具有一定质量、坚实的材料和结构，隔离声传播通路，降低噪声。	隔声壁板的材料为钢板、木板、砖墙、钢筋混凝土墙等，隔声罩的壳体一般采用金属板，内饰一定厚度的吸声材料，隔声间则多是土木结构。	隔声壁板、隔声罩、隔声屏障和隔声室等	多用于控制机械噪声。隔声罩可降噪20~30dB，隔声室可降噪20~40dB。
隔离和阻尼减振	把振动源通过减振器、阻尼器安装在基础上，减弱传递给基础的力；或者当基础是振动源时，把被保护对象通过减振器和阻尼器安装在基础上，免受基础振动的干扰，从而降低噪声。	经常采用的减振材料有金属弹簧、沥青、橡胶、软木、毛毡、玻璃纤维、矿渣棉、高分子涂料等。	阻尼器、减振器	该方法广泛应用于汽车、火车、轮船等交通运输工具和各种机械产品中。

3. 个人防护

在许多噪声很强的场所里，个人防护是能够直接采取的最有效、最经济的方法。利用耳塞、耳罩、耳棉和防噪声头盔等个人防护工具，可以有效地降低传入人耳朵的噪声达 10~50dB。我国目前常用的几种防声用具见表 5-9。但是个人防护措施在实际使用中也存在问题，如听不到报警信号，容易出事故。因此，立法机构规定，只能在没有其他办法可用时，才能把个人防护作为最后的手段暂时使用。

表 5-9　几种常用的防声用具

种类	降噪效果	特点及适合场所
防声耳塞	低频隔声量为 10~15dB，中高频隔声量可达 30~40dB。	由软橡胶（氯丁橡胶）或软塑料（聚氯乙烯树脂）制成；优点是隔声量较大，体积小，便于携带，价格便宜；缺点是配戴不适合会引起耳道疼痛；适用于球磨机、铆接、织布车间。
防声棉	在 125~8 000Hz 范围内，隔声值达 20~40dB	由直径 1~3 微米超细玻璃棉经化学软化处理制成，使用时只要撕一小块卷成团，塞进耳道入口处即可；优点是柔软，耳道无痛感，隔声能力强，特别是对高频效果好；缺点是耐用性差，易破碎；织布、铆接等车间均适用。
防声耳罩	高频隔声量可达15~30dB	如同一副耳机；优点是适于佩戴，无需选择尺寸；缺点是对高频噪声隔声量比耳塞小。
防声帽盔	高频隔声量可达30~50dB	优点是隔声量大，可以减轻声音对内耳的损害，对头部还有防振和保护作用；缺点是笨重，佩戴不便，透气性差，价格贵；一般只在高强噪声条件下才将帽盔和耳塞连用。

4. 对噪声进行合理利用

噪声是一种污染，然而若运用高科技手段加以巧妙利用，则可化害为利，为人类服务。在让噪声变资源这方面，很多国家做了大量研究，出了许多新成果。

（1）噪声可用作工业生产中的安全信号

煤矿中为了防止塌方、瓦斯爆炸带来的危害，研制了煤矿声报警器。当煤矿冒顶、瓦斯喷出之前，会发出一种特有的声音，煤矿声报警器记录到这种声音后就会立即发出警报，提醒人们离开现场或采取安全措施以防止事故的发生和蔓延。强噪声还可作为防盗手段，有人发明了一种电子警犬防盗装置，电子警犬处于工作状态时，能发出肉眼看不见的红外光，只要有人进入监视范围，电子警犬就会立即发出令人丧胆落魄的噪声。目前各种防盗柜也安装了这种防盗发声装置。

（2）噪声可用以提高农业作物的产量

通过实验证实，植物受声音刺激后气孔会张至最大，可更多地吸收二氧化碳和其他养分。如果每天让植物处在一定量的噪声下，可以加快植物生长、提高产量。例如，西红柿生长期中经过 30 次 100 分贝的尖锐笛声处理后，产量可以提高 2 倍；水稻、大豆、黄瓜等农作物经过噪声处理后，也收到了相应的增产效果。

（3）噪声可用以发电

英国剑桥大学的专家们设计了一种鼓膜式声波接收器，这种接收器与一个共鸣器连接在一起，可以提高声能的聚焦能力，接收器接到声能并传到转换器上，就将声能转换成了电能。

（4）噪声可用以制冷

噪声不仅可消除冰箱的噪音，而且还可用来为冰箱制冷。美国科学家设计了一种用噪声制冷的冰箱，不用制冷剂氟利昂和压缩机，不仅不耗电，而且不会对大气环境造成污染，因此又被称为"绿色冰箱"。

（5）噪声可用以除尘

美国研究人员发现，高能量的噪声能迫使尘粒相聚成一体，尘粒体积增大、质量增加后下沉，这种利用噪声除尘的方法具有很好的效果。

（6）噪声可用作武器

韩国科学家发明了的"噪声步枪"击发后所产生的强烈的短暂的噪声能使猎物瞬间昏迷，束手就擒。近年来，西欧国家保安部门就曾使用"噪声弹"成功地对付了多起劫机案件。

（7）噪声可用以透视海底

人们早已利用回声探测仪和声呐仪发射的声波来研究海洋深处。然而海洋里充满着各种各样的自然噪声，海底物体都能吸收和反射这些噪音，美国科学家研究出了利用这些噪声来透视海底的办法，利用波段为 8~80 千赫的水下自然噪声，在控制器的屏幕上显示了水下实验物的图像。随着不断深入的研究，相信这种具有计算机处理能力的水下噪声系统将会使科学家们观测到水下的大型动物、潜艇等。

5.2 放射性污染与防治

5.2.1 放射性与放射性污染

1986 年，法国科学家贝克勒尔首先发现了某些元素的原子核具有天然的放射性，能自发地放出各种不同的射线。在科学上，把不稳定的原子核自发地放射出一定动能的粒子，从而转化为较稳定结构状态的现象称为放射性。我们通常所说的放射性是指原子核在衰变过程中放出 α、β、γ 射线的现象。α 粒子是高速运动的氦原子核，在空气中射程只有几厘米。β 粒子是高速运动的负电子，在空气中射程可达几米，但 α、β 粒子不能穿透人的皮肤。γ 粒子是一种光子，能量高的可穿透数米厚的水泥混凝土墙，能够轻而易举地射入人体内部，作用于人体组织，产生电离辐射。此外，常见的射线还有 X 射线和中子射线。这些射线各具特定能量，对物质具有不同的穿透能力和电离能力，从而使物质或机体发生一些物理、化学、生化变化。

放射性核素进入环境后，由于大气扩散和水流输送，可在自然界中得到稀释和迁移，可被生物富集，使某些动物、植物，特别是一些水生生物体内的放射性核素浓度比环境中高出许多倍。由于人类活动排放的放射性污染物，使环境的放射性水平高于天然本底或超过国家规定的标准，称为放射性污染（radioactive contamination）。

放射性污染之所以受到人们的强烈关注，主要是由于放射性污染同其他污染相比，具有以下特点。

①一旦产生和扩散到环境中，就不断对周围发出放射线，永不停止，半衰期从几分钟到几千年不等。

②自然条件的阳光、温度无法改变放射性核同位素的放射性活度，人们也无法用任何化学或物理方法使放射性核同位素失去放射性。

③放射性污染具有累积性。放射性污染是通过发射 α、β、γ 或中子射线来伤害人体，α、β、γ、中子等辐射都属于致电离辐射。经过长期深入研究，已经探明致电离辐射对于人或生物体危害的效果具有明显的累积性。尽管人体或生物体自身对辐射伤害有一定的修复功能，但极弱。实验表明，多次长时间较小剂量的辐照所产生的危害近似等于一次辐照该剂量所产生的危害。这样一来，极少的放射性核同位素污染发出的很少剂量的辐照剂量如果长期存在于人身边或人体内，就可能长期累积，对人体造成严重危害。

④放射性污染既不像多数化学污染那样有气味或颜色，也不像噪声振动、热、光等污染，公众可以直接感知其存在。放射性辐射哪怕强到直接致死水平，人类感官都不会对其有任何直接感受，从而采取躲避防范行动，只能继续受害。

⑤绝大多数放射性核素的毒性，按照毒物本身重量计算，均远远高于一般的化学毒物。并且，辐射损伤产生的效应，可能影响遗传，给后代带来隐患。

5.2.2　放射性污染的来源

放射性污染主要来自于放射性物质，这些放射性物质的来源可分为天然源和人为源两大类。

1. 天然源

（1）宇宙射线

宇宙射线是一种从宇宙空间射向地球的高能粒子流，如雨点一般连续不断地落到地球上。其中尚未与地球大气圈、岩石圈和水圈中的物质发生相互作用的叫初级宇宙射线，主要包括约 85% 的质子、约 14% 的 α 粒子以及少于 1% 的重核。由初级宇宙射线与物质相互作用形成的次级宇宙射线主要由 Π 介子，μ 介子和电子等亚原子粒子组成。初级宇宙射线具有极大的动能，穿透能力强，可通过碰撞作用把地球大气圈中的原子摧毁得四分五裂，称为"散裂反应"。

宇宙射线的迁移分布受纬度和海拔高度的影响。由于大气层对宇宙射线有强烈的吸收作用，宇宙射线的强度随着高度的升高而急剧升高，大约在海拔12英里处达到极大值。在纬度不同的地区，宇宙射线的强度也不相同。此外，宇宙射线的强度随时间也有变化，往往具备一定的周期性。有研究显示，它与太阳活动和星际间的磁场有一定关系。

（2）宇生放射性核素

宇宙射线与大气圈中物质的相互作用产生了大量的放射性核素，这些核素中大部分是以散裂形式产生的碎片，也有一些是稳定原子与中子或 μ 介子相互作用产生的活化产物。它们的分布也受海拔高度和纬度的影响，其模式特点与宇宙射线的强度相似，见表 5－10。

表 5－10　宇生放射性核素介绍

放射性核素	半衰期	存在样品
^{27}Na	15 小时	雨水
^{33}P	25 天	雨水、空气、有机物
^7Be	53 天	雨水、空气
^{35}S	88 天	雨水、空气、有机物
^{22}Na	2.6 年	水、空气
^{32}Si	500 年	海水
^{14}C	5568 年	有机物、CO_2
^{10}Be	2.7×10^5 年	深海沉积
^{36}Ci	3.1×10^5 年	岩石、雨水

（3）原生放射性核素

原生放射性核素是指在地球形成期间出现的放射性核素。与地球同时形成的放射性核素很多，但具有足够长半衰期，一直存在至今的却不多，意义重大的有 ^{40}K、^{238}U 和 ^{232}Th 3 个。它们通过放射性衰变，产生一系列的放射性子体，广泛分布于地球环境中，主要贮存在岩石圈中，并且不同地区的浓度差异较大，主要受基岩类型、成因、矿物化学组成、土壤及植被发育程度和类型的影响。

2. 人为源

人为放射性来源包括以下几种。

（1）核试验

核试验造成的全球性污染要比核工业造成的污染严重得多。其核裂变产物包括 200 多种放射性核素，如 ^{89}Sr、^{90}Sr、^{137}Cs、^{131}I、^{14}C、^{239}Pu 等，还有核爆炸过程中产生的中子与大气、土壤、建筑材料中的核素发生核反应形成的中子活化产物，如 ^3H、^{14}C、^{32}P、^{42}K、^{55}Fe、^{56}Mn 等，以及剩余未起反应的核素，如 ^{235}U、^{239}Po 等。

核爆炸，尤其是大气层里的核爆炸后形成的上百万度的高温火球，会使其中的裂变碎片及卷进火球的尘埃等变为蒸气，在随火球膨胀和上升过程中，因与大气混合的热辐射损失，温度逐渐降低，凝结成微粒或附着在其他尘粒上而形成放射性沉降物（气溶胶）。粒径＞0.1mm 的沉降粒子在核爆炸后一天内即可在当地降落，叫做落下灰；粒径＜25μm 的气溶胶粒子，长期漂浮在大气平流层中，滞留时间一般认为在 4 个月至 3 年之间，叫做放射性尘埃。20 世纪 70 年代以前全世界大气层核试验进入大气平流层的 ^{90}Sr 到现在已有 97% 沉降到地面，相当于核工业后处理厂年排放 ^{90}Sr 的 1 万倍。因此，全球严禁一切核试验和核战争的呼声越来越高。

（2）核工业

核工业从放射性核素的开采提纯、运行过程发生的事故一直到三废排放物的处理都会对环境造成严重污染。

铀矿开采主要分为地下开采和大规模露天开采。其对环境的影响主要包括粉尘的产生以及放射性核素的扩散。此外，在稀土金属和其他共生金属矿开采、提炼过程中，也可能产生放射性污染，如中国云南某个多金属矿山的氡污染，已造成严重危害。

原子能反应堆、原子能电站、核动力舰艇等发生事故时，将会有大量放射性物质泄漏到环境中去，造成严重污染事故，如英国温茨凯制钚厂反应堆事故、美国三喱岛核电站事故、苏联切尔诺贝利核电站事故、日本福岛核泄漏事故等。

核工业的废水、废气、废渣的排放也是造成放射性污染的重要原因。目前全球正在运行的核电站有 400 多座，还有几百座正在建设之中。核电站排入环境中的三废排放物都具有较强的放射性，会对环境造成严重污染。

（3）放射性核素的应用

人工放射性同位素的应用非常广泛，在医学、工业、农业、科学研究和教育方面都有较为广泛的应用。例如，医学上常用放射治疗杀死癌细胞，有时也采用各种方式有控制地注入人体，作为临床诊断或治疗的手段；工业上常用于金属探伤；农业上用于育种、保鲜；科研部门利用放射性同位素进行示踪试验；一般日用消费品中的放射性发光表盘，家用彩色电视机，甚至燃煤、建筑材料等都可能存在放射性同位素。但是，如果使用不当或保管不善，会对人体造成危害，给环境带来污染。

阅读资料

日本福岛核泄漏事故

日本共有 17 座核电站，55 个核电反应堆，核电发电量约占全国总发电量的 1/3。福岛核电站位于福岛县双叶郡大熊町沿海，地处日本福岛工业区，由福岛第一核电站和福岛第二核电站组成。福岛第一核电站共有 6 台投运机组，均为沸水堆，1 号机组功率为 43.9 万千瓦，为 BWR-3 型机组，2 号至 5 号机组功率为 78.4 万千瓦，均为 BWR-4 型机组，6 号机组功率为 106 万千瓦，为 BWR-5 型机组，6 台机组均在 20

世纪 80 年代投运。

据媒体综合报道，地震发生前，福岛第一核电站 1 号、2 号、3 号机组正在运行；4 号机组正在换料大修；5 号、6 号机组也正在定期停堆检修之中。2011 年 3 月 11 日，日本时间 14 时 46 分，9 级超强地震发生后，福岛第一核电站 3 台正常运行机组全部自动停堆。地震毁坏了外部电网，失去厂外电源后，电厂自备的应急柴油发电机随即启动供电，向反应堆补水并进行堆芯应急冷却。1 个小时后，高达 10 米以上的海啸接踵袭来，顷刻间将应急柴油发电机房淹没过顶，所有应急柴油机组功能全失，核电站丧失全部交流电源。蓄电池又顶了上去，使应急堆芯隔离冷却系统继续工作。8 个小时后蓄电池再也无能为力，出现全厂断电，连仪表指示和现场照明也都失去了，情况急剧恶化。

强震引起反应堆压力容器出现泄漏，反应堆水位下降，汽轮发电机房地下室积水放射性水平持续上升。1 号机组堆芯的剩余释热使得反应堆水温持续升高。尽管有泄漏，压力容器的压力仍不断上升，1 号反应堆压力最高升至设计压力的 1.5 倍。随着压力容器水位下降，燃料组件逐渐裸露出水面，燃料棒的锆－2 合金包壳与高温水蒸气发生锆—水反应，产生大量氢气，积聚在压力容器上部汽腔里。且由于包壳破损，放射性物质碘－131（半衰期为 8 天）和易挥发金属裂变产物铯－137（半衰期为 30.1 年）等从堆芯逸出。为了保住压力容器不被超压破坏，开启泄压阀泄压，导致反应堆厂房内氢氧急剧复合，发生氢爆，反应堆厂房炸得只剩下钢筋骨架。电厂决定使用消防泵向反应堆注入海水淹没堆芯。这些现象在 1 号、2 号、3 号机组上大同小异地相继重复出现。3 台机组的堆芯出现不同程度的熔毁，据估计，最多的达到 70% 以上。压力容器出现破损，也不排除安全壳底板受损的可能。特别是 3 号机组的功率比 2 号机组的功率大得多，相应地剩余释热也大得多，而且采用了混合铀钚氧化物（MOX）燃料，对环境的影响风险更加巨大。

当消防队员向 3 号反应堆充灌海水时，发现堆芯水位不见提升，就担心 3 号反应堆安全壳底部出现了裂缝。后来 3 号机组多次出现冒黑烟，汽轮机厂房地下室积水中放射性物质严重超标，在厂区周边的土壤里测出放射性核素钚的存在。根据这些现象，推测 3 号反应堆的堆芯部分熔毁，并熔穿压力容器，落到安全壳底板上，与底板混凝土发生化学反应，从而破坏了安全壳的完整性。正处于换料大修的 4 号机组，以及正在定期维修的 5 号、6 号机组情况有所不同，主要问题出在乏燃料储存水池上。由于强震引起水池渗漏，致使水池水位缓慢下降，乏燃料组件逐渐裸露，因锆－水反应放出氢气，引起氢爆，只得采用海水浸泡乏燃料储存水池。这次福岛核电厂严重事故，是一起由极端外部事件叠加导致全厂断电而引发的 7 级严重核事故，长时间的全厂断电引发了同一个厂址的多座反应堆同时发生类似的严重事故。

尽管随着时间的推移，堆芯余热逐渐减少，事故的严峻形势得以缓解。但福岛核电站周边地区和海域均已检测到超标严重的放射性污染，24 万多人被撤离疏散。其中最紧迫而又最困难的任务是要尽快将福岛第一核电站各座反应堆堆芯中所有的燃料与环境隔离，彻底消除进一步产生大量废水并扩大海洋污染危险的源头。事故的处理与善后将是一个长期而相当艰难的过程。

（资料来源：周全之，浅析日本福岛核电事故原因及影响，《大众用电》，2012 年第 1 期）

5.2.3　放射性污染的危害

谈起放射性污染对人体的危害，则要从放射性物质进入人体的途径说起。放射性物质进入人体的途径主要有三种：呼吸道进入、消化道食入、皮肤或黏膜侵入。

（1）呼吸道吸入

从呼吸道吸入的放射性物质的吸收程度与其气态物质的性质和状态有关。难溶性气溶胶吸收较慢，可溶性气溶胶吸收较快。气溶胶粒径越大，在肺部的沉积越少。气溶胶被肺泡膜吸收后，可直接进入血液流向全身。

（2）消化道食入

消化道食入是放射性物质进入人体的重要途径。放射性物质既能被人体直接摄入，也能通过生物体经食物链途径进入体内，见图 5 - 1。食入的放射性物质由肠胃吸收后，经肝脏随血液进入全身。

（3）皮肤或黏膜侵入

皮肤对放射性物质的吸收能力波动范围较大，一般在 1% ~1.2% 左右，经由皮肤侵入的放射性污染物，能随血液直接输送到全身。由伤口进入的放射性物质吸收率较高。

无论以哪种途径，放射性物质进入人体后，都会选择性地定位在某个或某几个器官或组织内，叫做选择性分布。其中，被定位的器官称为紧要器官，将受到某种放射性物质的较多照射，损伤的可能性较大，如氡会导致肺癌等。放射性物质在人体内的分布与其理化性质、进入人体的途径以及机体的生理状态有关，见表 5 - 11。但也有些放射性物质在体内的分布无特异性，广泛分布于各组织、器官中，叫做全身均匀分布，如有营养类似物的核素进入人体后，将参与机体的代谢过程而遍布全身。

放射性物质进入人体后，要经历物理、物理化学、化学和生物学 4 个辐射作用的不同阶段。当人体吸收辐射能之后，先在分子水平发生变化，引起分子的电离和激发，尤其是大分子的损伤。有的发生在瞬间，有的需经物理的、化学的以及生物的放大过程才能显示所致组织器官的可见损伤，因此时间较久，甚至延迟若干年后才表现出来。

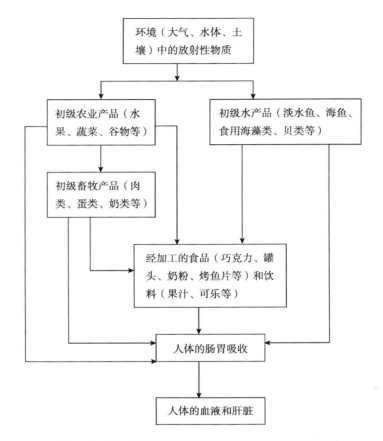

图 5-1　人工放射性核素通过食物链进入人体的过程

表 5-11　放射性核素在人体内的分布

器官或组织	放射性核素
骨及骨髓	^7Be、^{18}F、^{32}P、^{45}Ca、^{65}Zn、^{89}Sr、^{90}Sr、^{140}Ba、^{226}Ra、^{233}U、^{234}Tu、^{239}Pu
肝	^{56}Mn、^{60}Co、^{105}Ag、^{110}Ag、^{109}Cd
肾	^{51}Cr、^{56}Mn、^{71}Ge、^{198}Au、^{238}U
肺	^{222}Rn、^{210}Po、^{238}U、^{239}Pu

放射性物质对人体的剂量效应见表 5-12，其对人体的危害主要包括三方面。

（1）直接损伤

放射性物质直接使机体物质的原子或分子电离，破坏机体内某些大分子如脱氧核糖核酸、核糖核酸、蛋白质分子及一些重要的酶结构，使这些分子的共价键断裂，也可能将它们打成碎片。

（2）间接损伤

各种放射线首先将体内广泛存在的水分子电离，生成活性很强的 H^+、OH^- 和分子产物等，继而通过它们与机体的有机成分作用，产生与直接损伤作用相同的结果。

（3）远期效应

主要包括辐射致癌、白血病、白内障、寿命缩短等方面的损害以及遗传效应等。根据有关资料介绍，青年妇女在怀孕前受到诊断性照射后其小孩发生 Downs 综合征的几率增加 9 倍。又如，受广岛、长崎原子弹辐射的孕妇，有的生下了弱智的孩子。根据医学界权威人士的研究发现，受放射线诊断的孕妇生的孩子小时候患癌和白血病的比例增加。

表 5 - 12　一次全身受到大剂量放射线照射后引起的症状

照射量/C·kg⁻¹	症　状	治　疗
<25	无明显自觉症状	可不治疗，酌情观察
25～50	极个别人有轻度恶心、乏力等感觉，血液学检查有变化	增加营养，要观察
50～100	极少数人有轻度短暂的恶心、乏力、呕吐，工作精力下降	增加营养，注意休息，可自行恢复健康
100～150	部分人员有恶心、呕吐、食欲减退、头晕乏力，少数人一时失去工作能力	症状明显者要对症治疗
150～200	半数人员有恶心、呕吐、食欲减退、头晕乏力，少数人员症状严重，有一半人员一时失去工作能力	大部分人需要对症治疗，部分人员要住院治疗
200～400	大部分出现以上症状，不少人症状很严重，少数人可能死亡	均需住院治疗
400～600	全部人员出现以上症状，死亡率约50%	均需住院抢救，死亡率取决于治疗效
>800	一般将100%死亡	尽量抢救，或许对个别人有成效

5.2.4　放射性污染的防治

对于放射性污染的防治，可以从控制污染排放、建立监测机制和加强防范意识三方面入手。

1. 控制放射性污染排放

（1）放射性废液处理

处理放射性废液的方法除置放和稀释之外，主要有化学沉淀、离子交换、蒸发、蒸馏和固化 5 种处理方法。处理放射性废液的流程见图 5 - 2。

（2）放射性固态废弃物处置

放射性核素固体废物的处理方法主要有焚烧法、压缩法、包装法和去污法等。放射性固体废物处理的流程见图 5 - 3。

（3）放射性废气处理

在核工业设施正常运行时，任何泄漏的放射性废气均可纳入废液中。但是在发生大事故及以后一段时间里，会有放射性气态物释出。通常情况下，采取过滤法、吸附法和放置法等预防措施将废气中的大部分放射性物质截留。

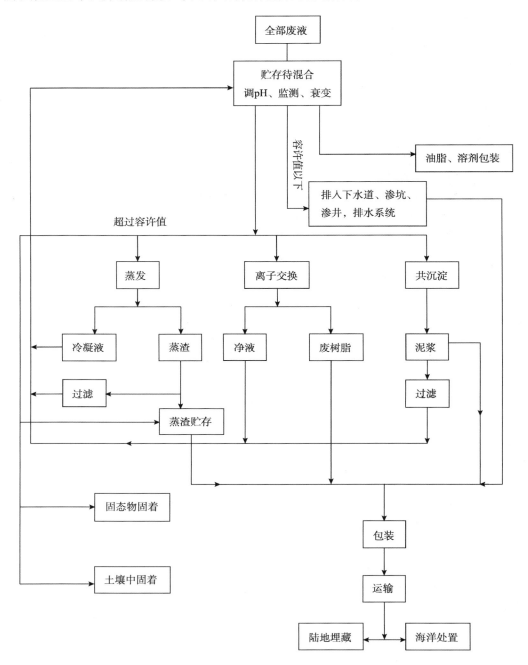

图 5 - 2 放射性废液处理主工艺流程示意图

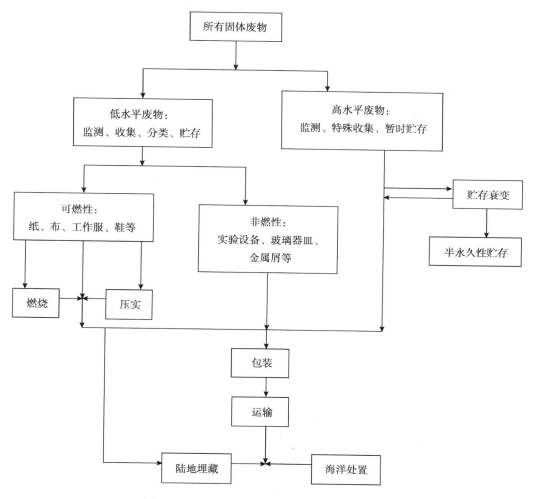

图 5 - 3 放射性固体废物处理工艺流程示意图

2. 建立监测机制

应对工作现场和周围环境中的空气、水源、岩石、土壤和有代表性的动、植物进行常规监测，以便及时发现和处理污染事故。加强科学研究，建立环境放射性污染地理信息系统，为科学决策提供技术和信息支撑。表 5 - 13 为各类放射性同位素在露天水源中的限制浓度和放射性工作场所空气中的最大容许浓度。

表 5 - 13 放射性同位素在露天水源中的限制浓度和放射性工作场所空气中的最大容许浓度

放射性同位素		露天水源中限制浓度（Bq/L）	放射性工作场所空气中的最大容许浓度（Bq/L）①
名称	符号		
氚	^{3}H	1.1×10^4	1.9×10^2
铍	^{7}Be	1.9×10^4	3.7×10
碳	^{14}C	3.7×10^4	1.5×10^2

放射性同位素		露天水源中限制浓度（Bq/L）	放射性工作场所空气中的最大容许浓度（Bq/L）[①]
名称	符号		
硫	^{35}S	2.6×10^4	1.1×10
磷	^{32}P	1.9×10^4	2.6
氩	^{41}Ar	—	7.4×10
钾	^{42}K	2.2×10^2	3.7
铁	^{55}Fe	7.4×10^3	3.3×10
钴	^{60}Co	3.7×10^2	3.3×10^{-1}
镍	^{59}Ni	1.1×10^3	1.9×10
锌	^{65}Zn	3.7×10^2	2.2
氪	^{85}Kr	—	3.7×10^2
锶	^{90}Sr	2.6	$3.7 \times 10-2$
碘	^{131}I	2.2×10	3.3×10^{-1}
氙	^{131}Xe	—	3.7×10^2
铯	^{137}Cs	3.7×10	3.7×10^{-1}
氡	^{220}Rn[②]	—	1.1×10
	^{222}Rn[②]	—	1.1
镭	^{226}Ra	1.1	1.1×10^{-3}
铀	^{235}U	3.7×10	3.7×10^{-3}
钍	^{232}Th	3.7×10^{-1}	7.4×10^{-3}

注：①露天水源的限制浓度值是为广大居民规定的，其他人员也适用此标准。放射性工作场所空气中的最大容许浓度值是为职业放射性工作人员制定的，工作时间每周按 40h 计算。②矿井下 ^{222}Rn 的最大容许浓度为 3.7Bq/L，但 ^{222}Rn 子体或 ^{220}Rn 子体的 α 潜能值不得大于 $4 \times 10^4 MeV/L$。

3. 加强防范意识

其实放射性污染很有可能已发生在身边，只不过由于剂量微小，人们未意识到罢了。

氡是铀和镭的衰变产物，由于铀和镭广泛存在于地壳内，因此在通风不良的情况下，几乎任何空间都可能有不同程度的氡的积累。例如，矿井、隧道、地穴，甚至普通房间内也有氡。当然，氡浓度最高的场所是矿井，特别是铀矿井。而居室环境中，也常会有氡及其子体存在。居民室内氡的主要来源是建筑材料、室内地面泥土、大气等。预防室内氡气辐射应当引起人们的重视。可以从以下几个方面采取措施。

①慎重选择建材。例如，我国对花岗岩中的放射性核素含量制定了分类标准，一类只适用于空气流通的过道与大厅，另一类适用于室内。

②要保持室内通风，稀释氡的室内浓度，这是最简便、最有效的方法。

③采用国外已得到推广应用的一种检测片，放在室内，如果氡浓度过大，则检测片变色，可及时提醒主人采取预防措施。

医院里的 X 光片及放射治疗、电视机、夜光手表等都含有放射性，应慎重接触。现在有些医院、工厂和科研单位因工作需要使用的放射棒或放射球，有时会因保管不当而遗失。这种放射棒或放射球制作精细，还会在夜晚发出各种荧光，所以有人捡到后收藏起来，但却不知会造成放射性污染，轻者得病，重者甚至死亡，这应当特别引起注意。孕期应禁止接触 X 射线，即使必需的检查，也应保护非受检部位，使 X 射线的辐射损伤降到最低程度。

5.3　电磁辐射污染与防治

电磁波辐射是指以电磁波形式向空间环境传递能量的过程或现象，简称电磁辐射。电磁波的频带范围为 $0 \sim 10^{25}$ Hz，包括无线电波、微波、红外线、可见光、紫外线、X 射线、γ 射线和宇宙射线。电磁辐射污染（electromagnetic radiation pollution）简称电磁污染，是指电磁辐射强度超过人体所能承受的或仪器设备所允许的限度，包括各种电磁波干扰和有害的电磁辐射。电磁辐射主要是指射频电磁辐射。当射频电磁场达到足够强度时，会对人体产生一定的破坏作用，因为生物体在射频电磁场的作用下，吸收一定辐射能量，并产生生物效应，这种效应主要表现为热效应。在电磁场的作用下，生物体内的极性分子会重新排列，非极性分子可被磁化，由于射频电场方向变化极快，使分子重排或极化的方向变化速度也快，这种方向改变与周围分子发生强烈碰撞而产生大量热能。

电磁辐射源（表 5 – 14）包括天然源和人为源。天然源来自于某些自然现象；人为源来自于人工制造的若干系统或装置与设备，其中又分为放电型电磁辐射源、工频电磁辐射源及射频电磁辐射源。

表 5 – 14　电磁辐射源

分　类		来　源
天然电磁辐射源	大气与空气辐射源	自然界的火花放电、雷电、台风、寒处雪飘、火山喷烟等
	太阳电磁场源	太阳的黑点活动与黑体放射等
	宇宙电磁场源	银河系恒星的爆炸，宇宙间电子移动等
人为电磁辐射源	放电所致辐射源　电晕放电（电力线）	由于高压、大电流而引起的静电感应，电磁感应、大地漏电所造成
	辉光放电（放电管）	白光灯、高压水银灯及其他放电管
	弧光放电（开关、电气铁道放电管）	点火系统、发电机、整流装置等
	火花放电（电气设备发动机、冷藏库）	整流器、发电机、放电管、点火系统
	工频辐射场源　大功率输电线、电气设备、电气铁道	高电压、大电流的电力线场电气设备
	射频辐射场源　无线电发射机、雷达	广播、电视与通信设备的振荡与发射系统
	高频加热设备、热合机等	工业用射频利用设备的工作电路与振荡系统
	理疗机、治疗机	医用射频利用设备的工作电路与振荡系统
	建筑物反射　高层楼群以及大的金属构件	墙壁、钢筋、吊车等

人们生活在充满电磁辐射的环境里，电磁波可在空中传播，也可经导线传播。全世界有数万个无线广播电台和电视台，日夜不停地发射电磁波。除此之外，还有很多的军用、民用雷达，无线电通信设备，各种电磁波设备和仪器，以及电热毯、微波炉等也在不停地发射电磁波。电磁辐射污染的危害主要包括以下三点。

（1）对人体的危害

高强度的电磁辐射会以热效应和非热效应两种方式作用于人体，导致人体功能紊乱、机能发生障碍，从而对人体产生不良影响。电磁辐射对人体的影响程度与电磁辐射强度、接触时间、设备防护措施等因素有关。人体长期受到较强的电磁辐射，会造成中枢神经系统及植物神经系统机能障碍与失调，常见的有以头晕、头痛、乏力、睡眠障碍、记忆力减退等为主的神经衰弱症候群及食欲不振、脱发、多汗、心悸、女性月经紊乱等症状，反应在心血管系统上则表现为心律不齐、心动过缓等。微波对人体的影响除上述症状外，还可能造成眼睛损伤，甚至会影响男性睾丸功能。

（2）对工业生产的破坏

电磁波会对工业生产产生干扰作用，尤其是信号干扰与破坏非常突出。

（3）引发事故

电磁辐射能够引燃引爆，特别是高场强作用下会引起火花而导致可燃性油类、气体和武器弹药的燃烧与爆炸事故。

为消除电磁辐射对环境和人体的危害，可以从辐射源、电磁能量的传播来控制电磁辐射污染，并可对人体采取必要的防护措施，以减少对人体的损伤。

从控制辐射源的角度来讲，一般是通过合理的电气、电子设备和产品设计来降低辐射源强度，减少泄漏，尽量避开居民区设置设备。另外，工业布局应当合理，使电磁污染源远离居民稠密区；同时拆除辐射源附近不必要的金属体，以防止其因感应而成为二次辐射源或反射微波而加大辐射源周围的辐射强度，以控制辐射源。

对那些已经进入环境中的电磁辐射可通过控制传播来进行防护。屏蔽是电磁能量传播控制手段。屏蔽是指用一切技术手段，将电磁辐射的作用与影响局限在指定的空间范围之内。例如，采用设置安全带、植树造林的方法吸收电磁辐射，或采用能吸收电磁辐射的材料进行屏蔽防护，将电磁场源与环境隔离开。实践证明，透过屏蔽层的电磁场强度会大幅度减弱，从而减轻其对人体的伤害。

对于暴露在强电磁辐射的人群来说，采取必要的个人防护手段是非常有效的，如屏蔽头盔、屏蔽衣、屏蔽眼罩等。这些电磁屏蔽装置一般为金属材料制成的封闭壳体，当电磁波传向金属壳体时，一部分被金属壳体反射，一部分被壳体吸收，这样透过壳体的电磁波强度便大大减弱了。

5.4　光污染与防治

光对人类的居住环境、生产和生活都至关重要，光是人类不可缺少的。然而由于人类活动造成了过量的光辐射，这对人类生活、生产环境都造成了不良影响，热效应、电离效应和光化学效应，均对人体特别是眼部和皮肤有一定伤害，这种现象称为光污染（light pollution）。科学上普遍认为，光污染主要是指波长在 10 ~ 1 000nm 之间的光辐射污染，即紫外光污染、可见光污染和红外光污染。

（1）紫外光污染

紫外线是波长范围为 10 ~ 390nm、频率范围在（0.7 ~ 3）× 10^{15} Hz、光子能量为 3.1 ~ 12.4eV 的电磁波。自然界中的紫外线来自于太阳辐射，人工紫外线是由电弧和气体放电产生的。紫外线可用于人造卫星对地面的探测、灭菌消毒和某些工艺流程。适量的紫外线辐射量对人体健康有积极的作用。若长期缺乏这种照射，会使人体代谢产生一系列障碍。

紫外光对人体的直接伤害主要是眼睛和皮肤。造成眼角膜损伤的紫外线波长范围为 250 ~ 305nm，其中波长为 280nm 的作用最强，对角膜的伤害作用表现为高度畏光、流泪和眼睑痉挛、眼部烧灼等症状。紫外光对皮肤的伤害作用主要是引起红斑和小水疱，严重时会使表皮坏死和患皮肤癌。此外，当紫外线与排入大气的污染物 NO_x 和碳氢化合物等作用时，会发生光化学反应，形成具有毒性的光化学烟雾。

（2）可见光污染

可见光是波长为 390 ~ 760nm 的电磁波，可见光的亮度过高或过低、对比过强或过弱，都有损人体健康。例如，夜间迎面驶来汽车头灯的灯光、电焊产生的强光、车站、机场控制室过快闪动的信号灯、电视中快速切换的画面等，都是常见的可见光污染。可见光污染包括眩光污染、灯光污染、激光污染、杂散光污染和视觉污染。

①眩光污染。可见光污染主要是眩光，电焊时产生的强烈眩光、气焊时产生的强光、球场和厂房中耀眼的照明灯、夜间汽车照明用的前灯、冶炼炉中的光、核爆炸时产生瞬时的强闪光等都属于眩光。眩光可刺激人的眼睛，眩光的强烈照射会使人的眼睛因受到过度刺激而损伤，甚至有可能导致失明。

②灯光污染。城市夜间灯光不加控制，路灯、霓虹灯、广告灯、车灯、探照灯、居室灯等各种灯光使夜空亮度增加，将黑夜映照得如同白昼，影响居民休息。据统计，夜间光照太长，人体荷尔蒙降黑素的分泌会受到影响，而降黑素主要在夜间由大脑中分泌，有调理人体生物钟、抑制雌激素分泌的作用。降黑素分泌失常，会使人体雌性荷尔蒙失调，最终导致与雌激素有关的癌症。

歌舞厅的各种黑光灯、旋转活动灯、荧光灯、闪烁彩光灯等的过长时间照射会有损人体健康。据研究，长期在黑色灯光照射下生活，可诱发鼻子出血、白内障、脱牙，甚至癌症；旋转活动灯及各种彩色光源，会使人感到眼花缭乱、头晕目眩，甚至出现头痛、失眠、注意力不集中、食欲减退；闪烁彩光灯会损伤人的视觉功能，并使人体温、血压升高，心跳、呼吸加快；荧光灯可降低人体吸收钙的能力，使人神经衰弱、性欲减退、月经不调等。

此外，我们每天用的电灯也会损伤眼睛。研究表明，普通白炽灯易使眼睛中的晶状体内晶状液混浊，导致白内障；日光灯易引起角膜炎，另外由于日光灯是低频闪光源，所以容易造成屈光不正常，引起近视。

③激光污染。激光大多属于可见光范围，具有指向性好、能量集中、颜色纯正的特点，因此在科学研究各领域得到广泛应用，如在医学、生物学、环境监测、物理、化学和天文学等方面的应用。激光通过人眼晶状体聚焦到达眼底后，光强度会增大数百至数万倍，会对眼睛产生较大的伤害作用。此外，大功率的激光能危害人体的深层组织和神经系统。

④杂散光污染。杂散光是光污染的又一种形式。这种光污染主要来自建筑物装潢的各种玻璃幕墙及各种装饰墙面。随着城市建设的发展，越来越多的建筑物装饰了大面积的钢化玻璃、釉棉砖、铝合金板、磨光石面及高级涂面。这些玻璃幕墙和装饰墙面的表面反射系数比绿色草地、深色或毛面砖石装饰物的表面反射系数大 8 ~ 10 倍，在阳光普照时常常光芒四射。杂散光不仅有损视觉，而且还会扰乱神经功能，导致体内的自然平衡失调，引起头晕目眩、困倦乏力、失眠多梦、食欲下降、情绪低落、精神不集中等症状，影响健康。此外，在阳光或强烈灯光照射下的反光会扰乱驾驶员或行人的视觉，成为交通事故的隐患。

⑤视觉污染。视觉污染是一种特殊形式的光污染。城市中杂乱的环境（如乱摆的货摊、五颜六色的广告、杂乱的垃圾堆放物等）会对人体造成一种视觉污染，让人感到心烦意乱。

（3）红外光污染

红外线是一种热辐射，自然界中以太阳的红外辐射最强。与可见光相比，红外线穿透大气和云雾的能力更强，因此近些年来被广泛应用于军事、工业、科研、医疗卫生等方面，红外光污染问题也随之产生。

红外光对人体的伤害主要是眼睛和皮肤。不同波长的红外光对眼睛的损伤情况不同，波长在 7500 ~ 130000A 的红外光主要损伤眼底视网膜，19000A 波长的红外光则主要损伤角膜。长期接受红外光照射，可引起白内障眼疾，多出现于电焊、弧光灯、氧乙炔等操作人员中。红外光通过高温灼伤皮肤，形成烧伤。当皮肤受到短期红外照射时，局部会升温、血管扩张，出现红斑反应，停照后红斑会消失；当照射面积大且受照时间又长时，则有可能出现中暑症状。

造成光污染的原因大致有两种：一种亮度过大，超过正常工作、生活需要；二是光源分布不合理。我们应遵循"预防为主、防治结合、综合整治、整体推进"的原则，采取系统化、科学化的综合性管理措施，有序推进，具体包括以下内容。

（1）提高整体认识，实现源头化管理

光污染产生的根源在于人们缺乏深刻的认识，我们应以提高整体认识程度为着力点，进行系统管理。一是发挥媒体的宣传作用，将光污染防治工作置于节能减排、低碳经济、生态城市建设的大背景中进行谋划，必要时可实施相应的形象评价工作，设立黑名单，对造成光污染的设置单位进行曝光处理；二是发挥学校、社区、社团的导向作用，学校增加相应的教育内容，社区可开展相应的知识普及活动，共同营造"清洁城市、低碳生活"的和谐氛围；三是发挥考核评价的刚性作用，必要时将光污染防治工作列入地方（部门）的考核项目，进行强制性约束；四是可以将光污染防治工作纳入《环境法》、《物权法》管理内容，从立法角度提供法制化保障。

（2）采取综合手段，实现规范化管理

严格执行国家行业标准（国家住房和城乡建设部《城市夜景照明设计规范》），结合城市发展，制作夜景照明（包括功能照明和景观照明）专项规划，并纳入城市总体规划体系。同时，制订出台相应的城市夜景照明标准、规范以及施工验收制度等各项配备措施，对夜景照明的灯饰照明等级、亮度及其均匀度、眩光、光源色彩、供电控制系统等进行合理控制，避免无序亮度竞争而带来的光污染和能源浪费。

（3）提高科技含量，实现科学化管理

第一，是突出照明的功能性特点，使用单一光谱的低压钠灯作为道路照明光源，减少视觉干扰。在建筑物的泛光照明中，根据表面材料的反射比和色彩吸收情况，适当选择宽光谱辐射的光源，尽量不使用有强烈色彩的有色光源，以减少颜色强烈对比造成视觉不适而产生的颜色污染。第二，是突出照明的景观化作用。采用智能化的集中管理、分散控制办法进行城市夜景照明控制，体现出灵活、节能、安全的设计理念。针对景观照明，可根据气氛需要，分别采取平时模式、节假日模式、重大节日三种模式。呈现出夜景灯饰节日缤纷艳丽，平日景观点缀丰富的特点，营造出祥和热烈的生活氛围。第三，是突出照明的节能化理念。加快绿色、节能灯具的推广使用步伐；制订科学的关灯时间并尽量减少开灯时间。广告、装饰、道路及建筑物泛光照明可在午夜后关闭或部分关闭；整合照明资源，合理调整景观灯和路灯照明时间；采用截光型灯具或给光源装设格栅、遮光片、防护罩等办法限制逸散光，提高泛光照明效率。

（4）整合多方资源，实现社会化管理

治理光污染是一个系统性工程，既涉及全社会、每位公民，又覆盖到权属单位、管理部门。目前，光污染治理工作主要包括两点：一是新建点位设计、施工、验收工作，做到严格把关、保证质量；二是对老旧点位改造工作，力争做到彻底整改、一步到位、杜绝隐患。同时，要提高城市的绿化管理水平，鼓励在建筑群周围广植草坪、种花种树，改善和调节采光环境。在有光污染的工作场所作业的人员，要采取必要的个人防护措施，其中最有效的措施就是保护眼部和裸露皮肤免受光辐射的影响，如戴防护眼镜和防护面罩等。

5.5 热污染与防治

1. 热污染原因

热污染（thermal pollution）是指现代工业生产和生活中排放的废热所造成的环境污染。热污染的形成主要有以下几方面原因。

（1）大气组成变化

在人类社会发展过程中，大量化学物质及热蒸气排入环境，改变了大气组成，改变了太阳辐射的透过率，从而造成局部环境或全球环境增温。

大气中温室气体（如 CO_2、CH_4、N_2O 等）的浓度不断增加。以 CO_2 为例，近一百年来，CO_2 浓度增加了10%左右。若按目前能源消耗的速度计算，每10年全球的温度会升高 $0.1 \sim 0.26℃$，一个世纪后为 $1 \sim 2.6℃$，两极温度将上升 $3 \sim 7℃$，从而导致两极冰盖消融，海平面上升，一些沿海地区及城市将被海水淹没，桑田变成沧海，一些本来十分炎热的城市将变得更热。

大气层中的臭氧层被严重破坏。臭氧是地球大气层中的一种微量气体，蓝色、有刺激性。臭氧分子是由三个氧原子结合构成的。在大气平流层中距地面 $20 \sim 40km$ 的范围内有一圈特殊的大气层，这一层大气中臭氧含量特别高。臭氧层被大量损耗后，吸收紫外线辐射的能力大大减弱，导致到达地球表面的紫外线明显增加，造成了热污染。

（2）地表生态的改变

自然植被被大量破坏。随着现代化工农业生产的发展、人口增加和人民生活水平的提高，需要更多的食物来维持人类生存。于是在一系列的开荒、放牧、填海围湖造田的同时，自然植被大量破坏。地表状态的改变，破坏了环境的热平衡，导致了热污染。

自然地表不断减少，地表绿地无机化。越来越多的地表被建筑物、混凝土和柏油所覆盖，绿地和水域的面积减少，使蒸发作用减弱，大气得不到冷却，故城乡地表吸收和储存太阳热量性能有不小差异。

石油泄漏、污染物排放导致的水域污染改变了自然水体吸收及反射太阳辐射的能力，造成局部环境温度异常。海上的经济发展已经成为国家经济发展的一个新的增长点，但同时对海洋造成的污染也在加剧。20 年来，我国海上溢油事故平均每年发生 100 余起，其中发生 50 吨以上的重大溢油事故 39 起。

（3）废热的直接排放

人类使用的全部能量最终都将转化为热，传向大气，转化过程符合能量守恒定律。发电、冶金、化工和其他工业生产通过燃料燃烧、化学反应等过程产生热量，其中一部分转化为产品形式，在消费过程中最终也通过不同的途径释放到环境中，如加热、燃烧等方式，另一部分则以废热形式直接排入环境。例如，在火力发电的燃料燃烧过程中，释放的能量 40% 转化为电能，12% 随烟气排放，48% 随冷却水进入水体中。又如，核能发电时能量的 33% 转化为电能，其余的 67% 都变成废热贮存在水中。根据统计，电力工业是排放温热水最多的行业，排进水体中的热量有 80% 来自发电厂。

2. 热污染危害

热污染危害是多方面的，主要表现在对全球性的或区域性的自然环境热平衡的影响，使热平衡遭到破坏。目前尚不能定量地表示由热污染所造成的环境破坏和长远影响，但由于热污染使大气、水体产生了增温效应、城市中出现的热岛现象以及对人体健康的影响都已证实了热污染对生态系统会产生危害作用。

（1）大气增温效应

大气增温会导致气候异常。一些科学家认为，气候异常与全球变暖有联系，集中表现在厄尔尼诺现象，即中东部太平洋秘鲁沿岸热带地区周期性显著升温。厄尔尼诺现象每 2~7 年发生一次，可能酿成世界范围的干旱与洪水。美国大气研究中心的学者认为厄尔尼诺现象与全球变暖的可能联系是仍待研究的问题，它是把热从热带排除的一种方式，因此可以合理地预期它们会被全球变暖所影响。一些模型的确证明随着地球日益变暖，厄尔尼诺现象会变得更经常更强烈。

大气增温会使海平面上升，包括两方面：一方面，将造成海洋混合层水温上升，升温造成的热膨胀能显著地导致海平面的上升；另一方面，气温和海水温度的上升将造成极地冰冠的大量溶化，溶化的冰冠进入海洋，促成海平面上升。如果将来气温大幅度上升，对极地将产生巨大的影响，那时极地冰川和冰冠将大量溶化。研究表明，在下个世纪全球海平面上升的平均速度约为每 10 年 6cm，预计到 2030 年，海平面将上升 20cm，到下个世纪末海平面将上升 65cm。海平面上升会使部分沿海地区被淹没，还会造成海岸侵蚀加剧，海岸地带洪涝灾害加重，盐水入侵强度增加，地下水位升高导致土壤盐渍化等。

气候变暖会影响生物多样性。气候变暖会导致森林分布区的重大改观，冻原生态系统则可能从北欧地区完全消失。植被的改变必然影响到动物的种群和群落结构的变化。气候变暖会使热带地区的种群向温带扩展，温带物种则会向极地退缩。在此过程中，有些物种能够适应这种迁移，而有些物种却因此而灭绝，尤其是一些极地和高山地区生活的植物种群成为受害最严重的物种。

气候变暖会影响作物生长。气候变暖可能使作物的生长季节延长。据估计，夏季平均温度提高 1℃，相当于生产季节延长 10 天，气温升高、生长季节延长的一个直接影响是使作物的分布区有可能向北扩展。从世界上来说，所有农作物的种植区域都有向高纬度扩展的趋势。气候变暖会使病虫害对农作物的危害加剧。冬季变暖，容易越冬，虫源和病源增大，害虫的休眠越冬期变短，世代增多，农田容易多次受害。据估计，由于气候变暖，全世界病虫害将增加 10%~13%。

气候变暖会影响人体健康。高温天气会使人体增加紧张情绪。全球变暖会使病菌繁殖速度加快，传播速度加快，传播范围扩大。全球变暖还可能会引起一些病毒变异，产生人类未知的无法预防的病毒。此外，数万年来，地球上温暖的季风把热带、温带的海水，以及其中数不清的浮游生物和各种动物实体送往极地冰带，依附于这些物质上的许多曾经肆虐地球而如今早已销声匿迹的病毒也被冻结在厚实的冰层之中，随着温室效应加剧，冰川的融化速度加快，许多令人闻之色变的病毒（如天花病毒、各种怪异的流感病毒和众多至今尚未探明的病毒等）可能会被重新释放出来。当然这些病毒已经在冰层中埋藏了很长时间，谁也不知道这些病毒能否生存以及再次适应地面环境。然而，谁也不能否认病毒卷土重来会引发大规模疾病的可能性。

（2）水体增温效应

向水体中排放的含热废水、冷却水会导致水体在局部范围内水温升高，使水质恶化，影响整个水生物圈的平衡。

水温上升，黏度下降，水中溶解氧减少。当淡水温度从10℃升至30℃时，溶解氧会从11mg/L降至8mg/L左右。同时，水体的生物化学反应加快，水中原有的氧化物、重金属离子等污染物毒性将随之增加，致使水质变坏。

水温升高会影响水生生物的生长。水温升高首先会影响鱼类的生存。一般来说，温度每升高10℃，生物代谢速度提高1倍，从而引起生物需氧量的增加。然而，随着温度的升高，水中溶解氧浓度持续下降。因此，水中的溶解氧在大多数情况下不能满足鱼类生存所必需的最低值，从而使鱼类难以存活。此外，水温升高会使鱼类的发育受阻，严重时将导致死亡。水温升高会引起藻类种群的变化，藻类及湖草大量繁殖会破坏水环境的生态平衡。在具有正常混合藻类种群的河流中，硅藻在18~20℃之间生长最佳，绿藻为30~35℃，蓝藻为35~40℃。水温升高将有利于蓝藻生长，导致整个藻类的种群发生变化，进而破坏水环境的生态平衡。

（3）城市"热岛"现象

与农村相比，城市人口集中，大量耗用能源，并且城市建设中大量的建筑物、混凝土代替了田野和植物，改变了地表反射率和蓄热能力，形成了其特有的热环境，造成了城市温度高于周围农村1~6℃的现象。夏季热污染的危害更加严重，机关、单位、家庭为了降温普遍使用空调，又新增了热源，形成了恶性循环，加剧了环境升温。根据相关资料，大城市市中心和郊区的温差在5℃以上，中等城市和郊区的温差为4~5℃，小城市市内外也差3℃左右。特别是南京、武汉、重庆、南昌等城市，有时市内外温差高达7~8℃，这些"火炉"城市成了周围凉爽世界中名副其实的"热岛"。

3. 热污染防治

热污染的防治主要可以从以下几方面入手。

（1）减少废热排放

减少废热排放是最直接、最有效的控制热污染的方法，包括以下几个方面。

①政策法规。利用政策法规控制向环境的直接排放废热。1992年，在联合国召开的环境与发展大会上，100多个国家在《气候变化框架公约》上签字，这是一个很好的开端。控制热污染，需要人类的共同努力。另外，有些国家已经制定了关于水质的

水温标准。根据水体内生物状况，限定夏季、冬季的排水允许温度。

②提高能源的利用效率。目前所用的热力装置的燃烧效率一般比较低，使得大量能源以废热形式消耗，并产生热污染。例如，民用燃烧装置的热效率为 10%～40%，工业锅炉为 20%～70%，火力发电约为 40%，核电站约为 33%。如果把热能利用率提高 10%，则 15% 的热污染就会得到控制。因此，发展大功率的热力装置，提高效率很有必要。其中，将热直接转换为电能就可以大大减少热污染。例如，如果把有效率的热电厂和聚变反应堆联合运行的话，热效率能高达 96%。

③加强废热的综合利用。把废热（如热力装置系统的散热、排放的热烟和温水等）作为宝贵的资源和能源来对待，在某一处排放的废热用作另一处的能源。利用废热既可以减轻污染，同时还有助于节约燃料资源。例如，对高温废气，可用来预热冷的原料气，或利用废锅炉把冷水或冷空气加热，通过热交换器加热清洁水用来洗澡。又如，温热的冷却水可用于家庭取暖，既节能又卫生，也可以在夏季作为吸收式空调设备的能源；温热水可用于冬季灌溉农田，能保持地温促进种子发芽和植株的生长，从而延长了适于作物种植的生长期，在温水暖房还能种植一些冬季少见的新鲜蔬菜和热带植物；温热的冷却水还可用于水产养殖，或用于调节港口水域的水温，防止港口冻结。

（2）发展清洁能源

开发和利用少污染或无污染的清洁能源（如太阳能、风能、海洋能及地热能等）不仅可降低热排放的影响，而且有利于防止 CO_2、NO_x、SO_2 等对大气的污染，是减少热污染的重要途径和方法。在适当的范围内，因地制宜地发挥清洁新型能源的作用，会收到良好效果。例如，把太阳能用于发电、空气调节用热、冬季采暖、生活做饭、洗澡等，大大减少了热污染源；利用海啸发电、风能发电、地热取暖等新能源技术，对节约矿物能源、控制环境热污染有着极其重大的意义。目前，在新能源的开发利用方面，各国都在进行着大量的研究和应用工作。从长远看，这是能源发展的必然趋势。

（3）植树绿化，保护森林

为了控制热污染对生态系统的影响，植树绿化，禁止乱砍滥伐，禁止在草原上超载放牧是一项较好的措施。森林对环境有重要的调节和控制作用。有研究证明，夏季林区的气温比无林区要低 1.4～2℃，林地比林外的相对湿度要高 4%～6%，林带的年平均风速比无林区要低 0.2～0.8m/s。并且，林区水分蒸发量比无林区低，而降雨量比无林区高。因此，植树绿化，保护森林能有效减轻热污染对环境的影响。

5.6　恶臭污染与防治

恶臭污染（odor pollution）是通过空气的传播扩散而造成的一种物理性污染。人的嗅觉能感到恶臭的物质大约有上万种。从物质的分子结构来说，由于一些物质具有"发臭团"，所以才产生了恶臭气味。公认的发臭团有硫化物、硫醚类、硫醇类、胺类、酰胺类、酚类、醛类、脂肪酸类等，见表 5-15。其中，硫醇类和硫化氢等对人体健康的危害较大。在城市环境中，会产生恶臭的工业生产发生源主要有炼焦、炼油、煤气、造纸、石油化工、皮革加工、油脂化工、制药等工业。此外，城市中的垃圾场、生活污水场、粪便处理场等有机物腐败场所，也常常会产生恶臭。

表5-15　常见的恶臭物质

分类	名称	臭味性质	来源
硫化物	硫化氢、硫化铵	腐卵臭、强刺激臭	牛皮纸浆、炼油、化肥等工厂
硫醚类	二甲基硫、二乙基硫、二丙基硫、二苯基硫	烂菜臭	牛皮纸浆、农药、石油精炼等工厂
硫醇类	甲硫醇、乙硫醇、异丙硫醇	烂葱臭	医药、农药、石油精炼、橡胶加工等工厂
胺类	甲胺、乙胺、二乙胺	腐败鱼臭	骨胶、鱼肠、油脂等化学制品
酰胺类	酪酰胺	汗臭	石油化工
酚类	酚、硫化酚	不快臭	化工厂、金属冶炼厂
醛类	甲醛、乙醛、丙烯醛	刺激性臭、不快臭、催泪	炼油厂、石油化工厂、汽车废气
脂肪酸类	醋酸、丙酸	刺激臭	油脂、骨胶等化学制品

恶臭不像其他有毒有害气体对人体有直接毒害作用，使人们中毒，对人体造成危害，其主要是通过对人的感官和心理产生刺激，引起厌恶感或不快感。尽管恶臭物质对人体没有强烈的、直接的毒害作用，但也会对人体健康有所影响，主要表现为以下几方面。

（1）对呼吸系统的危害

当人们突然闻到恶臭时，会不同程度地产生反射性抑制吸气，呼吸次数减少，深度变浅，甚至完全停止吸气，正常呼吸受到影响，严重时可致死。

（2）对消化系统的危害

人们接触恶臭后，会产生厌食、恶心，甚至呕吐等症状，经常接触恶臭则能引起消化功能衰退。

（3）对循环系统的危害

呼吸减少和变浅会使脉搏和血压也相应发生变化。例如，会出现脉搏先慢后快，血压先降后升等情况。

（4）对内分泌系统的危害

人们经常受到恶臭的刺激后，内分泌系统的分泌功能会发生紊乱，机体代谢活动受到影响。

（5）对神经系统的危害

长期受低浓度恶臭物质的刺激后，人常常会感到嗅觉疲劳和神经障碍，大脑皮层兴奋和抑制的调节功能会发生失调症状。

（6）对精神的影响

恶臭会使人烦躁不安，思想难以集中，工作效率降低，判断力和记忆力下降，大脑思维受到影响。

有关恶臭污染的防治，主要是从产生恶臭的企业入手，加强对这些企业的监督管理，同时企业应该主动采取措施减少恶臭的逸出。例如，在生产过程中，应注意避免采用会产生恶臭的原材料，必须使用时应在工艺过程中尽量注意密封。而对已经产生恶臭的物质，可以采用下列方法进行处理。

（1）焚烧法

对于可燃烧性的、会产生恶臭的物质，可以通过焚烧来除臭，回收热能。此外，用催化剂能够使恶臭气体在较低的温度下燃烧去除臭味，焚烧时应注意筛选，不要把能造成二次污染的物质也一起焚烧。

（2）吸附法

利用分子筛、活性炭等吸附剂进行脱臭处理，能够得到较好效果。

（3）氧化法

利用臭氧、氟气等氧化剂破坏恶臭物质的分子结构，最终起到消除恶臭的作用。

（4）药物处理法

利用中和法进行脱臭处理。例如，用稀酸来处理碱性恶臭物质，用稀碱来处理酸性恶臭物质。

（5）生物氧化法

土壤中某些酶具有催化氧化脱臭的作用，因而可以将恶臭物质深埋地下，也可以将活性污泥引入恶臭脱洗液中除臭。

（6）高空排放法

利用空气对恶臭进行稀释。

（7）溶解法

对于某些易溶于水的恶臭物质，可以放入水中溶解。

（8）掩蔽法

采用某种香气掩蔽低浓度臭气的方法来处理恶臭。

思考题

1. 什么是噪声？美妙的音乐是噪声吗？
2. 放射性污染源有哪些？对人体有哪些危害？如何防治放射性污染？
3. 什么是电磁波污染？电磁波污染源有哪些？对人体有哪些危害？
4. 光污染是什么？光污染都有哪些？
5. 热污染是什么？热污染是如何产生的？
6. 什么是恶臭污染？能产生恶臭的都有哪些物质？

第6章　环境监测与现代环境分析技术

6.1　环境监测

6.1.1　概述

所有环境科学的分支学科，如环境化学、环境工程学、环境物理学、环境医学、环境地学、环境法学、环境管理学以及环境经济学等，都需要在了解、评价环境质量及其变化趋势的基础上，才能进行各项研究和制定有关管理、经济的法规。而环境监测正是研究、测定环境质量的学科，通过对影响环境质量因素的代表值的测定，确定环境质量（或污染程度）及其变化趋势。环境监测是环境科学的一个重要分支学科，是环境工程设计、环境科学研究、企业环境管理和政府环境决策的重要基础和主要手段，对经济建设和社会发展起着重要的作用。环境监测的目的具体包括以下4个方面。

（1）评价环境质量，预测环境质量变化趋势

提供代表环境质量现状的数据，并判断环境质量是否符合国家环境质量标准；确定污染物的分布现状，追溯污染物的污染途径，预测污染的发展趋势，提出应该注意的主要环境问题；判断污染源造成的影响，判断污染物浓度最高和潜在问题最严重的区域，评价防治对策和治理措施的实际效果；提供环境的污染破坏对生态和人群影响的信息，评价当前存在问题的大小和发展的趋势，为不断完善全面的环境对策提供科学依据。

（2）监视全面环境管理的效果，制定环境法规、标准、环境规划和环境污染综合防治的对策

积累大量不同地区的污染数据，结合当前和今后一段时间内我国技术经济水平，制定切实可行的环保法规和环境质量标准；通过大量的监测数据验证和建立污染模式，包括大气扩散模式、大气污染统计模式、水质模式、污染对生物和人体健康影响模式等，科学地预报污染的发展趋势，为做出正确的决策提供以实测数据为依据的可靠资料；为开展环境影响评价提供数据、提供预测模式、提供可类比区域的环境质量状况，使环境影响评价的结果尽可能符合实际；随时监测环境质量的变化，为不断修正环境法规、标准、环境规划和综合防治对策提供数据，使之不断完善，并使全面的环境管理切实可行。

（3）积累环境本底值资料，掌握环境容量数据

（4）研究环境新污染，建立新的监测分析方法

从信息角度来看，环境监测是环境信息的捕获—传递—解析—综合的过程。判断环境质量，仅对某一污染物进行某一地点、某一时刻的分析测定是不够的，必须对各种有关污染因素、环境因素在一定范围、时间、空间内进行测定，在对监测信息进行解析、综合的基础上，才能全面、客观、准确地揭示监测数据的内涵，对环境质量及其变化作出正确的评价。因此，随着工业和科学的发展，环境监测的含义也扩展了，由对工业污染源的监测逐步发展到对大环境的监测，即监测对象不仅是影响环境质量的污染因子，还延伸到对生物、生态变化的监测。

环境监测的发展过程大致上可以划分为三个阶段：第一阶段，依靠化学手段，以分析环境中有害化学毒物为主要任务的被动监测阶段；第二阶段，以化学、物理和生物等综合手段进行区域性监测的主动监测阶段；第三阶段，用遥感、遥测等手段和自动连续监测系统对污染因子进行自动、连续监测，甚至预测环境质量的自动监测阶段。最早以化学分析为主要手段的环境监测，对测定对象进行间断、定时、定点、局部的分析，并不能及时、准确、全面地反映环境质量动态和动态源动态变化的要求。目前，随着环境监测技术的迅速发展，环境监测已从单一的环境分析发展到物理监测、生物监测、生态监测、遥感、卫星监测，环境监测范围已从一个局部发展到一个城市、一个区域、整个国家乃至全球，自动连续的环境监测已逐步取代了间断性监测，监测项目也日益增多。因此，环境监测技术是运用化学、物理、生物等各种现代科学技术，间断地或连续地监视和监测代表环境质量及变化趋势的各项数据的全过程，包括各种测试技术、布点技术、采样技术、数理技术和综合评价技术等。

6.1.2 环境监测的特点、原则和分类

环境污染因子具有污染物质种类繁多、污染物质浓度低、污染物质随时空不同而分布、各污染因子对环境具有综合效应的特点。据此，环境监测具有以下 4 个特点。

（1）综合性

环境监测的综合性主要表现在：监测手段包括化学、物理、生物、物理化学、生物化学及生物物理等一切可以表征环境因子的方法；监测对象包括水、大气、土壤、固体废物、生物等，只有对它们进行综合分析，才能确切描述环境质量状况；对监测数据进行统计处理、综合分析时，需涉及该地区的自然、社会发展状况，因此必须综合考虑才能正确阐明数据的内涵。

（2）微量或痕量性

污染物进入环境后，经过水、大气的稀释，其在环境中的含量很低，浓度往往是微量级（如 10^{-6}、10^{-8}），甚至是痕量级（如 10^{-12}）。这就对环境监测方法的灵敏度、检测限提出了很高的要求，要对环境样品进行分离、富集等预处理后，才能满足环境

监测的要求。

（3）连续性

污染源排放的污染物或污染因子的强度随时间而变化，污染物或污染因子进入环境后，随空气和水的流动而被稀释、扩散，其扩散速度取决于污染物或污染因子的性质。

环境污染因子的时空分布性决定了环境监测必须坚持长期连续的监测，如此才能从大量数据中揭示污染因子的分布和变化规律，进而预测其变化趋势。数据越多，连续性越好，预测的准确度越高，所以监测网络、监测点的选择一定要有科学性，而且一旦监测点位的代表性得到确认，必须坚持长期监测。

（4）追踪性

环境监测是一个复杂而又有联系的系统，包括监测项目的确定，监测方案的设计，样品的采集、运送、处理，实验室测定和数据处理等程序，其中每一步骤都将对结果产生影响。特别是区域性的大型监测项目，参与监测的人员、实验室和仪器各不相同，为使数据具有可比性、代表性和完整性，保证监测结果的准确性，必须建立一个量值追踪体系予以监督。为此，建立完善的环境监测质量保证体系十分必要。

由于环境中污染物质种类繁多，且同一种物质亦会以不同的形态存在，并且环境监测还会受到人力、监测手段、经济条件和设备仪器等的限制，因此环境监测不能包罗万象地监测分析所有的污染物。环境监测应根据需要和可能，坚持如下原则。

（1）合理选择监测对象的原则

选择监测对象时应考虑：在实地调查的基础上，针对污染物的性质，选择毒性大、危害严重、影响范围大的污染物；对选择的污染物必须有可靠的测试手段和有效的分析方法，从而保证能获得准确、可靠、有代表性的数据；对监测数据能作出正确的结论和判断，如果该监测数据既无标准可循，又不了解对人体健康和生物的影响，会使监测工作陷入盲目性。

（2）优先监测的原则

环境监测应遵循"优先监测"的原则，考虑污染物本身的重要性和迫切性，以及监测项目的代表性，对影响范围大的污染物要优先监测。例如，造成局地污染严重的污染物与大规模世界性污染物相比，后者具有优先监测的必要。同时，对于毒性大或具有潜在危险且污染趋势有可能上升的项目，也应列入优先监测的范围。世界上已知的化学品有700万种之多，而进入环境的化学物质已达10万种，因此不可能对每一种化学品都进行监测、实行控制，而只能有重点、有针对性地对部分污染物进行监测和控制。这就必须确定一个筛选原则，对众多有毒污染物进行分级排队，从中筛选出潜在危害性大，在环境中出现频率高的污染物作为监测和控制对象，如重金属，有毒有机物等。我国于1989年提出了包括1类68种污染物的"中国环境优先污染物黑名单"，如表6-1所示。

表 6 – 1　中国环境优先污染物黑名单

化学类别	名　称
卤代（烷、烯）烃类	二氯甲烷、三氯甲烷、四氯化碳、1，2 – 二氯乙烷、1，1，1 – 三氯乙烷、1，1，2 – 三氯乙烷、1，1，2，2 – 四氯乙烷、三氯乙烯、四氯乙烯、三溴甲烷
苯系物	苯、甲苯、乙苯、邻 – 二甲苯、间 – 二甲苯、对 – 二甲苯
氯代苯类	氯苯、邻 – 二氯苯、对 – 二氯苯、六氯苯
多氯联苯类	多氯联苯
酚类	苯酚、间 – 甲酚、2，4 – 二氯酚、2，4，6 – 三氯酚、五氯酚、对 – 硝基酚
硝基苯类	硝基苯、对 – 硝基甲苯、2，4 – 二硝基甲苯、三硝基甲苯、对 – 硝基氯苯、2，4 – 二硝基氯苯
苯胺类	苯胺、二硝基苯胺、对硝基苯胺、2，6 – 二氯硝基苯胺
多环芳烃	萘、荧蒽、苯并 ［b］ 荧蒽、苯并 ［a］ 芘、茚并 ［1，2，3 – c.d］ 芘、苯并 ［ghi］ 芘
酞酸酯类	酞酸二甲酯、酞酸二丁酯、酞酸二辛酯
农药	六六六、滴滴涕、敌敌畏、乐果、对硫磷、甲基对硫磷、除草醚、敌百虫
丙烯腈	丙烯腈
亚硝胺类	N – 亚硝基二丙胺、N – 亚硝基二正丙胺
氰化物	氰化物
重金属及其化合物	砷及其化合物、铍及其化合物、镉及其化合物、铬及其化合物、铜及其化合物、铅及其化合物、汞及其化合物、镍及其化合物、铊及其化合物

　　环境监测的分类方法有很多，一般按监测目的的不同来分类，也有按监测对象的不同或专业部门来分类的。

　　按照监测目的，环境监测可分为 3 类。

　　（1）例行监测

　　例行监测又称常规监测或监视性监测，是对指定的项目进行长期、连续的监测，以确定环境质量和污染源状况、评价环境标准的实施情况和环境保护工作的进展等，是环境监测部门的日常工作，其工作的质量是环境监测水平的标志。

　　（2）应急性监测

　　应急监测又称特定目的监测，监测的内容和形式很多，除一般地面固定监测外，还有流动监测、低空航测、卫星遥测等。按照其特定的目的，可分为污染事故监测、仲裁监测、考核验证监测、咨询服务监测、健康监测等。

　　（3）科研监测

　　科研监测又叫研究性监测，是针对特定目的的科学研究所进行的高层次监测。科研监测主要是通过监测找出污染物在环境中的迁移转化规律，研制监测环境标准物质，专项调查监测某环境的原始背景值，或参加某个项目的环境评价等。当收集到的数据表明存在环境问题时，还必须研究确定污染物对人体、生物体等各种受体的危害程度。

这类监测系统比较复杂，需要多学科的技术人员参加操作，并对监测结果作系统周密的分析，密切配合、相互协作才能完成。

按照污染物存在的介质，环境监测可分为水质污染监测、大气污染监测、土壤污染监测、固体废弃物监测、噪声污染监测、放射性污染监测等。

按照专业部门，环境监测可分为卫生监测、气象监测和资源监测等。

6.1.3 环境监测的内容

环境监测内容按照所监测介质的不同，主要包括以下内容。

1. 水质监测

水质监测可分为水环境现状监测和水污染源监测。代表水环境现状的水体包括地表水（江、河、湖、库、海）和地下水；水污染源包括生活污水、医院污水和各种工业污水，还包括农业退水、初级雨水和酸性矿井水等。

水质监测的目的可概括为：对进入江、河、湖泊、水库、海洋等地表水体及渗透到地下水中的污染物质进行经常性的监测，以掌握水质现状及其发展趋势；对生产过程、生活设施及其他排放源排放的各类废水进行监视性监测，为污染源管理和排污收费提供依据；对水环境污染事故进行应急监测，为分析判断事故原因、危害及采取对策提供依据；为国家政府部门制订环境保护法规、标准和规划，全面开展环境保护管理工作提供有关数据和资料；为开展水环境质量评价、预测预报及进行环境科学研究提供基础数据和手段。

根据我国颁布的《环境监测技术规范》，水质监测项目如下。

（1）生活污水监测项目

包括生化需氧量、化学需氧量、悬浮物、氨氮、总氮、总磷、阴离子洗涤剂、细菌总数、大肠菌群等。

（2）医院污水监测项目

包括色度、浊度、pH 值、悬浮物、余氯、生化需氧量、化学需氧量、致病菌、细菌总数、大肠菌群等。

（3）地面水监测项目

地面水监测项目见表 6 - 2。

表 6 - 2　地面水监测项目

类　别	必测项目	选测项目
河流	水温、pH 值、悬浮物、总硬度、电导率、溶解氧、化学需氧量、五日生化需氧量、氨氮、亚硝酸盐氮、硝酸盐氮、挥发酚、氰化物、砷、汞、六价铬、铅、镉、石油类等	硫化物、氟化物、氯化物、有机氯农药、有机磷农药、总铬、铜、锌、大肠菌群、总 α、总 β、铀、镭、钍等

续表

类　别	必测项目	选测项目
饮用水源地	水温、pH 值、浊度、总硬度、溶解氧、化学需氧量、五日生化需氧量、氨氮、亚硝酸盐氮、硝酸盐氮、挥发酚、氰化物、砷、汞、六价铬、铅、镉、氟化物、细菌总数、大肠菌群等	锰、铜、锌、阴离子洗涤剂、硒、石油类、有机氯农药、有机磷农药、硫酸盐、碳酸盐等
湖泊、水库	水温、pH 值、悬浮物、总硬度、溶解氧、透明度、总氮、总磷、化学需氧量、五日生化需氧量、挥发酚、氰化物、砷、汞、六价铬、铅、镉等	钾、钠、藻类（优势种）、浮游藻、可溶性固体总量、铜、大肠菌群等
排污河（渠）	根据纳污情况确定	
底泥	砷、汞、铬、铅、镉、铜等	硫化物、有机氯农药、有机磷农药等

（4）工业废水监测项目见表 6 - 3。

表 6 - 3　工业废水监测项目

类　别		监测项目
黑色金属矿山（包括磁铁矿、赤铁矿、锰矿等）		pH 值、悬浮物、硫化物、铜、铅、锌、镉、汞、六价铬等
黑色冶金（包括选矿、烧结、烧焦、炼铁、炼钢、轧钢等）		pH 值、悬浮物、化学需氧量、硫化物、氟化物、挥发酚、石油类、铜、铅、锌、砷、镉、汞等
选矿药剂		化学需氧量、生化需氧量、悬浮物、硫化物、挥发酚等
有色金属矿山及冶炼（包括选矿、烧结、冶炼、电解、精炼等）		pH 值、悬浮物、化学需氧量、硫化物、氟化物、挥发酚、铜、铅、锌、砷、镉、汞、六价铬等
火力发电、热电		pH 值、悬浮物、硫化物、砷、铅、镉、挥发酚、石油类、水温等
煤矿（包括选煤）		pH 值、悬浮物、砷、硫化物等
焦化		化学需氧量、生化需氧量、悬浮物、硫化物、挥发酚、氰化物、石油类、氨氮、苯类、多环芳烃等
石油开发		pH 值、化学需氧量、生化需氧量、悬浮物、硫化物、挥发酚、石油类等
石油冶炼		pH 值、化学需氧量、生化需氧量、悬浮物、硫化物、挥发酚、氰化物、石油类、苯类、多环芳烃等
化学矿开采	硫铁矿	pH 值、悬浮物、硫化物、铜、铅、锌、镉、汞、砷、六价铬等
	雄黄矿	pH 值、悬浮物、硫化物、砷等
	磷矿	pH 值、悬浮物、氟化物、硫化物、砷、铅、磷等
	萤石矿	pH 值、悬浮物、氟化物等
	汞矿	pH 值、悬浮物、硫化物、砷、汞等

类 别		监测项目
无机原料	硫酸	pH 值（或酸度）、悬浮物、硫化物、氟化物、铜、铅、锌、镉、砷等
	氯碱	pH 值（或酸、碱度）、化学需氧量、悬浮物、汞等
	铬盐	pH 值（或酸、碱度）、总铬、六价铬等
无机原料		pH 值（或酸、碱度）、化学需氧量、生化需氧量、悬浮物、挥发酚、氰化物、苯类、硝基苯类、有机氯等
化肥	磷肥	pH 值（或酸、碱度）、化学需氧量、悬浮物、氟化物、砷、磷等
	氮肥	化学需氧量、生化需氧量、挥发酚、氰化物、硫化物、砷等
橡胶	合成橡胶	pH 值（或酸、碱度）、化学需氧量、生化需氧量、石油类、铜、锌、六价铬、多环芳烃等
	橡胶加工	化学需氧量、生化需氧量、硫化物、六价铬、石油类、苯、多环芳烃等
塑料		化学需氧量、生化需氧量、硫化物、氰化物、砷、铅、汞、石油类、有机氯、苯类、多环芳烃等
化纤		pH 值、化学需氧量、生化需氧量、悬浮物、铜、锌、石油类等
农药		pH 值、化学需氧量、生化需氧量、悬浮物、硫化物、挥发酚、砷、有机氯、有机磷等
制药		pH 值（或酸、碱度）、化学需氧量、生化需氧量、石油类、硝基苯类、硝基酚类、苯胺类等
燃料		pH 值（或酸、碱度）、化学需氧量、生化需氧量、悬浮物、挥发酚、硫化物、苯胺类、硝基苯类等
颜料		pH 值、化学需氧量、悬浮物、硫化物、汞、六价铬、铅、镉、砷、锌、石油类等
油漆		化学需氧量、生化需氧量、挥发酚、石油类、氰化物、镉、铅、六价铬、苯类、硝基苯类等
其他有机化工		pH 值（或酸、碱度）、化学需氧量、生化需氧量、挥发酚、石油类、氰化物、硝基苯类等
合成脂肪酸		pH 值、化学需氧量、生化需氧量、油、锰、悬浮物等
合成洗涤剂		化学需氧量、生化需氧量、油、苯类、表面活性剂等
机械制造		化学需氧量、悬浮物、挥发酚、石油类、铅、氰化物等
电镀		pH 值（或酸、碱度）、氰化物、六价铬、铜、锌、镍、镉、锡等
电子、仪器、仪表		pH 值（或酸、碱度）、化学需氧量、苯类、氰化物、六价铬、汞、镉、铅等
水泥		pH 值、悬浮物等
玻璃、玻璃纤维		pH 值、悬浮物、化学需氧量、挥发酚、氰化物、砷、铅等
油毡		化学需氧量、石油类、挥发酚等
石棉制品		pH 值、悬浮物、石棉等
陶瓷制品		pH 值、化学需氧量、铅、镉等

类　别	监测项目
人造板、木材加工	pH 值（或酸、碱度）、化学需氧量、生化需氧量、悬浮物、挥发酚等
食品	pH 值、化学需氧量、生化需氧量、悬浮物、挥发酚、氨氮等
纺织、印染	pH 值、化学需氧量、生化需氧量、悬浮物、挥发酚、硫化物、苯酚类、色度、六价铬等
造纸	pH 值（或碱度）、化学需氧量、生化需氧量、悬浮物、挥发酚、硫化物、铅、汞、木质素、色度等
皮革及皮革加工	pH 值、化学需氧量、生化需氧量、悬浮物、硫化物、氯化物、总铬、六价铬、色度等
电池	pH 值（或酸度）、铅、锌、汞、镉等
火工	铅、汞、硝基苯类、硫化物、锶、铜等
绝缘材料	化学需氧量、生化需氧量、挥发酚等

2. 大气监测

大气监测是监测空气中的污染物及其含量。由于各种污染物的物理、化学性质不同，产生的工艺过程和气象条件不同，污染物在大气中存在的状态也不尽相同。根据大气污染物存在的状态，可将大气污染物分为分子状态污染物和粒子状态污染物。分子状态污染物监测项目主要指对 SO_2、NO_2、CO、O_3、卤化氢以及碳氢化合物等的监测。粒子状态污染监测主要指对 TSP、自然降尘量及尘粒的化学组成（如重金属和多环芳烃等）的监测。除此之外，局部地区可根据具体情况来增加某些特有的监测项目。大气污染物的浓度与气象条件有着密切的关系，因此在监测空气污染的同时还要测定风向、风速、气温、气压等气象参数。表 6-4 列出了我国《环境监测技术规范》中规定的例行监测项目。

表 6-4　大气监测项目

分　类	必测项目	选测项目
连续采样实验室分析项目	二氧化硫、氮氧化物、总悬浮颗粒物、硫酸盐化速率、灰尘自然降尘量	一氧化碳、飘尘、光化学氧化剂、氟化物、铅、汞、苯并（a）芘、总烃及非甲烷烃
大气环境自动监测系统监测项目	二氧化硫、氮氧化物、总悬浮颗粒物或飘尘、一氧化碳	臭氧、总碳氢化合物

3. 土壤、固体废弃物监测

土壤中的优先监测物包括两类：第一类是汞、铅、镉、DDT 及其代谢产物与分解产物、多氯联苯（PCB）；第二类是石油产品、DDT 以外的长效有机氯、四氯化碳醋酸衍生物、氯化脂肪族、砷、锌、硒、铬、镍、锰、钒、有机磷化合物及其他活性物质（抗菌素、激素、致畸性物质、催畸性物质和诱变物质）等。我国土壤的常规监测项目包括金属化合物镉、铬、铜、汞、铅、锌，非金属化合物砷、氰化物、氟化物、硫化物，有机化合物苯并（α）芘、三氯乙醛、油类、挥发酚、DDT、六六六等。

固体废弃物主要来源于人类的生产与消费活动。根据来源不同，可将其分为矿业固体废物、工业固体废物、城市垃圾（包括下水污泥）、农业废物和放射性固体废物等。在固体废物中，对环境影响较大的是工业有害固体废物，应对这些工业有害固体废物的特性如易燃性、放射性、浸出毒性、急性毒性以及其他毒性进行监测。

4. 噪声污染监测

噪声污染监测主要包括以下几个方面。

（1）城市区域环境噪声监测

城市区域环境噪声监测将要普查测量的城市区域划分成等距离的网格，如 500m×500m 或 250m×250m，网格数目一般应多于 100 个，测点应在每个网格的中心。若中心的位置不易测量，可移到旁边能测量的位置上进行测量。测量时一般应选在无雨、无雪时，声级计应加风罩以避免风噪声的干扰，4 级以上大风天气应停止测量。

（2）道路交通噪声监测

测点应选择在两路口之间的交通干线的马路边人行道上，离马路沿 20cm 处，离路口的距离应大于 50m，这样的测点噪声可以代表两路口间的该路段噪声。应在白天正常工作时间内测量。

（3）工业企业外环境噪声监测

测量工业企业外环境噪声，应在工业企业边界线 1m 处进行。据初测结果声级每涨落 3dB 布一个测点。如边界模糊，以城建部门划定的建筑红线为准。如与居民住宅毗邻时，应取该室内中心点的测量数据为准，此时标准值应比室外标准值低 10dB。如边界设有围墙、房屋等建筑物时，应避免建筑物的屏障作用对测量的影响。测量应在工业企业的正常生产时间内进行，必要时适当增加测量次数。

（4）功能区噪声定期监测

当需要了解城市环境噪声随时间的变化时，应选择具有代表性的测点进行长期监测。测点的选择应根据可能的条件决定，一般不能少于 6 个点。这 6 个测点的位置应这样选择：0 类区、1 类区、2 类区、3 类区各一点，4 类区两点。测量时，读取的数据记入环境噪声测量数据表。读数时还应判断影响该测点的主要噪声来源（如交通噪声、生活噪声、工业噪声、施工噪声等），并记录周围的环境特征，如地形地貌、建筑布局、绿化状况等。测点如果落在交通干线旁，还应同时记录车流量。

阅读资料

我国环境监测网

1. 国家环境监测网能力建设

2009 年，中央继续加大对国家环境监测网能力建设投入。2008 年，中央财政主要污染物减排专项，中央实施部分共安排项目资金 26 654 万元，重点支持了国家环境质量监测网能力建设。其中，中央直接投资新建 31 个农村空气自动监测子站、14 个国家空气背景站、26 个国家水质自动监测站；为 31 个省会城市配备了空气自动监测监控系统；在每个省各选 1 个空气自动监测子站增加温室气体监测设备；在北京等 7 个城市的 18 个空气自动监测子站增加臭氧监测设备；更新改造 82 个水质自动监测子站；选择 8 个国家重点水域及饮用水水源地开展挥发性有机污染物自动在线监测；在中国环境监测总站建设沙尘暴监测子站等。减排专项仪器采购资金总额 19 936.3 万元，各子项目仪器设备采购合同均已按招标结果签订完成，共签订合同金额 18 630.8 万元。各项目土建改造也在稳步推进，预计 2010 年各新建项目可投入运行。为及时查清跨国界河流水质状况和污染程度，提高边境地区的常规监测能力，积累界河水环境资料，在 2009 年的国家环境监测网络运行项目中增加跨界河流（湖泊）监测，选择 78 个国界河流国控断面开展界河监测。在 2009 年减排专项资金中安排在 6 个边境省（自治区）的 8 条河流和 1 个湖上新建 13 个水质自动站，进一步开展界河监测。

2. 城市空气环境监测网

我国大陆的城市空气监测网络分为国控网和地方网两级。国控网以 113 个环境保护重点城市为基础逐年建设形成，全部重点城市实现每天不间断地环境空气自动监测、上报和发布重点城市环境空气质量日报。地方网以 340 个地级及以上城市（含地、州和盟所在地）为主要节点组成，以此逐步建设增加并辐射到各省直辖县和各地区辖县，地方网城市每年上报年报数据。113 个环保重点城市日报上报的监测项目，包括二氧化硫、二氧化氮和可吸入颗粒物浓度，监测数据为各项目前一天中午 12 点至当天中午 12 点的 24 小时平均值。部分城市开展了臭氧和细颗粒物试点监测。全国地方网城市年报上报的监测项目主要包括二氧化硫、二氧化氮、可吸入颗粒物或总悬浮颗粒物浓度，监测数据为各项目的年均值。

3. 酸雨监测网

2009 年，全国有 188 个市（县）报送了酸雨监测数据，主要监测降水酸度（pH）、降水量和酸雨发生频率，监测频次为逢雨必测，有 290 个城市还分析了降水中 SO_4^{2-}、NO_3^-、F^-、Cl^-、NH_4^+、Ca^{2+}、Mg^{2+}、Na^+、K^+ 等 9 种离子含量。188 个城市（县）中包括 200 个酸雨控制区城市（县），65 个二氧化硫控制区内城市（县）。采用 pH 值低于 5.6 作为酸雨判定依据。pH 值低于 5.0 为较重酸雨，低于 4.5 为重酸雨。

4. 地表水监测网

国家地表水监测网分常规监测网和自动监测网。国家地表水常规监测网主要监测长江、黄河、珠江、松花江、淮河、海河和辽河七大水系，浙闽区河流，西北诸河，西南诸河和南水北调（东线）等共 387 条河流 604 个断面，以及 28 个湖库的 155 个点位。七大水系共监测 197 条河流 407 个断面，其中干流 108 个断面。国家地表水水质自动监测网由 100 个水质自动监测站组成，分布在 25 个省（自治区、直辖市），其中，河流上 83

个，湖库上 17 个。按功能分，国界河流或出入国境断面上 6 个，省界断面上 37 个，入海口 5 个，其他 52 个。网络中心站设在中国环境监测总站，各水质自动监测子站委托地方环境监测站（简称托管站）负责日常运行和维护。全国重点流域水质自动监测周报定期在环境保护部外网及中国环境监测总站外网上公开发布。自 2009 年 7 月 1 日起，自动监测实时数据在环境保护部政府网站上对外公开发布。

5. 近岸海域监测网

2009 年，全国近岸海域环境监测网成员单位共监测 299 个站位，其中渤海 49 个、黄海 54 个、东海 95 个、南海 101 个，与 2008 年相比，南海减少两个点位。监测频次为 2～3 期，监测点位控制面积为 279 940 平方公里。对 466 个污水日排放量大于 100 立方米的直排海污染源和 204 个入海河流断面进行了污染物入海量监测。中国环境监测总站为全国近岸海域环境监测网组长单位，每年编制全国近岸海域环境质量公报，海水水质评价方法采用单因子判别法。

6. 噪声监测网

2009 年，全国共有 351 个城市监测了城市区域环境噪声，其中 71.6% 的城市区域声环境质量为好和较好，25.1% 的城市声环境为轻度和中度污染。2009 年，全国共有 331 个城市监测了道路交通噪声，其中，91.6% 的城市道路交通声环境质量处于好和较好水平，轻度、中度及重度污染的占 5.1%。城市各类功能区声环境质量，昼间达标率高于夜间，道路两侧区域夜间噪声超标较为严重。

7. 生态环境监测网

2009 年，全国生态环境质量报告是在 2008 年度 Landsat TM 遥感数据基础上完成的，反映的是 2008 年全国生态环境质量。2008 年，全国生态环境质量指数（EI）值为 19.5，生态环境状况总体为 "一般"；全国 31 个省（自治区、直辖市）的 EI 值介于 20.1～88.6 之间，生态环境质量分为 "优"、"良"、"一般"、"较差" 4 个等级，其中为 "优" 的省有 7 个：浙江、福建、江西、湖南、广东、海南和云南，为 "良" 的省（自治区、直辖市）有 12 个：北京、天津、辽宁、吉林、黑龙江、上海、江苏、安徽、湖北、广西、四川和贵州，为 "一般" 的省（自治区、直辖市）有 10 个：河北、山西、内蒙古、山东、河南、重庆、西藏、陕西、青海和宁夏，为 "较差" 的省（自治区）有 2 个：甘肃和新疆。在面积比例上，生态环境质量为 "优" 的省份占国土面积的 12.7%，"良" 占 22.8%，"一般" 占 42.7%，"较差" 占 21.8%。

8. 辐射监测网

全国主要设置了重点省会城市辐射环境自动监测站 25 个，在线连续监测环境辐射空气吸收剂量率，同时测量气溶胶和沉降物总 α 和总 β 比活度以及空气中氡含量。另外，全国还设置了 318 个陆地辐射监测点，覆盖主要地市级城市，70 个水体监测点，175 个土壤监测点，22 个国家重点监管的核与辐射设施周围核环境安全预警监测站点。

（资料来源：汪志国，国家环境监测网，《中国环境年鉴》，2010 年）

6.2　现代环境分析技术

6.2.1　概述

从采用分析方法对环境进行监测开始，环境分析方法的发展一共经历了三个阶段：第一阶段，经典的分析化学方法；第二阶段，以仪器分析为主的分析化学技术、物理方法和生物方法；第三阶段，遥感、遥测等技术和自动连续监测技术。

随着环境监测指标越来越多，环境监测体系越来越复杂，环境监测几乎采用了当代分析化学及各相关学科发展起来的各种分析方法和测试手段。每种方法都有其特定的适用对象和应用范围，因此应根据监测分析的目的、监测对象、浓度水平以及实验室的仪器设备条件来选择分析方法。所选用的方法必须能够满足以下要求。

（1）准确度

监测方法的准确度必须获得公认。不准确的监测数据，不仅不能说明问题，而且会据此得出错误的结论，进而产生严重的后果。环境监测数据关系到人体健康和有关方面的经济利益，因此，其准确度首先要从监测方法上得到保证。

（2）灵敏度

要求能监测浓度水平很低的污染物，或者能对绝对量极小的样品进行测定。因此，必须采用各种高灵敏度的测试手段。

（3）选择性

环境监测对象成分复杂，要求分析方法对被测组分具有良好的选择性，甚至是特殊的方法，以尽量避免共存物质的干扰，这样既可使处理简化，又能提高测定的准确度。

（4）简便适用

在保证监测质量的前提下，使用的方法和仪器越简便越好，以利于普及推广，使实验室外的监测工作方便快捷。

（5）标准化

环境监测工作具有广泛的社会性，为了保证监测质量和监测数据的可比性，各国都颁布了统一的标准化分析方法，以供使用。对于一些重要的环境污染物，已经颁布了国际统一的标准方法。随着监测手段的发展，现行方法将不断得到改进和完善。一些新的环境污染物的分析方法尚有待建立。

6.2.2　现代环境分析技术介绍

现代环境分析技术主要根据其采用的技术原理来分类，包括下列几种方法。

1. 化学分析法

化学分析法是以物质间的化学反应为基础的监测方法，是环境监测分析的基础。虽然化学分析方法的灵敏度对于大多数痕量水平的环境污染物的分析来说不能达到要求，但是对于一些常量成分的分析仍被普遍应用。现在广泛应用的仪器分析法也多以化学分析法为基础。试样的处理、痕量成分的分离富集、干扰物的掩蔽，标准溶液的配置和浓度标定等都离不开化学分析法。化学分析法包括重量分析法和滴定分析法两种。

（1）重量分析法

重量分析法是将待测物质以沉淀的形式析出，经过过滤、烘干，用天平称其质量，通过计算得出待测物质的含量。重量分析法准确度比较高，但操作繁琐、费时，主要用于环境空气中总悬浮颗粒物、降尘、烟尘、生产性粉尘以及废水中的悬浮固体、残渣、油类、硫酸盐等的测定。

（2）滴定分析法

滴定分析法是用一种已知准确浓度的溶液（标准溶液），滴加到含有被测物质的溶液中，根据反应完全时消耗标准溶液的体积和浓度，计算出被测物质的含量。滴定分析法简便，准确度也较高，不需贵重的仪器设备，至今仍被广泛应用，是一种重要的分析方法。根据化学反应类型的不同，滴定分析法可分为酸碱滴定法、络合滴定法、沉淀滴定法和氧化还原滴定法。该种方法主要用于水环境中酸碱度、氨氮、化学需氧量、生化需氧量、溶解氧、S^{2-}、Cr^{6+}、氰化物、氯化物、硬度、酚及废气中铅的测定。

2. 仪器分析法

仪器分析法是利用特殊或复杂的仪器，通过测定物理或物理化学性质来确定物质组成、含量和结构的监测方法，具有较高的灵敏度、选择性和自动化程度，适用于痕量水平测定。仪器分析法种类很多，按照所监测的物理或物理化学性质，一般将其分为电化学分析法、光学分析法和波谱分析法。

（1）电化学分析法

电化学分析法是根据物质溶液的电化学性质来测定物质的成分和含量的方法。溶液的电化学性质是指由它组成的电池电学量（如电极间的电位差、电流、电量、电阻等）与其化学量（如电解质溶液的浓度等）之间的内在联系。溶液的电化学现象一般发生于电池中（电解池与原电池），电池主要包括放置在被测电解质溶液中的两个电极，以及与这两个电极相连接的外部电源。电化学分析法种类也很多，在环境监测中的应用非常广泛，常见的有以下几种。

①电导法。电导法是通过测量溶液的电导或电阻来确定被测物质含量的方法，如水质监测中电导率的测定。可以分为两种：一种是电导分析法，将被分析溶液放在由固定面积、固定距离的两个铂电极所构成的电导池中，通过测量溶液的电导（或电阻）确定被测物质含量；另外一种是电导滴定法，根据溶液电导的变化来确定终点，滴定时滴定剂与溶液中被测离子结合生成水、沉淀或其他难解离的化合物而使溶液的电导值发生变化，等当点时滴定曲线上出现转折点，指示滴定终点。

②电位法。电位法是用一个指示电极和一个参比电极与试液组成化学电池，根据

电池电动势或指示电极电位对待测物质进行分析的方法。电位分析已广泛应用于水质中 pH 值、氟化物、氰化物、氨氮、溶解氧等的测定。电位分析分为两种：一种是电位法，直接根据指示电极的电位与待测物质浓度的关系进行分析；一种是电位滴定法，根据滴定过程中指示电极电位的变化确定滴定终点，滴定是在等当点附近，由于被测物质浓度变化，而使指示电极电位出现突越，指示滴定终点。

③库仑法。库仑法是通过测定被测物质定量地进行某一电极反应，或者通过它与某一电极反应产物定量地进行化学反应所消耗的电量来进行定量分析的方法，可用于测定空气中二氧化硫、氮氧化物以及水质中化学需氧量和生化需氧量。库仑法分为两种：一种是控制电位库仑分析法，控制工作电极的电位为恒定值，以 100% 的电流效率电解试液，使被测物质直接参与电极反应，根据电解过程中所消耗的电量来求得其含量；另外一种是库仑滴定法，控制电解电流为恒定值，以 100% 的电流效率电解试液，使某一试剂与被测物质进行定量的化学反应，根据等当点时电解所消耗的电量来求得被测物质的含量。

④电重量法。电重量法是应用电解作用来进行分析，将被测定的溶液放在由电极（常用铂电极）组成的电解电池中，在恒电流或恒电位下进行电解，此时被测离子在已经称重的电极上以金属或其他形式析出，由电极所增加的重量就可计算其含量。电解作用也可应用于金属离子的分离，由于各种金属离子具有不同的析出电位，因而控制电极电位进行电解。

⑤伏安及极谱法。伏安及极谱法是用微电极电解被测物质的溶液，根据所得到的电流—电压或电极电位极化曲线来测定物质含量的方法，可用于测定水质中铜、锌、镉、铅等重金属离子。这类方法根据所用的指示电极的不同可分为两种：一种是用液态电极做指示电极，如滴汞电极，其电极表面做周期性连续更新，称为极谱法；另一种是用固定或固态电极做指示电极，如石墨、铂电极等，称为伏安法。

随着极谱分析的发展，又出现了极谱催化波法、固定电极溶出伏安法，以及单扫描示波极谱、交流极谱、方波极谱、脉冲极谱等新的分支。

（2）光谱分析法

光谱分析法是根据物质发射、吸收辐射能与物质相互作用关系建立的分析方法，主要包括以下几种。

①分光光度法。分光光度法是利用棱镜或光栅等单色器获得单色光来测定物质对光吸收能力的方法，其基本依据是物质对不同波长的光具有选择性吸收作用，可用于测量砷、铬、镉、铅、汞、锌、铜、酚、硒、氟化物、硫化物、二氧化硫、二氧化氮等。

②原子光谱法。原子光谱法是对原子外层电子跃迁所产生的光谱进行分析的方法，包括原子发射光谱法、原子吸收光谱法和原子荧光光谱法。原子发射光谱法是根据气态原子受热或电激发时发射出的紫外光和可见光光域内的特征辐射来对元素进行定性

和定量分析的一种方法。由于近年来等离子体新光源的应用，使等离子体发射光谱法（ICP – AES）发展很快，已用于清洁水、废水、底质、生物样品中多元素的同时测定。原子吸收光谱法又称原子吸收分光光度法，是基于待测组分的基态原子对待测元素特征谱线的吸收程度来进行定量分析的一种方法。该法能满足微量分析和痕量分析的要求，在环境监测中被广泛应用。到目前为止，能测定 70 多种元素，如工业废水和地面水中的镉、汞、砷、铅、锰、钴、铬、铜、锌、铁、铝、锶、钒、镁等，大气粉尘中钒、铍、镉、铅、锰、汞、锌、铜等，土壤中的钾、钠、镁、铁、锌、铍等。原子荧光光谱法是根据被辐射激发的原子返回基态的过程中伴随着发射出来的一种波长相同或不同的特征辐射（即荧光）的发射强度对待测元素进行定量分析的一种方法，该方法还可以利用各元素的原子发射不同波长的荧光进行定性分析。原子荧光分析对锌、镉、镁等具有很高的灵敏度。

③分子光谱法。分子光谱法包括红外吸收、可见和紫外吸收、分子荧光、拉曼光谱等方法。红外吸收光谱法是以物质对红外区域辐射的吸收为基础，由于红外辐射的吸收只能引起分子的振动能级和转动能级的跃迁，主要用于有机化合物的成分分析和结构分析。可见和紫外吸收光谱法应用最为广泛，是以物质对可见和紫外区域辐射的吸收为基础，根据吸收程度对物质定量。分子荧光光谱法是根据某些物质被辐射激发后发射出的波长相同或不同的特征辐射强度对待测物质进行定量分析的一种方法，在环境分析中主要用于强致癌物质——苯并芘（α）、硒、铵、油类、沥青烟的测定。拉曼光谱法是以很强的单色光照射样品，在与光源成直角的方向考察散射的波长特征，被应用于各种有机体系的结构研究中。

④X 射线光谱法。X 射线光谱法是根据原子内层电子（主要是 K、L 层）跃迁产生的 X 射线与物质相互作用关系建立的方法，包括 X 射线发射、吸收、衍射和荧光、电子探针等。X 射线荧光光谱分析法是由于入射光是 X 射线，发射出的荧光亦在 X 射线范围内，各种元素所发射出来的 X 射线的波长由它们的原子序数决定，原子序数越高，所发射出来的 X 射线的波长越短。通常根据 X 射线的波长，可以进行定性分析；根据谱线的强度，可以进行定量分析。电子探针 X 射线显微分析法是以电子束（探针）为激发源来进行 X 射线光谱分析的一种微区分析方法。当用电子束在样品上进行扫描时，一部分电子轰击样品表面使其激发出特征 X 射线，另一部分电子将试样穿透，还可以被试样表面的原子所散射。因此根据所产生的 X 射线图像、吸收电子图像以及散射电子图像的变化，可以直接显示出样品表面一平方微米至几平方毫米范围内元素的分布状态。电子探针法可用于探测周期表中原子序数 4 ~ 92 的元素，且分析过程中不破坏样品，制样简单。

（3）波谱分析法

波谱分析法按照作用原理不同分为色谱法、质谱法和核磁共振法。

①色谱法。色谱法是以混合物各组分在互不相溶的固定相与流动相中吸附能

力、分配系数或其他亲和作用性能的差异为分离依据的。当混合物中各组分随着流动相移动时，在流动相与固定相之间进行反复多次的分布。这样，就使吸附能力（或分配系数）不同的各组分在移动速度上产生了差别，从而得到分离，进而进行定性、定量分析。

按照两相所处的状态，色谱法可分为两种：用气体作为流动相的叫做气相色谱法，以液体作为流动相的叫做液相色谱法。按照分离过程的作用原理，色谱法可分为吸附色谱、分配色谱，还有离子交换色谱、凝胶色谱、热色谱等。常用色谱法的特点及应用范围见表 6 - 5。

表 6 - 5　常用色谱法的特点及应用范围

种　类	特　点	应用范围
气相色谱法	灵敏度与分离效能高，样品用量少，应用范围广	主要用于易挥发、热稳定性好的有机物分析，如苯、二甲苯、多氯联苯、多环芳烃、酚类、有机氯农药、有机磷农药等
液相色谱法	灵敏度高，检出限低，样品用量少，应用范围广	用于高沸点、不能气化的、热不稳定的有机物分析，如多环芳烃、农药、苯并芘等
离子色谱法	是离子交换分离、洗提液消除干扰、电导法进行监测的联合分离分析方法	可用于大气、水等领域中测定多种物质，阴离子如 F^-、Cl^-、Br^-、NO_2^-、NO_3^-、SO_3^{2-}、SO_4^{2-}、$H_2PO_4^-$，阳离子如 K^+、Na^+、NH_4^+、Ca^{2+}、Mg^{2+} 等

②质谱法。当试样在离子源中电离后，产生各种带正电荷的离子，在加速电场作用下，形成离子束射入质量分析器。在质量分析器中，由于受磁场作用，入射的离子束便改变运动的方向。当离子的速度和磁场强度不变时，离子作等速圆周运动，其轨迹与质荷比（即质量对电荷的比值 m/e）的大小有关。各种离子会按其质荷比的大小分离开，然后记录质谱图。根据谱线的位置及相应离子的电荷数，可进行定性分析，根据谱线的黑度或相应的离子流相对强度，可进行定量分析。

③核磁共振和顺磁共振波谱法。在有强磁场存在的情况下，某些元素原子核由于其本身所具有的磁性质，将分裂成两个或两个以上量子化的能级。电子也具有类似的情况。吸收适当频率的电磁辐射，可在所产生磁诱导能级间发生跃迁。对于原子核对射频辐射吸收的研究称为核磁共振，这是测定各种有机和无机成分结构的常用方法之一。顺磁共振（也称电子自旋共振）是指磁场中电子对微波辐射的吸收，可提供有用的结构信息。

（4）仪器联用技术

为了更好地解决环境监测中复杂的分析技术问题，近年来已越来越多地采用仪器联用的方法（表 6 - 6）。例如，气相色谱仪是目前最强有力的成分分析仪器，而质谱仪则是目前最强有力的结构分析仪器，将二者合在一起组成气相色谱—质谱联用仪（GC - MS），分析范围很广，几乎大多数有机污染物、有毒化学药品、农药、毒气、废气分析都能适用。

表 6 – 6　环境分析中的联用技术

联用技术	应用示例
GC – MS	普遍应用（挥发性化合物、衍生物）
GC – FAAS	石油中的乙基铅化合物、鱼体中的汞化合物
GC – FAES	有机锡化合物、甲硅烷化醇类
GC – ETA – AAS	生物中的有机铅、有机砷、有机汞
GC – FAFS	四乙基铅
GC – DCP – AES	石油中的锰化合物
GC – MIP – AES	烷基汞化合物、血液中的铬
GC – ICP – AES	烷基铅、有机硅化合物
HPLC – FAAS	有机铬化合物、铜螯合物、氨基酸络合物
HPLC – FAFC	生物样品中锰的形态、金属的氨基酸络合物
HPLC – ETA – AAS	四烷基铅化合物、有机锡化合物、铜的氨基酸络合物
HPLC – DCP – AES	各种金属螯合物
HPLC – ICP – AES	维生素 B_{12} 中的钴、蛋白质中的金属、四烷基铅、铁钼的羰基化合物

3. 生物监测法

环境中的生物学变化与环境中的物理、化学变化是相互联系的，因此可以通过生物的变化来监测环境质量。与化学、物理监测方法相比，生物监测方法具有很多优点：生物监测结果能更直接地反映出环境质量对生态系统的影响；生物监测法简易、费用低廉；可以在更广的范围布置监测点；可以较方便地实现连续监测。生物监测也有其局限性。例如，生物过程不仅受环境污染的影响，同时还受很多非污染因素的影响，因此在不同的自然、地理和气象条件下没有可比性。另外，生物监测一般只能是半定量监测。生物监测目前主要应用在水质和大气监测上，这里只进行简单介绍。

（1）水质生物监测

天然水域中的大量水生生物和水环境之间保持着动态平衡关系，当环境受到污染时，某些水生生物将产生不同的特征反应，可以根据这些特征反应来监测水质的污染程度。

（2）大气生物监测

大气中的污染物质一样会对生物产生影响，由于植物的分布范围广，对大气污染物的反应更为灵敏，所以监测大气污染一般选择植物作为指示生物。如表 6 – 7 所示，不同的植物对不同的污染物质表现出的受害症状是不同的。

表 6-7　化工厂废气（含 SO_2）对附近植物的危害

植物名称	受害情况
悬铃木、加拿大白杨	80%~100%叶片受害，甚至脱落
桧柏、丝瓜	叶片有明显大块伤斑，部分植物枯死
向日葵、菰、玉米、牵牛花	50%左右叶面积受害，叶片脉间有点状、块状伤斑
月季、蔷薇、枸杞、香椿、乌桕	30%左右叶面积受害，叶脉间有轻度点状、块状伤斑
葡萄、金银花、枸树、马齿苋	10%左右叶面积受害，叶片有轻度点状斑
广玉兰、大叶黄杨、栀子花、腊梅	无明显症状

6.2.3　环境分析方法的发展趋势

环境分析方法不但要求应用现代分析化学中的各项新理论、新方法、新技术，而且还要引进近代化学、物理、数学、电子学、生物学和其他技术科学的最新成就来解决环境污染分析问题。环境分析方法的发展趋势主要有以下 3 点。

1. 新型环境分析仪器

随着科学技术的发展与仪器的更新，各国环境监测工作者都在利用新的仪器开发一系列新的监测技术和方法，如新型监测仪器气相色谱—质谱联用仪、液相色谱—质谱联用仪、傅立叶红外光谱仪、气相色谱—傅立叶红外光谱联用仪、电感耦合等离子体发射光谱仪、X 射线荧光光谱仪等。这些大型仪器对于有机污染物和有毒有害物质的检测具有重要作用，如检测农牧产品及各类食品中农药残留量、痕量稀土元素的定量分析等。但除少数仪器已在我国用于环境监测分析外，其他仪器还没有相应的标准或统一的监测分析方法，在我国环境监测分析中的普及和应用也尚待时日。

在自动监测系统方面，一些发达国家已有成熟的技术和产品，如大气、地面水、企业废气、焚烧炉排气、企业废水以及城市综合污水等方面均有成熟的自动连续监测系统。我国虽有少数废水自动监测系统，但监测项目较少，在提高自动化程度及降低故障率等方面仍有许多工作要做。建立完善的、运行良好的空气自动监测系统，发布空气污染警报、并进行污染预报是空气污染防治的要求，也是建立高效能空气连续自动监测网络的根本目的。

2. 新型环境监测分析方法

生态监测就是近年发展起来的，是观测与评价生态系统对自然变化及人为变化所做出的反应，是对各类生态系统结构和功能的时空格局的度量。生态监测是比生物监测更复杂、更综合的一种监测技术，是利用生命系统（无论哪一层次）为主进行环境监测的技术。我国生态监测方面考虑的主要内容有：空气环境监测（CH_4、CO_2 的观测），土地覆盖的变化及对全球变化的影响（包括森林覆盖的变化、湖泊面积的变化、沙漠化的发展、高山冰雪的进退等），海洋环境的监测（海面温度、洋流、海平面变化等），生态网络系统（自然保护区的监测），人对环境的影响，危机带（脆弱、不稳定的过渡带）监测系统，等等。

将"三S"技术与传统监测技术结合起来，从宏观和微观角度来全面审视环境质量状况，尤其是生态环境质量状况是目前环境分析方法的重要发展方向。"三S"是指遥感RS（remote sensing）、全球定位系统GPS（global position system）和地理信息系统GIS（geographic information system）。RS和GPS是通过遥感接受、传送的；GIS是地面的计算机图像图形和属性数据的处理。整体"三S"系统经过地面和卫星遥感通信联成计算机网络。卫星遥感技术可应用于空气污染扩散规律研究，水体污染、海洋污染、城市环境生态与污染、环境灾害监测，还可提供沙漠化、土地盐渍化和水土流失的情况，生态环境恶化状况和发展程度的数据和资料，全面、综合、系统地研究地球在生态环境系统的各个要素及其相互关系，建立全球尺度上的关系和变化规律，为可持续发展提供动态基础数据和科学决策依据。

3. 新型环境标准分析方法

环境科学研究向纵深发展，对环境分析提出的新要求就是常需检测含量低达 $10^{-6} \sim 10^{-9}$ g（痕量级）和 $10^{-9} \sim 10^{-12}$ g（超痕量级）的污染物，以及研究制定出能够测定存在于大气、水体、土壤、生物体和食品中的痕量和超痕量污染物的环境标准分析方法。环境质量评价和环境保护规划的规定和执行，都要以环境数据为依据，因此加强对新的灵敏度高、选择性好而又快速的痕量和超痕量环境标准分析方法的研究，以保证分析数据的可靠性和准确性，是环境监测分析方法发展的必然趋势。

思考题

1. 什么是环境监测？环境监测的目的是什么？
2. 环境监测具有什么特点？环境监测的原则是什么？
3. 现代环境分析方法包括哪些？

第7章 环境质量评价

7.1 概述

7.1.1 环境质量与环境质量评价

质量是客观事物的性质和数量的反映，是可以认识并能够度量的。任何事物都有质量，环境也不例外。环境质量（environment quality）是表示环境本质属性的一个抽象概念，是环境素质好坏的表征。有的认为环境质量是环境状态惯性大小的表示，即环境从一种状态变化到另一种状态，其变化难易程度的表示；也有的认为环境质量是环境状态品质优劣的表示；还有的认为环境质量是环境系统的内在结构和外部所表现的状态对人类及生物界的生存和繁衍的适宜性。例如：当空气的组成结构被破坏，氧气含量降低或硫氧化物浓度过高，就会导致不适宜人和生物生存，这时我们说空气质量恶化或变坏。目前，我国在环境科学研究工作中所谈的环境质量，一般侧重于因工业、农业发展排放的大量污染物而造成的环境质量下降。在判定环境受污染的程度时，往往以国家规定的环境标准或污染物在环境中的本底值作为依据。实际上，在进行环境质量评价时，所考虑的范围既应包括自然环境质量、化学污染所引起的环境质量变异，还应包括社会经济及文化、美学等方面的内容。预计随着环境科学的不断发展，我们对环境质量的范围会不断提出新的要求，不但应研究因环境污染引起的环境变化，而且应研究环境的舒适性问题。

"环境质量评价"（environmental quality assessment）是 20 世纪 70 年代以来在我国广泛应用的名词，"是研究人类环境质量的变化规律，评价人类环境质量水平，并对环境要素或区域环境状况的优劣进行定量描述，也是研究改善和提高人类环境质量的方法和途径。环境质量评价，包括自然环境和社会环境两方面的内容"。由此可见，环境质量评价是认识和研究环境的一种科学方法，是对环境的结构、状态、质量、功能的现状进行分析，对可能发生的变化进行预测，对其与社会、经济发展的协调性进行定性或定量的评估。

环境质量评价的主要对象是环境质量与人类生存发展的需要之间的关系，体现了环境质量的价值，而不仅仅是环境质量本身，这是由环境质量评价的出发点和最终结果来决定的，环境质量评价的出发点和最终结果都是以环境质量对人类生存活动的影响，特别是以人类健康的适宜程度为依据的，而且要受到道德准则的制约和影响。

环境质量评价要为制定城市环境规划、进行环境综合整治、制定区域环境污染物排放标准、环境标准和环境法规、搞好环境管理提供依据；同时也要为比较各地区所受污染的程度和变化趋势提供科学依据。因此，环境质量评价是人们认识环境质量、找出环境质量存在的问题所必不可少的手段和方法。通过环境质量评价，需要达到的目的包括：找出环境污染的主要污染源和污染物；了解区域环境状况及其各个时期的变化规律；定量评价环境质量的水平；通过技术经济比较，提出技术上可行，经济上合理的污染防治途径和方法；为控制环境污染和治理重点污染源、进行城市环境规划与建设提出可行性方案或措施，同时还要为合理制定环境标准、环境法规及环境管理对策提供依据。

根据评价的对象和目的，环境质量评价的基本内容主要包括以下 5 方面。

（1）污染源评价

通过调查、监测和分析研究，找出主要污染源和主要污染物以及污染物的排放方式、途径、特点、排放规律和治理措施等。

（2）环境污染现状评价

根据污染源调查结果和环境监测数据的分析，评价环境污染程度。

（3）环境自净能力的确定

应用主要污染物在环境中的污染状态（分布、浓度、变化）、平衡（自净、残留率）、形态、价态和转化等迁移转化规律及环境容量的研究成果，建立环境规划模型。

（4）对人体健康（与生态系统）的影响评价

通过环境流行病学和人体健康的调查，研究污染和人体健康之间的相关性。

（5）环境经济学评价

调查因污染造成的环境质量下降而带来的直接、间接经济损失，分析污染治理费用和所得经济效益的关系。

7.1.2 环境质量评价的发展历程

环境质量评价的概念最早是 1964 年在加拿大召开的一次国际环境质量评价学术会上提出的。1969 年美国率先颁布了《国家环境政策法》，并于 1970 年 1 月 1 日起正式实施。继美国建立环境质量评价制度后，先后有 100 多个国家建立了环境质量评价制度。1991 年 2 月，联合国欧洲经济委员会通过了《越境环境影响评价条约》，环境影响评价制度被引入国际环境法领域。欧盟（EU）、经合组织（OECD）以及世界银行（WB）等国际组织相继就环境质量评价制度的实施颁布了具体的执行规定。

环境质量评价的概念引入我国开始于 1973 年的第一次全国环境保护会议。1979年，在国家支持下，北京师范大学等单位率先在江西永平铜矿开展了我国第一个建设项目的环境质量评价工作。1979 年 9 月，环境质量评价制度被写进了《环境保护法》

（试行）中。2002 年 10 月 28 日，第九届全国人大常委会第三十次会议通过了《环境影响评价法》，并于 2003 年 9 月 1 日起正式施行。该法对"公众参与"和"规划的环境影响评价"等环境质量评价领域出现的新观念和新问题给予了一定的强调，这无疑会对我国实施可持续发展战略，预防因规划和建设项目实施后对环境造成不良影响，促进经济、社会和环境的协调发展产生重大影响。

我国的环境质量评价制度是由法律、行政法规、部门行政规章和地方法规几个层次组成的。简单介绍如下。

（1）法律

在环境质量评价制度被写进《环境保护法》（试行）中后，20 世纪 80 年代，这项制度又分别写进了《海洋环境保护法》（1982）、《水污染防治法》（1984）、《大气污染防治法》（1987）等单项环境保护法律、法规中。目前已经形成了以《环境保护法》（1989）为环境立法框架的，15 项致力于水、噪声、大气污染控制、固体废物管理、资源保护等方面的专项法为补充的环境法律体系。这些法律、法规都包含为环境质量评价而制定的条例，共同形成了环境质量评价的立法基础。

（2）行政法规及部门行政规章

1998 年发布实施的《建设项目环境保护管理条例》，是《基本建设项目环境保护管理办法》（1981）的最新版本，是建设项目环境管理的第一个行政法规。此外，国家环境保护局先后发布了一系列的管理办法、文件或通知，如《建设项目环境影响评价资格证书管理办法》（1989）、《环境影响评价技术导则》（1993）和《建设项目环境保护分类管理名录》（1999）等，内容涉及环境质量评价程序的各个方面和环节，为《建设项目环境保护管理条例》的必要补充。不同的政府部门为了配合《建设项目环境保护管理条例》的贯彻实施还制定了各自的规定和办法，如机电部发布的《机械电子建设项目环境保护管理办法实施细则》（1989）以及交通部发布的《交通建设项目环境保护管理办法》（1990）等。

（3）地方法规

在国家层次以下，省、自治区、直辖市基于本地情况制定规则，但是与国家法律、法规、标准相一致。

1992 年以来，环境质量评价制度从单纯的建设项目评价发展至区域环境质量评价，从单个项目的、简单因果关系的环境质量评价扩展到考虑多个项目的、具有时间和空间效应的、复杂因果关系的累积影响评价，继而扩展到对经济社会发展的重大决策所产生影响的环境质量评价；从对污染影响的评价，发展到对生态影响的评价。在资源开发利用方面，正在开展可持续发展评价。在农业开发方面，正在开展对生物技术和有毒化学品的生态安全性评价。总体来说，环境质量评价的发展方向有以下几方面。

（1）战略环境影响评价

战略环境影响评价是环境质量评价从微观到宏观的战略转移，是指对法规、政策、规划和计划实施可能造成的环境影响做出预测与评价，并在不利环境影响的情况下，采取预防措施或其他补救措施，如对该政策进行修正或寻求替代方案。

1990 年，联合国欧洲经济委员会（EEC）提出，在项目环境影响评估之外，也应同样考虑政策（Policy）、方案（Plan）及计划（Program），即 3Ps 的环境影响；1994 年，欧盟（EU）提出政策环境评估方法论，加速了将政策评估并入环境影响评估之中。

我国在新环境影响评价法中，在项目的环境影响评价基础上，增加了规划的环境影响评价部分，为了规范规划环境影响评价工作，同时颁布了《规划环境影响评价技术导则（试行）》，该项政策的实施必将为我国的可持续发展和环境与发展综合决策起到极大的推进作用。

（2）生态安全性评价

目前，生态安全性评价主要集中在有毒化学品和转基因生物的研究上。

人工合成化学品日益增长，给人类文明和世界经济发展带来了巨大的进步和利益，但同时也对人类的健康和生存环境造成严重的、长期的和潜在的危害。面对如此大量的化学品，尤其是有毒化学品，如何对其安全性科学地评价，最终减轻或消除有毒化学品的污染，已经成为全人类共同面临的重大环境问题。化学品安全性评价方法学和风险预测模型、有毒化学品的管理及其污染控制技术与对策、有毒化学品的环境化学行为以及检测新技术和新方法目前还处在探索阶段。

随着生物技术的发展，转基因生物及其产品已经进入商业化阶段，日益影响着人类的生产和生活，由此带来了环境安全性和食品安全性两个问题。由于基因工程研究是一个新领域，目前还难以准确地预测转基因在受体生物遗传背景中的全部表现，人们对于转基因生物出现的新组合、新性状及其潜在危险性还缺乏足够的预见能力，因此必须依据我国的实际情况尽快建立起我国的生物安全性评价技术、方法和标准体系。

（3）可持续发展的影响评价

我国为了实现自然资源的可持续利用，在《中国 21 世纪议程》第 14 章中指出在自然资源管理决策中推行可持续发展影响评价制度，其目标是逐步推行在制定有关自然资源管理的重大政策、规划和开发项目时采用可持续发展影响评价，最终以法规的方式加以推广实施，并利用可持续发展影响评价进行规划或实施自然资源保护和管理政策的费用效益分析。

（4）生命周期评价

生命周期评价也称为"生命周期分析"、"生命周期方法"、"摇篮到坟墓"、"生态衡算"等，是指对产品从最初原材料采掘到原材料生产、产品制造、产品使用，以及产品用后处理的全过程进行跟踪和定量分析与定性评价。

（5）地理信息系统

地理信息系统是以地理空间数据库为基础，在计算机软硬件的支持下，对空间相关数据进行采集、管理、操作、分析、模拟和显示，并采用地理模型分析方法，适时提供多种空间和动态的地理信息，是为地理研究和地理决策服务而建立起来的计算机技术系统。该系统具有采集、管理、分析和输出多种地理空间信息以及区域空间分析、多要素综合分析和动态预测能力，并且在计算机的支持下可以方便、快捷、准确地完成人类难以完全的任务。因此，从 20 世纪 60 年代提出此概念后，该系统已经被广泛应用到各个行业、各个领域。环境影响评价中的许多环境问题都依赖于模型的构建，如二维水质模型和三维水质模型、大气扩散模型、污染物在地下水中的扩散模型等，这些模型都具有明显的空间特征，为地理信息系统应用到环境影响评价中提供了理论基础。目前，地理信息系统在环境影响评价中已经被应用到了现状调查、质量现状评价、影响预测、项目选址、环境影响评价制图等各个方面。

7.1.3　环境质量评价的分类

环境质量评价的类型很多，可按时间、环境要素、区域空间和职能等进行分类。

1. 按照评价的时间段分类

（1）环境质量回顾评价

环境质量回顾评价是根据某环境区域过去一定历史时期积累的环境历史资料进行环境质量发展演变状况的评价。在搜集大量历史环境资料的同时，进行必要的采样分析和环境模拟，通过对环境背景的社会特征、自然特征及污染源的调查，反演过去的环境状况，分析了解环境质量的演变过程，寻找污染的原因，确定污染程度和范围，污染物浓度变化规律，做出环境治理效果的评估，从而为环境质量预测打下基础。

（2）环境质量现状评价

环境质量现状评价是我国各地普遍开展的评价形式，一般是根据近三五年的环境监测资料对环境污染现状进行评价。环境质量现状评价可以阐明环境污染的现状，其结论能为区域环境污染综合防治提供科学依据。

（3）环境质量影响评价

环境质量影响评价是指对新的开发活动给环境质量带来的影响进行评价，是根据污染源、环境要素、污染物浓度的变化特征及其相关性，推断污染物分布的可能变化，预测未来环境质量的变化趋势，并提出污染防治建议。《中华人民共和国环境保护法》明确规定，新建、改建、扩建的大中型项目在建设之前，必须进行环境质量影响评价，并编制环境质量影响评价报告书。

国际上，环境质量影响评价发展很快，因评价对象及侧重点不同，发展了各种不同类型的评价，包括：

①单个建设项目的环境质量影响评价。建设项目种类繁多，包括化工、煤炭、钢铁、电力、炼钢、油田交通等。不同建设项目的环境影响是不一样的。

②区域开发的环境质量影响评价。随着我国经济建设的高速发展，区域开发项目越来越多，如经济技术开发区、高新技术开发区等。区域开发的环境质量影响评价重

点是论证区域内未来建设项目的布局、结构及时序，建立合理的产业结构，采取污染控制措施，以协调开发活动与保护区域环境间的关系。

③战略环境质量影响评价。战略环境质量影响评价是指对发展战略进行环境质量影响评价。发展战略是对未来发展目标的预期与谋划，该类评价侧重于比较不同发展战略的环境后果，选择环境影响小并具有显著社会效益、经济效益的发展战略作为区域备选发展战略。1996 年 6 月，在葡萄牙召开的国际环境影响评价学术讨论会上，联合国环境规划署号召各国改进环境质量影响评价，提高其有效性，发展战略环境质量影响评价为政府决策服务。

④环境风险评价。风险就是指发生不幸事件的概率，它广泛存在于人们的生活、生产等活动的环境中，如 1986 年 4 月 26 日前苏联发生的切尔诺贝利核泄漏事故。

环境风险是指由人类活动引起的，或由人类活动与自然界自身运动过程共同作用造成的，通过环境介质传播的，能对环境产生破坏、损失乃至毁灭性作用等不利后果的事件的发生概率。它具有不确定性和危害性。按其产生的原因，环境风险有化学风险（由有毒有害化学物品的排放、泄漏、燃烧等引起的）、物理风险（由机械设备或机械结构的故障等引起的）、自然灾害引起的风险（由地震、火山、洪水、台风等引起的物理风险、化学风险）等类型。根据危害事件的承受对象差异，环境风险可划分为人群风险、设施风险和生态风险。

环境风险评价是指对某工程项目的兴建、运转，或是区域开发行为所引发的或面临的灾害（包括自然灾害）对人体健康、社会经济发展、生态系统等所造成的风险可能带来的损失进行评估，并以此进行管理和决策的过程。环境风险评价包括 3 个步骤：环境风险识别、环境风险估计（即环境风险度量）、环境风险对策与管理。环境风险评价是一个动态的、可迭代的过程，在它们之间存在一个反馈环，如图 7 - 1 所示。通过环境风险评价，最终要达到最大限度地控制风险的目的。

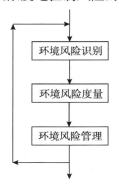

图 7 - 1　环境风险评价

2. 按照评价的环境要素分类

环境质量评价按环境要素可分为单要素评价、联合评价和综合评价。单要素评价包括大气环境质量评价、水环境质量评价（地表水、地下水）、噪声环境质量评价等。联合评价是指对两个以上环境要素联合进行评价，如地表水与地下水联合评价、土壤及作物的联合评价等。联合评价可以解释污染物在各环境要素间的迁移转化规律，反映各个环境要素的环境质量的相互关系。综合评价是指整体环境的环境质量评价，是在单要素评价的基础上进行的，可以从整体上全面反映一个地区环境质量的状况。

3. 按照评价的环境区域、空间分类

环境质量评价按区域可分为城市环境质量评价、流域环境质量评价等。

环境质量评价按空间可分为区域环境质量评价、全国环境质量评价、全球环境质量评价。

4. 按照评价职能分类

环境质量评价按职能可分为城市环境质量评价、工业环境质量评价、农业环境质量评价及交通环境质量评价等。

7.2　环境质量现状评价

7.2.1　环境质量现状评价的程序

环境质量现状评价的工作程序如图 7 - 2 所示，分为 4 个阶段。

（1）准备阶段

确定评价的目的、范围、方法、深度和广度，制定出评价工作计划，组织各专业部门分工协作，充分利用已掌握的有关资料做初步分析，初步确定出主要污染源和主要污染因子，做好评价工作的人员、资源和物质的准备工作。

（2）监测阶段

按照国家各项规定和标准，开展环境质量现状监测工作，要确保监测数据具有代表性、可比性和准确性。

（3）评价和分析阶段

根据环境监测数据，选用适当方法，对不同地区、地点和不同季节、时间的环境污染程度进行定量、定性的判断和描述，评价环境质量，并分析造成环境污染的原因以及环境污染对人、植物、动物的影响程度。

（4）成果应用阶段

研究环境污染规律，建立环境污染数学模型，制定环境治理的规划意见，通过调整工业布局、调整产业结构、采用污染控制技术等措施控制或减轻一个地区的环境污染程度。

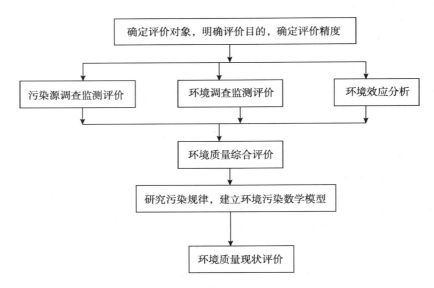

图 7 - 2 环境质量现状评价的工作程序

7.2.2 大气环境质量现状评价

目前我国采用的大气环境质量现状评价方法多为大气质量指数评价方法，用大气质量指数表示大气质量状况。常见的大气质量指数有白勃考大气综合指数（PI）、橡树岭大气指数（QRAQI）、总体评价指数（I_1）等。

1. 白勃考大气综合指数（PI）

以颗粒物（PM）、硫氧化物（SO_x）、氮氧化物（NO_x）、一氧化碳（CO）和氧化剂（O_3）为评价因子。白勃考大气综合指数为：

$$PI = PM + SO_x + NO_x + CO + O_3$$

计算时，将这 5 种大气污染物的实测浓度分别除以相应的大气质量标准浓度，得到各污染物的污染分指数，其总和即为大气综合指数。

从计算的大气污染综合指数值可比较各大城市总体污染程度，同时从各分指数的比例，还可以分析每个城市的重点污染物。同样，根据一个城市或地区每天各主要污染物的实测浓度数据，可计算出每日的大气污染综合指数，可以评价大气总体污染程度的逐日变化。

2. 橡树岭大气指数（QRAQI）

以飘尘、二氧化硫（SO_2）、氮氧化物（NO_x）、一氧化碳（CO）和氧化剂（O_3）为评价因子。橡树岭大气指数为：

$$QRAQI = \left[5.7 \sum_{i=1}^{5} \frac{C_i}{S_i} \right]^{1.37}$$

式中，C_i 为任一项污染物的实测 24 小时平均浓度，mg/m^3；S_i 为该污染物的相应标准浓度，mg/m^3。

当大气中各污染物的浓度相当于未受污染的背景浓度时，QRAQI 等于 10；当各污染物的浓度达到相应标准的浓度时，QRAQI 等于 100。按照 QRAQI 值的大小，把大气质量分为 6 级：QRAQI < 20 时，大气质量优良；QRAQI 为 20～39 时，大气质量较好；QRAQI 为 40～59 时，大气质量尚可；QRAQI 为 60～79 时，大气质量较差；QRAQI 为 80～99 时，大气质量坏；QRAQI 为 100 时，大气质量危险。该指数也适用于根据每日的监测数据计算和评价大气质量的逐日变化。

3. 总体评价指数（I_1）

我国常用的指数是总体评价指数，该指数为：

$$I_1 = \sqrt{ \max \left(\frac{C_i}{S_i} \right) \times \left(\frac{1}{n} \sum_{i=1}^{n} \frac{C_i}{S_i} \right) }$$

式中，C_i 为任一项污染物的实测 24 小时平均浓度，mg/m^3；S_i 为该污染物的相应标准浓度，mg/m^3；n 为污染物的种类数。

该指数采用最大（C_i/S_i）值和平均（C_i/S_i）值，兼顾了多种污染物的平均污染水平和某种污染最严重的污染水平，形式简单，适应污染物个数的增减。该指数的大气污染分级标准见表 7 - 1。

表 7 - 1　总体评价指数的大气污染分级标准

分级	清洁	轻度污染	中度污染	重污染	极重污染
I_1	< 0.6	0.6～1.0	1.0～1.9	1.9～2.8	> 2.8
大气污染水平	清洁	大气质量三级水平	警戒水平	警报水平	紧急水平

7.2.3　水环境质量现状评价

水环境质量现状评价也多采用水污染指数法，如罗斯水质指数（WQI）、有机污染综合指数 A 等。

1. 罗斯水质指数（WQI）

以生化需氧量（BOD_5）、氨氮（$NH_3 - N$）、悬浮固体（SS）、溶解氧（DO）为评价因子。评价步骤为：

（1）给各评价因子加权

BOD_5 为 3、$NH_3 - N$ 为 3、SS 为 2、DO 的饱和度百分比及浓度各为 1，总权重为 10。

（2）给各评价因子打分

根据表 7 - 2 给各评价因子打分，取其整数值。

表7－2 各评价因子的分级值

SS		BOD$_5$		NH$_3$－N		DO		DO	
浓度/（mg/L）	分级	浓度/（mg/L）	分级	浓度/（mg/L）	分级	饱和度/%	分级	浓度/（mg/L）	分级
0～10	20	0～2	30	0～0.2	30	＞105	—	＞9	10
10～20	18	2～4	27	0.2～0.5	24	90～105	10	8～9	8
20～40	14	4～6	24	0.5～1.0	18	80～90	8	6～8	6
40～80	10	6～10	18	1.0～2.0	12	60～80	6	4～6	4
80～150	6	10～15	12	2.0～5.0	6	40～60	4	1～4	2
180～300	2	15～25	6	5.0～10.0	3	10～40	2	0～1	0
＞300	0	25～50	3	＞10.0	0	0～10	0		
		＞50	0						

（3）计算 WQI 值

计算公式为：

$$WQI = \frac{\sum q_i \cdot w_i}{\sum w_i}$$

式中，w_i 为各污染因子的分值；q_i 为该污染因子的权重值。

（4）评价水质

根据表7－3，河流水质分为 11 个等级（WQI 为 0～10）：WQI 为 0 时，水质最差，类似腐败的原始水；WQI 为 10 时，水质相当于天然纯净状态的水。

表7－3 罗斯水质指数分级标准

WQI 值	10	8	6	3	0
大气污染水平	纯净	轻度污染	污染	严重污染	水质类似腐败的原始水

2. 有机污染综合指数 A

以生化需氧量（BOD）、化学需氧量（COD）、氨氮（NH$_3$－N）、溶解氧（DO）为评价因子，有机污染综合指数 A 为：

$$A = \frac{BOD_i}{BOD_0} + \frac{COD_i}{COD_0} + \frac{NH_3－N_i}{NH_3－N_0} - \frac{DO_i}{DO_0}$$

式中，BOD_i、COD_i、$NH_3－N_i$、DO_i 分别为 BOD、COD、NH$_3$－N、DO 的实测值，mg/L；BOD_0、COD_0、$NH_3－N_0$、DO_0 为 BOD、COD、NH$_3$－N、DO 的评价标准值，分别为 4、6、1、4mg/L。

计算出 A 值后，根据表7－4评价水质。

表7－4 有机污染综合指数 A 的水质分级标准

A 值	＜0	0～1	1～2	2～3	3～4	＞4
污染程度分级	0	1	2	3	4	5
水质质量评价	良好	较好	一般	开始污染	中等污染	严重污染

7.3 环境质量影响评价

7.3.1 环境质量影响评价的程序

环境质量影响评价是实现可持续发展的重要工具，多数国家都要求对建设项目进行环境质量影响评价。目前，越来越多的国家已经开始要求对国家的政策、计划和规划的环境质量影响进行评价，目的是把环境保护目标和措施纳入经济和社会发展的规划中，使环境因素与经济因素、社会因素一起，在规划形成的早期阶段得到重视。

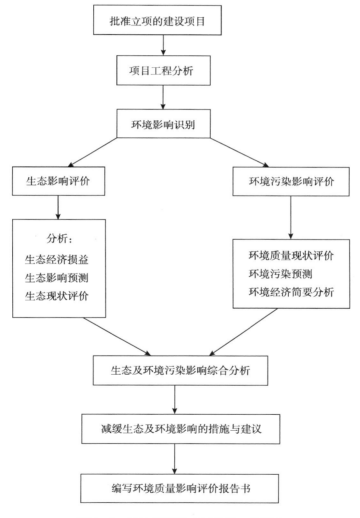

图 7 - 3 环境质量影响评价的工作程序

环境影响评价的工作程序如图 7 - 3 所示，可分为 3 个阶段。

217

（1）准备阶段

了解开发项目的性质、规模、工艺流程、排放污染物种类与数量，研究有关文件；开展初步的环境现状调查，确定评价项目；确定各环境要素评价范围及精度，编制环境质量影响评价大纲，并送环境保护管理部门审查。

（2）正式工作阶段

在完成环境现状调查的基础上，选择合适的污染物扩散模式，进行环境污染预测研究；选择合适的环境标准，对项目进行评价，重点评价原有计划是否恰当，计划实施会给环境造成的影响，减轻或消除不利环境影响的方法以及实施计划应注意的事项。

（3）编制报告书阶段

汇总、分析第二阶段工作所得的各项数据、资料，从环境保护角度评价拟建工程项目是否可行，并提出环境保护的措施和建议。报告书必须内容充实，数据可靠，条理清晰，观点明确。

7.3.2 环境质量影响评价报告书的编制

环境质量影响评价报告书是环境质量影响评价工作成果的集中体现，是环境质量影响评价承担单位向其委托单位即工程建设单位或其主管单位提交的工作文件。经环境保护主管部门审查批准的环境质量影响报告书是计划部门和建设项目主管部门审批建设项目可行性研究报告或设计任务书的重要依据，是设计单位进行环境保护设计的重要参考文件，是建设单位在工程竣工后进行环境管理的重要指导文件。因此，必须认真编写环境质量影响评价报告书。

环境质量影响评价报告书的编写要满足以下基本要求。

①环境质量影响评价报告书总体编排结构应符合《建设项目保护管理条例》（1998 年 11 月 29 日颁布）的要求，即《建设项目环境影响报告书内容提要》的要求。内容全面，重点突出，实用性强。

②基础数据可靠。基础数据是评价的基础。基础数据有错误，特别是污染源排放量有错误，不管选用的计算模式多么正确，计算得多么精确，其计算结果都是错误的。因此，基础数据必须可靠。对不同来源的同一参数数据出现不同时应进行核实。

③预测模式及参数选择合理。环境影响评价预测模式都有一定的适用条件，参数也因污染物和环境条件的不同而不同，因此预测模式和参数选择应因地制宜，应选择模式的推导（或总结）条件和评价环境条件相近（或相同）的模式，应选择总结参数时的环境条件和评价环境条件相近（或相同）的参数。

④结论观点明确，客观可信。结论中必须对建设项目的可行性、选址的合理性作出明确回答，不能模棱两可。结论必须以报告书中客观的论证为依据，不能带感情色彩。

⑤语句通顺、条理清楚、文字简练、篇幅不宜过长。凡带有综合性、结论性的图

表应放到报告书的正文中，对有参考价值的图表应放到报告书的附件中，以减少篇幅。

⑥环境质量影响评价报告书中应有评价资格证书，报告书编制人员按行政总负责人、技术总负责人、技术审核人、项目总负责人，依次署名盖章，报告编写人署名。

建设项目的类型不同，对环境的影响差别很大，环境质量影响报告书的编制内容也就不同。虽然如此，但其基本格式、基本内容相差不大。环境质量影响报告书编写的基本格式有两种：一种是《建设项目环境保护管理条例》中规定的编排格式，是以环境现状（背景）调查、污染源调查、影响预测及评价分章编排的；另一种是以环境要素（含现状评价及影响评价）分章编排的。环境质量影响报告书的编制以前一种编排居多，下面对两种编排格式的要点分别加以叙述。

（1）按现状调查及影响评价分章的编排要点

①总论

A. 环境影响评价项目的由来

B. 编制环境影响报告书的目的

C. 编制依据

D. 评价标准

E. 评价范围

F. 控制及保护目标

②建设项目概况

应该介绍建设项目规模、生产工艺水平、产品方案、原料、燃料及用水量、污染物排放量、环保措施，并进行工程影响环境因素分析等。

A. 建设规模

B. 生产工艺简介

C. 原料、燃料及用水量

D. 污染物的排放量清单

E. 建设项目采取的环保措施

F. 工程影响环境因素分析

③环境现状（背景）调查

A. 自然环境调查

B. 社会环境调查

C. 评价区大气环境质量现状（背景）调查

D. 地面水环境质量现状调查

E. 地下水质现状（背景）调查

F. 土壤及农作物现状调查

G. 环境噪声现状（背景）调查

H. 评价区内人体健康及地方病调查

I. 其他社会活动、经济活动污染环境现状调查

④污染源调查与评价

污染源向环境中排放污物是造成环境污染的根本原因。污染源排放污染物的种类、数量、方式、途径及污染源的类型和位置，直接关系到危害的对象、范围和程度。因此污染源调查与评价是环境影响评价的基础工作。

A. 建设项目污染源预估

B. 评价区内污染源调查与评价

⑤环境影响预测与评价

A. 大气环境影响预测与评价

B. 水环境影响预测与评价

C. 噪声环境影响预测及评价

D. 土壤及农作物环境影响分析

E. 对人群健康影响分析

P. 振动及电磁波的环境影响分析

G. 对周围地区的地质、水文、气象可能产生的影响

⑥环保措施的可行性分析及建议

A. 大气污染防治措施的可行性分析及建议

B. 废水治理措施的可行性分析与建议

C. 对废渣处理及处置的可行性分析

D. 对噪声、振动等其他污染控制措施的可行性分析

E. 对绿化措施的评价及建议

F. 环境监测制度建议

⑦环境影响经济损益简要分析

环境影响经济损益简要分析是从社会效益、经济效益、环境效益统一的角度论述建设项目的可行性。由于这三个效益的估算难度很大，特别是环境效益中的环境代价估算难度更大，目前还没有较好的方法，环境影响经济损益简要分析还处于探索阶段，有待今后的研究和开发。目前，主要从以下几方面进行：

A. 建设项目的经济效益

B. 建设项目的环境效益

C. 建设项目的社会效益

⑧结论及建议

要简要、明确、客观地阐述评价工作的主要结论，包括以下内容：

A. 评价区的环境质量现状。

B. 污染源评价的主要结论，主要污染源及主要污染物。

C. 建设项目对评价区环境的影响。

D. 环保措施可行性分析的主要结论及建议。

E. 从三个效益统一的角度，综合提出建设项目的选址、规模、布局等是否可行。建议应包括各节中的主要建议。

⑨附件、附图及参考文献

A. 附件主要有建设项目建议书及其批复，评价大纲及其批复。

B. 附图，在图、表特别多的报告书中可编附图分册，一般情况下不另编附图分册。若没有该图对理解报告内容有较大困难时，该图应编入报告书中，不入附图。

C. 参考文献应给出作者、文献名称、出版单位、版次、出版日期等。

（2）按环境要素分章的编写要点

A. 总论（内容同前）。

B. 建设项目概况（内容同前）。

C. 污染源调查与评价（内容同前）。

D. 大气环境现状及影响评价，包括上述的大气环境现状（背景）调查及大气环境影响预测与评价两部分内容。

E. 地面水环境现状及影响评价，包括上述的地面水环境现状（背景）调查及地面水环境影响预测与评价两部分内容。

F. 地下水环境现状及影响评价，包括上述的地下水环境现状（背景）调查及地下水环境影响预测与评价两部分内容。

G. 环境噪声现状及影响评价，包括上述的环境噪声调查及环境噪声影响预测与评价两部分内容。

H. 土壤及农作物现状与影响预测分析，包括上述土壤及农作物现状调查和土壤及农作物环境影响分析两部分内容。

I. 人群健康现状及对人群健康影响分析，包括上述评价区内人体健康及地方病调查和人群健康影响分析两部分内容。

J. 生物环境现状及影响预测和评价，包括森林、草原、水产、野生动物、野生植物等现状及建设项目及生物环境的影响预测和评价。

K. 特殊地区的环境现状及影响预测和评价，包括自然保护区、风景游览区、名胜古迹、温泉、疗养区及重要政治文化设施等地区环境现状建设项目对这些地区的影响预测及评价。

L. 建设项目对其他环境影响预测和评价，包括振动、电磁波、放射性的环境现状，建设项目对其环境影响预测及评价。

M. 环保措施的可行性分析及建议（内容同前）。

N. 环境影响经济损益简要分析（内容同前）。

O. 结论及建议（内容同前）。

我国的环境影响评价立法

1. 我国环境影响评价的立法实践

经过30多年的发展，我国目前建立了由法律、法规、规章、环境标准、环境保护国际条约组成的环境保护法律体系，其中，多部法律规定涉及环境影响评价，并制定了专门的环境影响评价法；有配套的规范环境影响评价的国务院行政法规；有涉及有关区域、行业环境影响评价的部门规章和地方发布的法规规章，初步形成了我国环境影响评价的立法框架。

1989年颁布的《中华人民共和国环境保护法》是环境保护的基本法，该法第13条规定"建设污染环境的项目，必须遵守国家有关建设项目环境保护管理的规定"。"建设项目的环境影响报告书，必须对建设项目产生的污染和对环境的影响做出评价，规定防治措施，经项目主管部门预审并依照规定的程序报环境保护行政主管部门批准。环境影响报告书经批准后，计划部门方可批准建设项目设计任务书"。这一条款对环境影响评价制度的执行对象和任务、工作原则和审批程序、执行时段与基本建设程序之间的关系做了原则规定，是各单行法和行政法规中关于环境影响评价制度的法律依据和基础。

涉及环境影响评价制度的环境保护单行法包括《中华人民共和国环境影响评价法》，以及《污染防治法》、《生态保护法》、《中华人民共和国海洋环境保护法》等单行法中的相关条文。其中，2003年9月开始实施的《环评法》明确规定，不仅应当对建设项目进行环境影响评价，还应对发展规划等战略性活动进行环境影响评价，我国的环境影响评价制度由此扩展到了战略环评这一宏观领域。《环评法》首次以专门法的形式明确了环境影响评价的法律地位，使之成为具有法律约束力的强制规范，这标志着环境影响评价在中国从技术层次向制度层次的全面提升。

2. 我国环境影响评价立法的特点

① 环境影响评价单行法确立了我国的战略环评制度。

《环评法》是我国在国家层面上的环境影响评价领域专门立法，该法对开展规划环评进行规定，表明我国的战略环评制度具有法律强制性，是我国环境管理制度建设过程中具有里程碑意义的法律。

② 将规划环评作为开展战略环评的切入点。

《环评法》第二章对需要进行环境影响评价的规划进行了分类，并重点规定了对规划进行环境影响评价的程序和要求。与国外立法开展政策、计划、规划的战略环境评价相比，我国目前的战略环境影响评价主要体现在规划层次。《环评法》中规定的需要进行环境影响评价的规划范围较广。为此，我国出台了《编制环境影响报告书的图规划的具体范围（试行）》、《编制环境影响篇章或说明的规划的具体范围（试行）》

等部门规章，对需要进行环境影响评价的规划类别和名录做了进一步明确。

③ 环境影响评价的立法层次较为完备

除《环评法》这一专门立法以及《建设项目环境保护管理条例》、《规划环境影响评价条例》（2009 年 10 月 1 日起实施）等两部行政法规之外，我国相继出台了一系列部门规章，进一步充实和完善了我国环境影响评价的立法，初步形成了以《环评法》为指导，以行政法规、部门规章、地方性法规、地方政府规章为补充的多层次法律体系。

④ 为公众参与环境影响评价提供法律保障。

《环评法》明确鼓励有关单位、专家和公众以适当方式参与环境影响评价；同时明确了公众意见的重要性，由此使公众意见成为环境影响报告书不可缺少的组成部分，为公众参与环评提供了法律保障。此外，我国在 2006 年还专门制定了《环境影响评价公众参与暂行办法》，对于《环评法》中的有关规定进行了补充和完善。

（资料来源：刘秋妹，朱坦，欧盟环境影响评价法律体系初探——兼论我国环境影响评价法律体系的完善，《未来与发展》，2010 年第 3 期）

思 考 题

1. 什么是环境质量评价？
2. 简述环境质量评价的发展历程。
3. 环境质量评价按评价时间段进行分类包括哪几种？
4. 环境质量现状评价的程序是什么？
5. 某条河流的监测数据（平均值）如下：BOD 为 5.5mg/L，COD 为 8.2μg/mL，氨氮的浓度为 0.8mg/L，溶解氧的浓度为 3000ng/mL。请采用有机污染综合评价指数对该河流受有机物污染的现状进行评价。

第8章 环境保护与可持续发展

8.1 可持续发展的由来和内涵

8.1.1 可持续发展的由来

随着科学技术的发展，人类文明取得了丰硕的成果，生产力得到了飞速发展。然而到了 20 世纪中叶，随着环境污染日趋加重，特别是西方国家公害事件（如洛杉矶光化学污染事件、伦敦烟雾事件、水俣病事件、日本米糠油事件等）不断发生，环境问题开始频频困扰人类。种种始料不及的环境问题击破了单纯追求经济增长的美好愿望，人们开始逐步认识到单纯追求经济增长而忽略环境和生态问题是行不通的，固有的思想观念和思维方式受到强烈冲击，传统的发展模式面临严峻挑战。

20 世纪 50 年代末，美国海洋生物学家蕾切尔·卡逊（Rachel Karson）在潜心研究美国使用杀虫剂所产生的种种危害之后，于 1962 年发表了环境保护科普著作《寂静的春天》：通过对污染物富集、迁移、转化的描写，阐明了人类同大气、海洋、河流、土壤、动植物之间的密切关系，初步揭示了污染对生态系统的影响。该作品一经面世，就引起了巨大的轰动。

1968 年，来自世界各国的几十位科学家、教育家和经济学家等在罗马成立了一个非正式的国际协会——罗马俱乐部（The Club of Rome），1972 年完成了俱乐部成立后的第一份研究报告——《增长的极限》。报告深刻阐明了环境的重要性以及资源与人口之间的基本联系。报告认为：由于世界人口增长、粮食生产、工业发展、资源消耗和环境污染这五项基本因素的运行方式是指数增长，地球的支撑力将会达到极限。这一观点在国际社会特别是在学术界引起了强烈反响。由于种种因素的局限，《增长的极限》的观点和结论存在十分明显的缺陷，但是报告所表现出的对人类前途的"严肃的忧虑"以及人类自身的觉醒，具有毋庸置疑的积极意义。

1972 年，联合国人类环境会议在斯德哥尔摩召开，来自世界 113 个国家和地区的代表汇聚一堂，共同讨论人类对环境的影响问题。这是人类第一次将环境问题纳入世界各国政府和国际政治的事务议程。大会通过的《人类环境宣言》宣布了 37 个共同观点和 26 项共同原则，向全球呼吁：现在已经到达历史上这样一个时刻，我们在决定世界各地的行动时，必须更加审慎地考虑它们对环境产生的后果。由于无知或不关心，我们可能给生活和幸福所依靠的地球环境造成巨大的无法换回的损失。因此，保护和改善人类环境是关系到全世界各国人民的幸福和经济发展的重要问题；是全世界各国人民的迫切希望和各国政府的责任，也是人类的紧迫目标。各国政府和人民必须为全体人民和自身后代的利益而作出共同的努力。作为探讨保护全球环境战略的第一次国际会议，联合国人类环境大会正式吹响了人类共同向环境问题挑战的进军号角，使得各国政府和公众的环境意识都向前迈进了一步。

世界环境与发展委员会（World Commission on Environment and Development, WCED）于1987年向联合国大会提交了研究报告《我们共同的未来》。在系统探讨了人类面临的一系列重大经济、社会和环境问题之后，提出了"可持续发展"（sustainable development）的概念，把人们从单纯考虑环境保护引导到把环境保护与人类发展切实结合起来，实现了人类有关环境与发展思想的重要飞跃。

1992年6月联合国环境与发展大会（UN Conference on Environment and Development, UNCED）在巴西里约热内卢召开。会议通过了《里约环境与发展宣言》和《21世纪议程》两个纲领性文件。前者是开展全球环境与发展领域合作的框架性文件，后者则是全球范围内可持续发展的行动计划，以这次大会为标志，人类对环境与发展的认识提高到了一个崭新的阶段。迄今已有一百三十余个国家成立国家级的可持续发展委员会。

8.1.2　可持续发展的概念

传统的狭义的发展（development）指的是经济领域的活动，其目标是产值和利润的增长、物质财富的增加。当然，为了实现经济增长，还必须进行一定的社会经济改革，然而这种改革也只是实现经济增长的手段。在这种发展观的支配下，为了追求最大的经济效益，人们尚不认识也不承认环境本身具有价值，采取了以损害环境为代价来换取经济增长的发展模式，其结果是在全球范围内造成了严重的环境问题。

随着认识的提高，人们注意到发展并非是纯经济性的，发展应该是一个很广泛的概念，不仅表现在经济的增长，国民生产总值的提高，人民生活水平的改善；还表现在文学、艺术、科学的昌盛，道德水平的提高，社会秩序的和谐，国民素质的改观等。简言之，既要"经济繁荣"，也要"社会进步"。发展除了生产数量上的增加，还包括社会状况的改善和政治行政体制的进步。不仅有量的增长，还有质的提高。

可持续发展又称"永续发展"，简单地讲，就是指既满足现代人的需求，又不损害未来世代满足其需要的发展。可持续发展是经济、社会、资源和环境保护的协调发展，既要达到发展经济的目的，又要保护好人类赖以生存的大气、淡水、海洋、土地和森林等自然资源和环境，使子孙后代能够永续发展和安居乐业。可持续发展的核心是发展，但要求在严格控制人口、提高人口素质和保护环境、资源永续利用的前提下进行经济和社会的发展。其中，环境保护是可持续发展的重要方面。

可持续发展战略是指改善和保护人类美好生活及其生态系统的计划和行动的过程，是多个领域的发展战略的总称，是要使各方面的发展目标（尤其是社会、经济及生态、环境的目标）相协调。可持续发展战略可以是国际的、区域的、国家的或地方的可持续发展战略，也可以是某个部门的可持续发展战略。

实际上，要探询可持续概念的源头，我们还可以把眼光投向更遥远的历史。在中国春秋战国时期，就有保护正在怀孕和产卵的鸟兽鱼鳖以"永续利用"的思想和封山育林定期开禁的法令；而西方的一些经济学家如马尔萨斯（Malthus，1820 年）、李嘉图（Richardo，1017 年）和穆勒（Mill，1900 年）等的著作中也较早认识到人类消费的物质限制，即人类的经济活动范围存在着生态边界。从古代这些朴素的可持续思想上，我们可以看到可持续发展的观念是源远流长的。

8.1.3　可持续发展在中国的传播

自从新中国成立以来，经济、政治、文化、科技水平得到了迅猛发展，人民生活质量也显著提高。然而在相当长的一段时间内，我们仅片面地看到了经济发展的重要性，而忽略了环境保护和生态建设，造成了严重的环境污染问题。另外，我国的国情决定了我们国家是一个拥有 13 亿庞大人口数量的发展中国家，人均资源严重不足，地区间经济发展不平衡，生态环境脆弱，如果不能处理好经济发展与环境保护的关系问题，将严重制约我国社会主义现代化建设的步伐。从 20 世纪 70 年代后期开始，我党开始总结经验教训，把计划生育和环境保护作为两项基本国策，从妥善处理人口和环境的根本关系入手来实现社会与经济的协调发展。

1992 年里约环境与发展大会以后，中国政府根据中国的国情，制定了《中国 21世纪议程》，将可持续发展战略确定为现代化建设必须始终遵循的重大战略，并先后制定和修订了一系列有关环境保护方面的法律、法规。可持续发展的理念越来越为社会各界所接受，成为广大人民思想上的共识。

1996 年 3 月，《中华人民共和国国民经济和社会发展"九五"计划和 2010 年远景目标纲要》，把可持续发展作为一项战略目标和重要的指导方针，指导国家的发展规划。

2003 年 7 月，由国家发展和改革委员会会同科技部、外交部、教育部、民政部等有关部门制订了《中国 21 世纪初可持续发展行动纲要》。这是进一步推进我国可持续发展的重要政策文件，同时也是对 2002 年在南非约翰内斯堡召开的可持续发展世界首脑会议的积极响应。《纲要》提出我国将在以下六个领域推进可持续发展。

①经济发展方面，要按照"在发展中调整，在调整中发展"的动态调整原则，通过调整产业结构、区域结构和城乡结构，积极参与全球经济一体化，全方位逐步推进国民经济的战略性调整，初步形成资源消耗低、环境污染少的可持续发展国民经济体系。

②社会发展方面，要建立完善的人口综合管理与优生优育体系，稳定低生育水平，控制人口总量，提高人口素质。建立与经济发展水平相适应的医疗卫生体系、劳动就业体系和社会保障体系。大幅度提高公共服务水平。建立健全灾害监测预报、应急救助体系，全面提高防灾减灾能力。

③资源保护和合理利用方面，要合理使用、节约和保护水、土地、能源、森林、草地、矿产、海洋、气候、矿产等资源，提高资源利用率和综合利用水平。建立重要资源安全供应体系和战略资源储备制度，最大限度地保证国民经济建设对资源的需要。

④生态保护和建设方面，要建立科学、完善的生态环境监测、管理体系，形成类型齐全、分布合理、面积适宜的自然保护区，建立沙漠化防治体系，强化重点水土流失区的治理，改善农业生态环境，加强城市绿地建设，逐步改善生态环境质量。

⑤环境保护和污染防治方面，要实施污染物排放总量控制，开展流域水质污染防治，强化重点城市大气污染防治工作，加强重点海域的环境综合整治。加强环境保护法规建设和监督执法，修改完善环境保护技术标准，大力推进清洁生产和环保产业发展。积极参与区域和全球环境合作，在改善我国环境质量的同时，为保护全球环境作出贡献。

⑥能力建设方面，要建立完善人口、资源和环境的法律制度，加强执法力度，充分利用各种宣传教育媒体，全面提高全民可持续发展意识，建立可持续发展指标体系与监测评价系统，建立面向政府咨询、社会大众、科学研究的信息共享体系。

实现可持续发展是一项长期而艰巨的工作，需要各级政府、组织和广大人民共同、坚持不懈地努力，在 21 世纪里，人类如何更好地生存与发展，人类与自然如何和谐共存，是包括中国在内的各个国家和人民面临的重大课题。我们只有一个赖以生存的星球——地球，实施可持续发展战略是实现人类社会长治久安发展的必经之路。

8.2　可持续发展与环境保护

8.2.1　可持续发展与环境保护的辩证关系

产业革命之后，人类社会进入了工业化的新时代，社会生产力的显著提高促使人类对自然界的改造能力有了明显的提高，人们从各个方面对环境资源进行了采伐和采掘。工业生产的各种化学溶液的相互合成影响了整个生物圈的生存环境，全球范围内出现了酸雨、温室效应、臭氧层的破坏等一系列问题，社会环境遭到了严重的破坏。据不完全统计，全球平均每年排入环境的工业废渣达 30 亿吨，各种污水 5 000 亿吨，各种气溶胶 10 亿吨。这些污染物进入环境之后，会带来无法弥补的严重后果。其损害主要表现为：危害人类生存与健康；危害地球上其他动植物种群的生存；引起固定资产、土地等价值的贬值和损失；影响和破坏可提供舒适性的自然景观；耗竭地球上的不可再生资源。

保护环境与实现可持续发展是辩证统一的：保护环境是实现可持续发展的前提；也只有实现了可持续发展，生态环境才能真正得到有效的保护。要实现环境保护和可持续发展"两手抓，两手都要硬"。无论是从全球范围，还是从我国的实际情况来看，人类文明都发展到了这样一个阶段，即保护生态环境、确保人与自然的和谐是经济能够得到进一步发展的前提，也是人类文明得以延续的保证。

8.2.2 可持续发展需要协调的关系

要实现环境保护与可持续发展的目标，我们需要做的事情非常多，总的来讲，我们需要同时协调好三对关系：人与自然的关系，当代人与后代人的关系以及当代人之间的关系。

首先，可持续发展希望建立一种和谐的人与自然的关系。狭隘的人类中心主义把人与自然对立起来，认为人是自然的主人和拥有者，可以为所欲为地向自然界索取，把自然当作了自己的奴仆。在这种情况下，环境污染与生态危机的出现就是不可避免的。科学技术可以在一定程度上缓解甚至解决生态环境方面遇到的问题，但是单纯依靠技术手段，环境问题将不能得到根本的解决。承认技术手段在保护环境方面的局限性，并不是要否认科学技术在保护环境方面的意义和重要作用，而是要求我们突破技术决定论的局限，把环境保护与可持续发展放在文明转型和价值重铸的大背景中来加以思考，要走出或超越狭隘的人类中心主义，承认大自然的内在价值——这种价值既包括经济价值，又包括了审美价值、生态价值等，把人与自然视为一个密不可分的整体，追求人与自然的和谐，尊重并维护生态系统的完整、美丽和稳定。

其次，实现"代际平等"是实施可持续发展战略的一个重要目标。环境危机不仅严重影响了当代人的生活质量，还对后代人的生存和发展构成了持久的威胁。20世纪后半叶，由于人口的迅速增长，人均资源消耗量与废物排放量剧增，人类对地球的开发正在接近地球的承载极限；另一方面，由于科技的发展，我们已经能够准确地预见我们的行为对于后代的生存环境的影响，因而如何在当代人与后代人之间公平地分配地球上的有限资源的问题，便跃入了当代人的思维视野。未来人的生存同样需要满足某些基本的需要（如清洁的空气、干净的水，健康而稳定的生态系统）；这些基本需要的满足是过上一种"幸福生活"的前提条件。因此，在分配地球上的有限资源时，我们必须要用"代际正义"的原则来处理当代人与后代人的关系，要选择那种能够使地球资源的可持续利用成为可能的能源使用战略。这意味着，我们不仅要给后人留下一套先进的生产技术与成熟的经济发展模式，还要给他们留下一个稳定而健康的生态环境。

最后，可持续发展战略除了要在人类与自然之间达成和谐以外，还希望促进人类之间的和谐共存。可持续发展理论要求把满足贫困人口的基本需要"放在特别优先的地位来考虑"。这是由于基本需要得到满足是人作为人所享有的基本权利。贫困是对这种权利的剥夺，它使人作为人的价值得不到实现。同时，贫困与破坏环境往往是互为因果的。因此，消除贫困、缩短贫富差距是国际社会的共同义务，也是实现"代内平等"的内在要求。要在全球范围内实现消除贫困、保护环境的目标，国际社会就必须采取共同的行动。在民族国家层面，政府应制定适合本国国情的可持续发展战略，制定严格的环保法规；在国际层面，人类应建立一个更加公正而合理的国际政治经济新秩序，维护世界和平，使各国能够更多地把有限的资源用于保护我们这个"唯一的地球"。发达国家应向发展中国家提供更多的经济和技术援助，增强发展中国家保护环境的能力。同时，我们还应积极配合各种非政府组织、特别是联合国发起的保护地球的民间环保活动。

8.2.3　环境保护的可持续发展战略

环境问题已发展成为一个全球性的问题。目前，各个国家都在积极寻找一条能够促进本国经济建设，适应生态环境发展的环境法制道路，努力制定适合本国发展的环境保护的可持续发展战略。在某些国家，参加环保活动已经逐步演变成为全体国民自觉履行的一项义务。

为了实现环境保护的可持续发展，人类必须学会控制自己，控制人口数量，提高人口素质，建立正确的资源、环境价值观念，改变过去掠夺式的、挥霍式的生产和生活方式，爱惜和保护有限的自然资源及人类赖以生存的生态环境。同时，人类需要随时调整自身与自然环境的关系，充分认识到人既是地球生态系统的中心，又是地球生物组成的一员，人类所需要的不是征服自然而是与自然协调共处，使得人类进步和环境保护共同得到发展。因此，各个国家在制定环境保护的可持续发展战略时，应该努力做到以下几个方面。

首先，各个国家环境法律工作者在制定与环境有关的法律时，必须密切注意生态环境与人类生存的相互关系，力求使环境保护的可持续发展能够在法律条文中得到良好的体现，同时兼顾社会经济效益和人类生存发展。环境保护的可持续发展也必须以改善和提高生活质量为目的，与社会进步相适应。

其次，在环境保护的落实方面，环境管理机构必须依照国家环境法的指导思想和基本原则，严格按照国家有关环境保护的各种法律制度，针对环境案件的实际情况做出相应的处理方法，以使可持续发展能够有效地运行下去。可持续发展重在以保护自然为基础，包括控制环境污染，改善环境质量，保护生命支持系统，保护生物多样性，保持地球生态的完整性，保证以持续的方式使用可再生资源，使人类的发展保持在地球承载能力之内。

再次，人类对于环境保护的传统观念还有待改变，应该树立起可持续发展的战略眼光。生态环境的保护不是一项短暂的间歇性工程，而是一项长期的建设工程，稍有不当，就会给子孙后代的生存带来不利后果。人类在改造自身的生存环境时，必须先改变一些不合理的观点，应该站在长远发展的立场上改造生态环境，进行长期的环境保护。

总而言之，人类赖以生存、生产的生态环境在现阶段虽然还面临着许多问题，而且也有部分问题是目前难以克服和解决的，但是作为社会活动的主体，人类势必在关注自身发展的同时，也应该密切关注环境保护的可持续发展，使得环境保护的可持续发展能够在人类社会发展的限度内合理运行。

8.3 循环经济

8.3.1 循环经济的基本理念

在养殖业中有这样的循环模式：猪粪喂蚯蚓、蚯蚓喂鸡、鸡粪喂猪。这种模式既减少了饲料，又实现了清洁养殖。在环境污染越来越引起人们关注的时候，这样一种生态循环模式启发了一些环境污染严重的工业生产项目，专家们称之为"循环经济"。

传统的经济是一种由"资源—产品—污染排放"单向流动的线性经济。在这种经济模式中，人类利用从自然中所获取的资源，经过加工，形成产品，供应市场消费，同时把废物大量抛弃到环境中，实现经济的数量增长。这种高消耗、高产量、高废弃的现象，造成了对环境的恶性污染和破坏。传统工业在给人类社会带来新生活方式的同时，也开启了人类发展史中生态环境恶化的新纪元。

循环经济倡导在物质和能源不断循环利用的基础上发展经济。它要求把经济活动组成一个"资源—产品—再生资源"的反馈式流程。其特征是低开采、高利用、低废弃，所有的物质和能源在这个不断进行的经济循环中得到合理和持久的应用，把经济活动对自然环境的影响降低到尽可能小的程度。因此，循环经济是人类社会发展过程中解决资源环境制约，实施可持续发展的最佳途径和重要保证。

8.3.2 循环经济的操作原则

"减量化"（reduce）、"再利用"（reuse）、"再循环"（recycle）是循环经济的操作原则，简称 3R 原则。

减量化原则，属于输入端方法，要求制造商在生产中利用新工艺技术，尽可能地减少进入生产过程的物质和能量，实行清洁生产，做到从源头节约资源和减少污染的排放。同时，消费群体优先选购包装简易、经久耐用的产品，以减少废弃物的产生。

再利用原则，属于过程性方法，目的是提高产品和服务的利用效率，要求以尽可能多次和尽可能多种方式对产品和包装物的使用，减少一次性用品的浪费和对环境的污染，避免物品过早地成为垃圾。

再循环原则，属于输出端方法，一是要求产品在完成使用功能后重新变成资源，形成与原来相同的产品；二是使废弃物也能变为新资源制造成其他类型的产品，以减少最终的废物处理量。

　　应当指出，这三个原则在循环经济中的重要性不是并列的，要注意它们的排列顺序。首要的是从源头减少废弃物的产生，其次是对源头不能削减的污染物和经过使用的旧货加以回收利用，只有当避免产生和回收利用都不能实现时，才允许将最终废物进行环境无害化处理。

　　3R 原则的排列，反映了人们在环境与发展问题上的认识过程：原先是单纯追求经济增长，以环境破坏为代价；然后认识到对受污染的环境必须进行治理，也就是先污染后治理（末端治理）；随后，从净化废物升华到利用废物；最后，认识到利用废物只是一种辅助手段，环境与发展协调的目标，应该是实现从利用废物到减少废物。循环经济综合运用 3R 原则，从根本上减少对自然资源的消耗，从源头上减少废物的产量，形成一种物料最省，效率最高，需求得到充分满足，生态环境维持良好的发展模式。因此，实行循环经济是对传统经济发展模式和传统的环境治理的重大变革，这也正是实现可持续发展的有效途径。

8.3.3　循环经济的实施层面

　　循环经济的产业体系具体体现在经济活动的 3 个重要层面上，分别通过运用 3R 原则，实现 3 个层面的物质闭环流动。

　　（1）小循环模式

　　小循环模式是企业层面上的物质闭环流动。企业是现代国民经济的细胞，只有实现企业可持续发展，才会有整个经济社会的可持续发展。重视生态效益的企业都重视工厂内部的物料循环。

　　（2）中循环模式

　　单个企业内的清洁生产和厂内循环，肯定会有厂内无法消解的一部分废料和副产品，因此需要从厂外去组织物料循环。生态工业园区就是把不同的工厂链接起来，形成共享资源、互换副产品的共生组合，从而在更大范围内实施循环经济。园区内一个工厂产生的副产品用作另一个工厂的原材料，通过废物交换和再利用，实现园区内的污染"零排放"。生态工业园区是工业生态学的具体体现。

　　（3）大循环模式

　　大循环模式是社会层面上的物质闭环流动。在整个社会的大环境中，主要推行生活废物的反复利用和再生循环，加强全民环保教育，倡导绿色消费，提高公众对发展循环经济的重要性和必要性的认识，积极参与废旧资源回收和垃圾减量工作。例如，日本在 2000 年就提出建立"循环型社会"，旨在使全社会的自然资源消耗和环境负担最小化，并用法律形式作出许多规定。

青岛碱业股份天柱化肥分公司发展循环经济

化工行业是高投入、高产出、高风险、高收益的项目，同时也是污染排放大户，排放的化工类废弃物、衍生物很多。碱业化肥的决策层敏锐地意识到，如果把废弃物最大限度地转化为资源，变废为宝、化害为利，既可减少自然资源的消耗，又可减少污染物的排放，更能拓展企业新的发展空间。他们对生产过程中产生的所有废气、废水、废物进行定性、定量分析，并着手实施废弃物循环利用计划，开始实施一系列的技术改造：2002 年实施联醇项目，把生产过程产生的一氧化碳全部"吃掉"，不仅合成氨生产系统得到优化，而且带动甲醛项目的上马。2003 年，公司投入 1000 万元新上一台 35 吨循环流化床锅炉，直接利用造气炉渣，既减少固体废物的排放，又回收了其能量；投资 180 万元，与北京市环境保护科学技术研究院合作建设了含氨废水治理项目，氨氮的去除率稳定在 95% 左右，处理后氨氮浓度降至 50mg/L 以下，处理过程中产生的氨气用于锅炉烟气脱硫，降低了污染治理运行成本；实施液体二氧化碳项目，解决了生产尿素使用的二氧化碳过剩问题。2004 年实施双氧水项目，回收过剩氢气。碱业化肥通过把有机成分回收处理返回生产系统，拉长了产业链，在企业内部形成"圈式循环"，使资源得到充分有效利用，实现了由单纯生产农用化肥向生产多种精细化工产品的转变，核心竞争力明显增强，同时，利用循环经济理念加强污染治理，使环境污染得到了有效治理，先后投资 10 万元，完成了"铜洗再生气回收改造"，将铜洗工段工艺废气回收进入生产系统，不再对空排放；投资 4 万元新上一套污水闭路循环系统，将脱硫风机冷却用水循环利用；投入 5 万元，将甲醇废液经还热设备冷却后，供电站锅炉配煤加湿使用，既消除了污染，又节约了一次用水；投资 8 万元实施甲醇废气回收改造，将此废气改送电站锅炉炉膛内燃烧。通过一系列的环境治理，碱业化肥每年可减少排放二氧化碳 1 万多吨，氨氮排放量可减少 100 吨左右。

短短 3 年来，碱业化肥陆续建设了年产 16 万吨大颗粒尿素、4 万吨精甲醇的两套吹风气回收节能装置和 35 吨流化床锅炉，完成 5 万吨甲醛、1 万吨液体二氧化碳，2 万吨双氧水、5 万吨煤球等技术改造项目，投资额达到 1.5 亿元，总资产达到 4.5 亿元，企业生产效益节节攀升，公司销售收入由 2002 年的 1.95 亿元上升为 3.06 亿元，增长 1.6 倍，利润由 1 300 万元攀升为 3 088 万元，增长 2.4 倍，创造了发展速度的"乘数"效应，达到建厂 37 年来的最高水平。

（资料来源：付志新，陈志强，崔少杰，发展循环经济——企业发展的必由之路，《中国环境保护优秀论文精选》，2006 年）

阅读资料

静海子牙循环经济产业区

冰箱、电视机、电脑等废旧家电通过拆解，最终变成再生塑料、玻璃以及金、银、铜、铁、铝等金属。在天津同和绿天使顶峰资源再生有限公司的生产车间，人事总务部科长鲍惠苏对记者讲述了该公司的废旧家电拆解过程。据介绍，该公司计划年拆解废旧家电 40 万台，最大限度回收可再生利用资源，并对生产加工过程中产生的废弃物进行无害化处理。在这个企业的所在地——天津市静海县子牙循环经济产业区——所有的生产将按照零排放、无污染的方式进行。目前，园区一年产 40 万吨铜，20 万吨铝，20 万吨铁，仅铜来说就相当于江西一个铜矿。这里是一处典型的"城市矿产"。

在沙盘前，天津子牙循环经济产业投资发展有限公司总经理刘文亚对记者说，园区总体规划面积 135 平方公里，近期开发建设 50 平方公里，以工业区、林下经济区、科研居住区构成了"三区联动"、循环互补的经济发展格局，构建"一心（管理服务中心）、两带（子牙河生态保护带、林下经济带）、三轴（高常路子牙综合发展轴、黑龙港河生活发展轴、津涞公路产业发展轴）、三区（科研服务区、居住区、产业区）"的总体空间布局，重点发展废旧电子信息产品、报废汽车、橡塑加工、新能源和节能环保产业以及废弃机电产品精深加工与再制造等五大产业。

工业区 21 平方公里，重点发展废旧机电产品、废旧电子信息产品、报废汽车、废旧橡塑、精深加工再制造、节能环保新能源等六大产业，目前，入园企业 150 家，年回收加工处理各类工业固体废物 100 万吨，形成了覆盖全国各地的较大的金属原材料市场。

科研居住区 9 平方公里，是全区的经济文化中心，设有再生资源、循环经济科技研发中心等机构，围绕工业固废的有价延伸和无害化处理开展广泛研究。居住区采用"节能、环保"的设计理念，在公建和住宅上分别配有地源热泵和太阳能供热系统，形成绿色建筑群，规划常住人口约 8 万人，建筑面积约 110 万平方米的一期工程已破土动工。

林下经济区 20 平方公里，重点发展林下种植、林下养殖、生态旅游等产业项目，打造农业循环经济示范区。并建有国际化的青少年循环经济理念教育培训基地，为青少年提供循环经济、农业科技等内容的教育培训。

通过三区联动、协调发展，塑造"循环、生态、便捷、智慧、宜居"的循环经济发展"子牙模式"，最终把子牙循环经济产业区建设成为国际一流国家级循环经济示范区。

目前，园区 50 平方公里基础设施建设已全面展开，园区道路及附属工程、管理服务大厦、标准厂房、小城镇等一批重点工程相继开工建设，累计投入达 46 亿元。园区现建有海关监管区、现代化信息中心、再生资源研究所、循环经济科技研发中心和青少年循环经济教育培训基地。并设有工商、公安、税务、海关、检验检疫等派驻机构，形成海关、检验检疫、环保、园区"四位一体"的联合监管体制。

作为我国北方最大的再生资源专业化园区、中日循环型城市合作项目，子牙循环经济产业区被国家发改委、工信部和环保部先后批准为"国家循环经济试点园区"、"国家级废旧电子信息产品回收拆解处理示范基地"、"国家进口废物'圈区管理'园区"和"国家循环经济'城市矿产'示范基地"。

园区的发展也引起了科研机构的关注与参与。南开大学副校长许京军介绍说，学校"985工程"已于2009年在子牙循环经济产业区成立"南开大学中国再生资源研究中心"，并先后承担了多项研究项目。

从全国情况看，目前正处于工业化、城市化加速推进期，一方面对资源的需求强烈，另一方面，固体废物大量积累，而我国人均资源占有率明显低于世界平均水平，工业、城市废弃物的回收利用率仅为20%左右。一个典型的案例是，废弃的矿泉水瓶，我国一年产生300万吨，塑料和石油的比例是1:6。也就是说6吨的石油产生1吨的塑料，如果回收这1吨的废塑料就节省了6吨的原油。如果把它利用起来，再做成瓶子就节省1 800万吨原油，辽河油田年产才1 200万吨。

这为中国循环经济的发展提供了巨大的空间，子牙循环经济产业区正是乘着全国兴起循环经济的东风，完成了一个完美的起跑。

不仅如此，在打造"城市矿产"的同时，以"子牙循环经济产业"为代表的"循环经济体"也正在逐步做强，愈来愈显示出无限的生机与活力。更为重要的是，子牙循环经济产业肩负的不仅仅是振兴地方经济的作用，更重要的是它将肩负起为国家开展资源再利用、废旧电子无害化处理等重点工作提供经验和科学依据的社会重任。

（资料来源：龙昊，赵健仲，郭海涛，城市矿产——静海子牙循环经济产业区，《中国经济时报》，2011年8月12日T26版）

8.4 清洁生产

8.4.1 清洁生产的提出

发达国家在20世纪60年代和70年代初，由于经济快速发展，忽视对工业污染的防治，致使环境污染问题日益严重。环境问题逐渐引起各国政府的极大关注，并采取了相应的环保措施和对策，如增大环保投资、建设污染控制和处理设施、制定污染物排放标准、实行环境立法等，以控制和改善环境污染问题，取得了一定的成绩。但是通过十多年的实践发现：这种仅着眼于控制排污口（末端），使排放的污染物通过治理达标排放的办法，虽在一定时期内或在局部地区能起到一定的作用，但不能从根本上解决工业污染问题。

据美国 EPA 统计，美国用于空气、水和土壤等环境介质污染控制总费用（包括投资和运行费），1972 年为 260 亿美元（占 GNP 的 1%），1987 年猛增至 850 亿美元，80 年代末达到 1 200 亿美元（占 GNP 的 2.8%）。如杜邦公司每磅废物的处理费用以每年 20%～30% 的速率增加，焚烧一桶危险废物可能要花费 300～1 500 美元。即使如此高的经济代价仍未能达到预期的污染控制目标，末端处理在经济上已不堪重负。

因此，发达国家通过治理污染的实践，逐步认识到防治工业污染不能只依靠治理排污口（末端）的污染，要从根本上解决工业污染问题，必须"预防为主"，将污染物消除在生产过程之中，实行工业生产全过程控制。70 年代末期以来，不少发达国家的政府和各大企业集团（公司）都纷纷研究开发和采用清洁工艺（少废无废技术），开辟污染预防的新途径，把推行清洁生产作为经济效益和环境协调发展的一项战略措施。

从我国的实际情况来讲，我们国家是一个人口密度高，人均资源贫乏的国家，按目前水平，我国人均土地占有量和水资源占有量只有世界人均占有量的 1/3 和 1/4，人均矿产资源不足世界平均水平的 1/2。随着人口增长和国民经济的发展，各种资源供给和社会需求的矛盾还将会进一步加剧。如果我国仍以传统的高消耗、低产出、高污染的生产方式来维持经济的高速增长，将会使环境状况进一步恶化，也会使有限的资源加速耗竭。环境和资源所承受的压力反过来对社会经济的发展会产生严重的制约作用，使经济增长现象成为短期行为，难以维持。所以转变传统的发展模式，实现经济与环境协调发展的历史任务，已经摆在我们面前。

8.4.2 清洁生产的概念

联合国环境规划署与环境规划中心（UNEPIE/PAC）将"清洁生产"这一术语定义为："清洁生产是指将综合预防的环境策略持续地应用于生产过程和产品中，以便减少对人类和环境的风险性。对生产过程而言，清洁生产包括节约原材料和能源，淘汰有毒原材料，并在全部排放物和废物离开生产过程以前，减少它的数量和毒性。对产品而言，清洁生产策略旨在减少产品在整个生产周期过程（包括从原料提炼到产品的最终处置）中对人类和环境的影响。清洁生产不包括末端治理技术，如空气污染控制、废水处理、固体废弃物焚烧或填埋，清洁生产是通过应用专门技术，改进工艺技术和改变管理态度来实现的。

面对环境污染日趋严重、资源日趋短缺的局面，工业发达国家在对其经济发展过程进行反思的基础上，认识到不改变长期沿用的大量消耗资源和能源来推动经济增长的传统模式，单靠一些补救的环境保护措施，是不能从根本上解决环境问题的。美国国会 1990 年 10 月通过了"污染预防法"，把污染预防作为美国的国家政策，取代了长期采用的末端处理的污染控制政策，要求工业企业通过源削减，包括：设备与技术改造、工艺流程改进、产品重新设计、原材料替代，以及促进生产各环节的内部管理、减少污染物的排放，并在组织、技术、宏观政策和资金做了具体的安排。

在《中国21世纪议程》中，将清洁生产定义为既可满足人们的需要又可合理使用自然资源和能源并保护环境的实用生产方法和措施，其实质是一种物料和能耗最少的人类生产活动的规划和管理，将废物减量化、资源化和无害化，或消灭于生产过程之中。

8.4.3 清洁生产的实施途径

实施清洁生产可以从以下几个方面来实现。

（1）使用清洁的能源和原材料

使用清洁的能源包括对常规能源（如煤等）采取清洁利用的方法（如城市煤气化供气）；对沼气等再生能源的利用；新能源的开发以及各种节能技术的开发利用等。

合理选择原材料是有效利用资源、减少废物产生的关键因素，包括以无毒、无害或少害原料替代有毒有害原料；改变原料配比或降低其使用量；保证或提高原料的质量、进行原料的加工减少对产品的无用成分；采用二次资源或废物做原料替代稀有短缺资源的使用等。

（2）建立清洁的生产过程

通过改革工艺和设备、改进运行操作管理和生产系统内部循环利用等措施建立清洁的生产过程。

工艺是从原材料到产品实现物质转化的流程载体，设备是工艺流程的硬件单元。改革工艺和设备主要包括：选用少废、无废工艺和高效设备；简化流程，减少工序和所用设备；使工艺过程易于连续操作，减少开车、停车次数，保持生产过程的稳定性；提高单套设备的生产能力，装置大型化，强化生产过程；尽量减少生产过程中的各种危险性因素，如高温、高压、低温、低压、易燃、易爆、强噪声、强振动等。

生产活动离不开人的因素，主要体现在运行操作和管理上。实践证明，规范操作强化管理，往往可以通过较小的费用而提高资源/能源的利用效率，削减污染。改进运行操作管理包括合理安排生产计划，改进物料储存方法，加强物料管理，消除物料的跑冒滴漏，保证设备完好等。

生产系统内部循环利用是指一个企业生产过程中的废物循环回用，其基本特征是不改变主体流程，仅将主体流程中的废物加以收集处理并再利用，包括将废物、废热回收作为能量利用；将流失的原料、产品回收，返回主体流程中使用；将回收的废物分解处理成原料或原料组分，回用于生产流程；组织闭路用水循环或一水多用等。

（3）产出清洁的产品

产品设计应考虑节约原材料和能源，少用昂贵和稀缺的原料；产品在使用过程中以及使用后不含危害人体健康和破坏生态环境的因素；产品包装合理；产品使用后易于回收、重复使用和再生；使用寿命和使用功能合理。

8.4.4　清洁生产与末端治理

从上述清洁生产的含义，我们可以看到：清洁生产是要引起研究开发者、生产者、消费者，也就是全社会对于工业产品生产及使用全过程对环境影响的关注，使污染物产生量、流失量和治理量达到最小，资源得到充分利用，这是一种积极、主动的态度。而末端治理把环境责任只放在环保研究、管理等人员身上，仅仅把注意力集中在对生产过程中已经产生的污染物的处理上。具体对企业来说，只有环保部门来处理这一问题，所以总是处于一种被动的、消极的地位。清洁生产和末端治理永远长期并存。只有共同努力，实施生产全过程和治理污染过程的双控制才能保证环境最终目标的实现。清洁生产和末端治理的比较见表 8 - 1。

表 8 - 1　清洁生产与末端治理

比较项目	清洁生产系统	末端治理（不含综合利用）
思考方法	将污染物消除在生产过程中	污染物产生后再处理
产生时代	20 世纪 80 年代末期	20 世纪 70—80 年代
控制过程	生产全过程控制，产品生命周期全过程控制	污染物达标排放控制
控制效果	比较稳定	产污量影响处理效果
产污量	明显减少	间接可推动减少
排污量	减少	减少
资源利用率	增加	无显著变化
资源耗用	减少	增加（治理污染消耗）
产品产量	增加	无显著变化
产品成本	降低	增加（治理污染费用）
经济效益	增加	减少（用于治理污染）
治理污染费用	减少	随排放标准严格，费用增加
污染转移	无	有可能
目标对象	全社会	企业及周围环境

阅读资料

纺织生产企业的清洁生产措施

纺织工业是我国的主导产业，随着社会的发展和经济的繁荣，已经迅速发展起来。但同时它也是社会可持续发展中的污染大户、耗能大户和消耗资源大户。纺织业的发展与环境的协调已经成为亟待解决的问题。下面就张家港市 3 家纺织印染企业在 2008 年实施的企业清洁生产审核进行了认真的研究，从节水、节电和节省蒸汽 3 个方面的方案实施情况来分析，总结了纺织企业在节省能源方面的清洁生产措施。

毛纺企业主要产品的工艺流程为：原毛—洗毛—制条—条染—纺纱—织造—生

修—染整—检验—包装—入库。工艺流程描述：

（1）洗毛。将原毛进行水洗，使色泽鲜艳、丰满，日晒和氯漂牢度提高；去除织物表面的杂质。

（2）制条。用制条机将洗涤后的原毛进行制条。

（3）条染。在此过程中，加入活性染料、元明粉和纯碱以促进染料分子通过物理的或者化学的作用，在染液中向纤维转移并渗入织物内部使织物形成色泽。

（4）纺纱。将2股或2股以上的纱合并加捻后合在一起得到股纱。

（5）织造。将一个系统的经纱与另一个系统的纬纱在织机上按要求的沉浮规律彼此交织成织物。

（6）生修。将织物上的可修性疵点进行修理。

（7）染整。对纺织材料（纤维、纱线和织物）进行以化学处理为主的工艺过程。

（8）检验。修整坯布上的小疵点，弥补前道不足。根据客户要求，平幅或对折卷绕，然后包装入库。

3家纺织印染企业清洁生产前的基本情况为：甲企业创建于1997年，2007年生产毛纱1 250 t，其中150万 m（750 t）用于后整理加工精纺呢，外售毛纱500 t。公司生产过程使用的关键设备有各种针梳机、粗梳机、细纱机、并纱机、定型机、剪毛机和织机等，在清洁生产审核前生产设备运行状况良好。乙企业于1998年通过了ISO9000质量管理体系认证，2006年通过了ISO14001：2004环境管理体系认证。公司主要生产精纺呢绒、出口纱线和毛条，2007年生产毛纺织品53万 m。公司生产过程使用的关键设备有各种针梳机、粗梳机、细纱机、并纱机、定型机、剪毛机和织机等。在清洁生产审核前生产设备运行状况良好。丙企业成立于2004年，公司主要生产高档面料，2007年生产高档面料13 709 t。公司生产过程使用的关键设备有各种高温染色机、离心变频脱水机、织机、烘干机、定型机等。在清洁生产审核前生产设备运行状况良好。

采取的清洁生产措施如下：

1. 用水方面

（1）设备或生产线技术更新

在对这3家纺织印染企业做清洁生产审核过程中，有甲、乙2家企业对洗呢机进行了更新换代，这2家企业原来使用的都是国产绳状低速洗呢机，这种洗呢机生产过程中耗水量大，生产效率不高而且产品易生褶皱。通过进行市场考察，企业将这种洗呢机更新为意大利进口的洗缩联合机，生产效率提高了近4倍，并且用水量仅为原来设备用水量的1/2。另外丙企业对自己的一条印花生产线进行了改良，采用节约排污生产线，改良后的生产线每年可减少废水排放量为28.8万 t，每年减少辅料和助剂投入约为200 kg。

由于我国清洁生产行业标准中没有关于毛纺织行业的标准，参照《中华人民共和国环境保护行业标准——清洁生产标准 纺织业（棉印染）》标准，纺织印染行业染缸设备达到一级（国际先进水平）的标准是染缸浴比越小越先进，这样就可以越节省水资源。在这 3 家企业中，乙企业根据自己的经济实力将原来的浴比为 1:（15~20）的染缸更新为新型 GR201 染缸，此染缸的浴比为 1:8。方案实施后，全年节省用水 7 500 t，节省蒸汽 800t。当年就为企业节省开支近 27 万元。另外这家企业还更新了使用多年的烧毛机，同样也达到了节约水资源的目的。乙企业在该方案实施后，清洁生产水平对照《标准》达到了清洁生产一级水平。

（2）冷却水和冷凝水循环使用

在被审核的这 3 家纺织企业中，对生产过程中使用的冷却水和冷凝水都进行了循环使用。通过修建蓄水池将冷却水储存在水池中，然后循环利用，节水效果十分明显，具体数据见表 8-2。而对于冷凝水的使用，有 1 家企业没有简单地将冷凝水冷却后循环使用，而是将带有温度的冷凝水通过管道，直接打到染整环节或后整理环节中需要温水的生产工艺中，这样既节省了水资源，同时也有效地利用了热能。这种对冷凝水的使用方案可以在其他纺织印染企业中进行推广。

表 8-2　3 家企业水循环使用前后用水量对比

企　业	产品用水量（t/a）	循环用水量（t/a）	方案实施后产品用水量（t/a）	方案实施后水循环率/%
甲	91 200	36 480	54 720	40
乙	642 637	224 923	417 714	35
丙	1 849 250	924 625	924 625	50

通过表 8-2 可知，3 家企业在冷却水和冷凝水循环使用方案实施后，企业的循环用水量都在 35% 以上，节水效果明显。另外，企业循环用水量增加后，新鲜水的用量自然就会随之降低，这样企业排放的废水量也会降低，减少了企业处理这部分生产废水的经济负担，对企业来说，达到了环境效益和经济效益双赢的目的。

2．用电方面

纺织行业无疑也是用电大户，在用电方面可采取的清洁生产措施较多，只要能够得到有效运用，可以发挥巨大的作用。

（1）厂区车间照明系统的改造

在被审核的 3 家企业中，做清洁生产审核之前，3 家企业车间内使用的都是普通日光灯，清洁生产审核开展以来，企业自觉地将普通日光灯改造为节能灯。每家企业的改造数量在 2 500~3 500 只不等。每年可为企业节省电能在 30 万~36 万 kW·h，节省电费为 24 万~30 万元。

（2）设备增加变频器

对企业耗电高的设备增加变频器也可以为企业节省大量的电能，但是变频器增加得过多，还可能带来的一个负面效应就是会产生谐波的问题，建议在推广此方案时要注意防范。通过采取相应的节电措施，3 家企业在本轮清洁生产审核结束后，各个企业的节电效果见表 8-3。3 家企业的节电率都达到了 5% 以上，从节约电能的角度，本轮清洁生产审核 3 家企业都取得了良好的效果。

表8-3　3家企业采取节电措施前后用电量比较

企　业	产品万元产值用电量（kW·h）	方案实施后产品节电量（kW·h）	节电率/%
甲	21.67	5.79	26.00
乙	155.76	8.93	5.73
丙	1 698.91	112.87	6.64

（3）用蒸汽方面

纺织企业在生产过程中使用的蒸汽主要用来给坯布加热用。蒸汽在输送到各个车间时需要通过疏水器来控制，在被审核的3家企业中，只有丙企业使用的是进口的疏水器，控制效果是最好的，价格也是最贵的，每个疏水器的价格在千元以上。甲企业使用的是合资企业生产的疏水器，控制效果稍差，而乙企业使用的是国产的旧式疏水器，漏蒸汽现象比较明显，平均每天泄漏的蒸汽约有0.5t，每年造成的蒸汽资源浪费量约为150t，每年造成的经济损失将近3万元。通过比较可知，在蒸汽使用车间及时更换控制效果好的进口疏水器，可以为企业节省大量的蒸汽资源。

通过以上分析可知，这3家企业通过实施清洁生产方案后，企业的清洁生产水平都达到《中华人民共和国环境保护行业标准——清洁生产标准·纺织业（棉印染）》中相关内容的一级标准。目前，国内纺织生产企业在节水、节电和节省蒸汽方面采取的清洁生产措施较多，只要企业认真开展清洁生产审核工作，投入一定的资金，通过加强管理，提高原辅材料和资源能源利用效率，采取废弃物综合利用措施和减少污染物的排放量，就可以提高纺织生产企业的清洁生产水平。

（资料来源：李海杰，张明聪，浅析纺织生产企业的清洁生产措施，《环境保护与循环经济》，2010年第8期）

8.5　生态城市建设

生态城市是指在生态系统承载能力范围内，运用生态经济学原理和系统工程方法，去改变生产和消费方式、决策和管理方法，挖掘城市区域内外一切可以利用的资源潜力，建设一类经济发达、生态高效的产业，体制合理、社会和谐的文化以及生态健康、景观适宜的环境，实现社会主义市场经济条件下的经济腾飞与环境保护、物质文明与精神文明、自然生态与人类生态的高度统一和可持续发展。

生态城市建设是一种渐进、有序的系统发育和功能完善过程。生态城市的建设一般都要跨越5个阶段：即生态卫生、生态安全、生态产业、生态景观和生态文化。

①生态卫生是采用生态工程方法处理和回收生活废物、污水和垃圾，减少空气污染和噪声污染，为城镇居民提供一个整洁健康的环境。生态卫生系统是由相互影响、相互制约的人居环境系统、废物管理系统、卫生保健系统、农田生产系

统共同组成。

②生态安全为居民提供安全的基本生活条件，包括水安全（饮用水、生产用水和生态系统服务用水的质量和数量）、食物安全（动植物食品、蔬菜、水果的充足性、易获取性及其污染程度）、居住区安全（空气、水、土壤的点源、线源和面源污染）、减灾（地质、水文、流行病及人为灾难）、生命安全（生理、心理健康保健，社会治安和交通事故）等。

③生态产业强调产业通过生产、消费、运输、还原、调控之间的系统耦合，从产品导向的生产转向功能导向的生产；企业及部门间形成食物网式的横向耦合；产品生命周期全过程的纵向耦合；工厂生产与周边农业生产及社会系统的区域耦合；具有多样性、灵活性和适应性的工艺和产品结构，硬件、软件与心件的协调开发，进化式的管理，增加研发和售后服务业的就业比例，实现增员增效而非减员增效，人格和人性得到最大程度的尊重等。

④生态景观强调通过景观生态规划与建设来优化景观格局及过程，减轻热岛效应、水资源耗竭及水环境恶化、温室效应等环境影响。生态景观是指包括地理格局、水文过程、生物活力、人类影响和美学上的和谐程度在内的复合生态多维景观。

⑤生态文化是物质文明与精神文明在自然与社会生态关系上的具体表现，是生态建设的原动力。其核心是如何影响人的价值取向，行为模式，启迪一种融合东方天人合一思想的生态境界，诱导一种健康、文明的生产消费方式。生态文化的范畴包括认知文化、体制文化、物态文化和心态文化。

总的来讲，城市生态建设的重要指标是财富、健康和文明，三者缺一不可。财富是形，健康是神，文明则是本。城市生态建设必须从本抓起，促进形与神的统一。城市生态建设的前提是要搞好生态规划，促进硬件（资源、技术、资金、人才），软件（规划、管理、政策、体制、法规），心件（人的能力、素质、行为、观念）能力的三件合一。

阅读资料

祁东经济开发区生态工业园建设

生态工业园区（Eco‒industrial park，EIP）是一个自然和经济资源高度集约的工业体系，旨在减少废物排放、降低物质和能源消耗，提高园区运营效率及质量，改善园区工作者的健康状况，优化公众形象，并为废弃物使用和出售创造增收的机会。它遵循工业生态学原理和循环经济理论，其建设目的是实现园区物流的闭路循环和能流的梯级使用，从而降低企业运行成本，提高园区整体效益，促进园区健康发展。我国自 1999 年在试点工业园区引入生态工业理念以来，生态工业园区犹如雨后春笋般崛起。据统计，截止到 2010 年 5 月经国家环境保护总局批准建设的各类生态工业示范园区已达 31 个。实践证明，生态工业园区不仅产生了较好的环境效益，并且由于其清洁生产，绿色发展，经济增速、运行质量均大为提高，得到了社会各界的广泛认可，取得了良好的经济效益和社会效益。由此可见，生态工业园区是最具环保意义和绿色概念的工业园区，是我国继经济技术开发区、高新技术开发区之后第三代工业园发展的必然趋势，对可持续发展具有重要意义。下面以祁东经济开发区生态化建设为例，分析探讨生态工业园的构建模式和环境管理。

1. 祁东经济开发区构建生态工业园区的背景

湖南省衡阳市祁东经济开发区成立于1992年，2000年经湖南省人民政府批准为省级开发区。祁东经济开发区依托祁东及周边丰富的木材、农副产品、铁矿和人力资源，重点发展家具制造、绿色食品加工和设备制造三大行业。经济开发区2010年实现技术工业贸易总收入42.30亿元，工业总产值30.74亿元，工业增加值12.60亿元，进出口总额1.45亿元，实现利税1.84亿元。目前，在湖南省以加快转变经济发展方式为主线，全面推进"四化两型"建设，着力调整经济结构、推进自主创新和节能环保的经济环境中，祁东经济开发区构建生态型工业园区处于大有作为的重要战略机遇期。与此同时，衡阳市将发展循环经济作为全市调整经济结构、转变发展方式的重要突破口，积极推进工业园循环经济建设，推动传统工业园向生态工业园全面升级。近年来通过工业布局调整，初步形成了以衡阳高新产业园区、松木工业园区、耒阳经济开发区、常宁水口山经济开发区、祁东经济开发区、西渡经济开发区等省级工业园区为载体的工业集聚格局。目前，衡阳市正式启动了"西、南、云、大"区域循环经济规划，祁东经济开发区在此基础上构建生态工业园区，对提升衡阳市综合竞争力，乃至对中南地区发展循环经济、构建"两型"新城区都具有示范意义。

2. 祁东经济开发区生态工业园建设的有利条件

（1）优良的生态环境

祁东经济开发区绿化面积已达50余亩，以兰芝公园和霞岭公园两大生态绿地为主结构，由防护绿地、区内公（游）园、憩园和绿化林荫道构成了"点—线—面"相结合的生态绿地系统。同时祁东经济开发区生态环境污染远低于同类工业园，经济开发区生活居住、商业办公区、一类工业区达到《环境质量空气标准》（GB 3095—1996）二级标准，二类工业区、三类工业区、仓储物流区达到国家三级标准；生活污水及工业废水经污水处理达标后排入湘江，且保证该段湘江水质达到《地表水环境质量标准》（GB3838—2002）Ⅲ类标准。祁东经济开发区具有优良的生态环境是其发展生态工业园区的先天优势。

（2）独特的区位优势

祁东经济开发区位于祁东县城西部，东接衡阳，北靠邵阳，南连永州，湘桂铁路、322国道和衡枣高速连接线三线交汇于此。自此北往长沙，南下广州，西到桂林，都不到3小时车程，从园区东部湘江河道可直达长江，另外由此到即将建成的南岳机场不到1小时车程，水陆空交通均极为便捷。经济开发区独特的区位优势，为园区企业发展提供广阔的平台，为其发展生态工业园奠定了基础。

（3）完善的基础设施

祁东经济开发区投入巨资，高标准、高品位地完成了经济开发区 2.8km² 的基础设施建设。建成了以永昌大道为轴心的"八纵五横"道路骨架，110kV、220kV 的高专供电力线路，日产 3 万 t 的自来水厂，路、电、水、讯等配套设施比较完善，基本实现了"五通一平"。目前，已有县委、县人大、县政府、县政协及部分县直机关等 70 多家单位入区办公，新区农贸市场、商贸大厦、高标准的商业步行街等配套设施基本完备。新区人民广场占地 5.8 万 m²，投资 3 000 多万元，成为县城独特的景观。高标准完善的基础设施是祁东经济开发区发展生态工业园的硬件优势。

（4）良好的发展势头

又好又快的经济发展势头是构建生态工业园的经济基础。祁东经济开发区经过十几年的持续发展，已成为祁东县乃至衡阳市经济发展的前沿地带，成为工业经济发展的重点区域。"十一五"期间，祁东经济开发区实现工业增加值达 33.26 亿元，年均增长 16%，占全县总量的 41%；其中规模工业增加值达 31.26 亿元，年均增长 14%；5 年累计到位外资 2 亿美元，年均增长 18%，占全县总量的 51%；累计到位省外境内资金 12 亿元，年均增长 32%，占全县总量的 25%；创造高新技术产品增加值 6 亿元，年均增长 23%，占全县总量的 72%；建成年产值过亿元的企业 30 家、上 10 亿元的企业 5 家，形成特色的产业基地和产业链。在经济开发区经济总量不断增长的同时，产业结构进一步优化，运行质量进一步提高，发展后劲进一步增强。

（5）健全的管理体系

祁东经济开发区环境管理工作严格按照国家环保法律、法规要求，坚持清洁生产、绿色发展，从严把关，实行严格的环境准入制度，支持企业节能减排技术改造，努力实现经济开发区的可持续发展。经济开发区按照"封闭管理、独立运行"原则，优质、高效服务入区企业和单位，对入区单位和企业提供全程跟踪服务，实行手续代办一站式服务，采取"无费区"管理模式，企业所得税实行"免三减二"。对重大工业项目，实行领导联系制度，一个项目一个领导、一套班子专门协调服务。经济开发区健全的管理服务体系，是发展生态工业园的体制优势。

3. 祁东经济开发区生态工业园建设的模式

从目前生态工业园建设的基本特点来看，一般认为生态工业园建设有 4 种经典模式，自主共生型（丹麦 Kalunborg 模式）、产业共生型（广西贵糖模式）、改造型（美国 Chattanooga 模式）、虚拟型（美国 Brownsville 模式）。综合考虑祁东经济开发区的实际情况，应建成改造型和虚拟型生态工业园区相结合的模式。祁东经济开发区生态工业园的建设必须在遵循生态工业和循环经济理念的基础上，鼓励单个企业清洁生产和实现企业间循环再利用，引进"静脉产业"，以实现副产品和废弃物在区内最大化消解，减少污染物的排放，同时还应促进企业在区域之间的耦合，组建虚拟生态园，使区外的企业与经济开发区组成事实上的生态工业链。

（1）企业层次

企业层次的具体建设内容主要是鼓励企业进行清洁生产和实施 ISO14001 环境管理体系。清洁生产是实现园区节能减排、节能降耗的主要途径，是整个园区生态化建设的重点。祁东经济开发区工业园内的各企业应以清洁生产为基本准则，从传统的末端治理过渡到生产过程全控制，将企业各环节产生的废弃物多层次循环利用，使之最大限度地消解在生产工艺中，减少污染物排放，实现废弃物在企业内部的闭路循环，从而不断提高园区生态经济效益。与此同时，应鼓励神龙矿业、开福家具、华泰食品、凯迪生物质发电厂、苏博泰克数控机厂等规模企业进行 ISO14001 环境管理体系认证，对能源、资源、大气、水、噪声、固体废弃物等重要环境因素进行全程监控。将企业清洁生产、节能环保管理工作融入环境管理体系之中，从体系的高度实施节能减排，促进企业生态转型。

（2）企业间层次

单个企业内部的清洁生产具有一定的局限性，肯定会存在一些内部无法消解的副产品和废弃物，这就需要园区企业间形成互利共生的生态产业链，以实现资源共享、副产品交换和能流的梯级循环利用。在该层次上，园区应按照生态工业原理和循环经济理论，积极引入与现有设备制造、家具制造、农副产品深加工等重点产业相配套、相关联的企业和产业，同时引进针对三大重点行业废弃物资源回收利用和废弃物无害化处理的静脉产业，逐步完善壮大生态产业链，以达到物质循环利用最大化、污染物排放最小化的目的。

（3）园区层次

园区层次的主要建设内容是建立物流、能源、配套设施、信息共享等集成系统，实现园区生态化管理。通过运用过程集成技术，对产业规划确定的上下游企业物流流程进行集成，调整物流流动的路线、流量和质量，构建生态工业网络链。加强能源的有效利用，根据企业不同的用能工艺，对能源梯级利用流程进行合理设计，并选用清洁能源和集中供能系统，提高能源利用效率，降低物质消耗。强化配套设施建设，采用一体化的市政公用工程配套设施，建立物质能源集中供给、污水集中处理、废弃物集中回收等集成系统，实现基础设施共享，减少经济开发区资源和能源的消耗，提高设施和设备利用效率，避免重复建设。建立信息共享系统，为经济开发区的环境保护与管理、物质能源的循环利用和先进技术的推广，提供了便捷的信息交流平台，这是保障经济开发区可持续发展的重要条件。

（4）区域层次

在该层次上的主要建设内容是构建虚拟型生态工业园区。园区中有些废弃物的循环利用不适宜在园区内进行的，为使废弃物资源化、减量化和无害化，可与区外的企业组建虚拟型园区，从而把有害环境的废弃物减少到最低限度。根据祁东经济开发区各产业链之间关联较小的特点，虚拟生态工业园建设具有重要的意义，生态工业链的完善主要在虚拟园。根据园区以家具制造、农副产品深加工、设备制造产业为主的特点，其边角料、废料、金属废渣均有一定回收利用价值，但这些资源再利用企业不一定要在园区，可以与区外企业耦合形成事实上的生态工业体系（图8-1）。

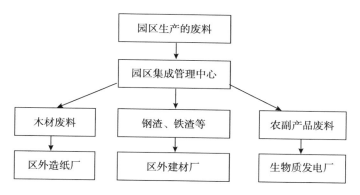

图8-1 园区废弃物处理模式分析

4. 经济开发区生态工业园建设的环境管理对策

祁东经济开发区生态工业园建设在生态工业原理的指导下，以循环经济理念为依托，在生态工业模式构建、基础设施共享、节能减排等方面进行了探索。为进一步推动祁东经济开发区经济快速发展，提高资源能源利用率，减少污染物排放，促进园区可持续发展，提出其构建生态园的环境管理对策与措施。

（1）建立评价体系，完善环境管理制度

工业园区的环境保护取决于园区环境管理政策，并与工业经济发展方式的转变和改革密切相关。因而完善的环境保护管理体系是生态工业园区建设顺利开展和稳定运行的重要保障。祁东经济开发区应在遵循循环经济的"3R"原则和生态工业学原理的基础上，用循环经济发展指标、生态环境指标、生态网络指标和绿色管理指标四大类生态工业园评价指标体系替换传统单一的GDP评价指标体系，对园区的经济效益和环境效益进行综合评价，为经济开发区的可持续发展提供依据。通过建立适合祁东经济开发区实际的生态工业园评价体系，加大环境管理能力，此外还应制定生态工业园环境保护管理条例，建立生态工业园环境管理规章制度，保证园区环境管理的合法性和合理性，确立生态工业园在社会经济发展中的地位，明确政府、企业、公众在园区建设中的权利和义务，形成长效环境管理机制。

（2）做好园区环评，加强源头控制管理

祁东经济开发区建设应积极吸取"先污染后治理"的经验教训，强化园区环评工作，把好园区的环境准入关，严格控制高污染高耗能建设项目，实施严格的环境准入制度。在园区环境影响评价的基础上对区内现有的三大产业布局进行规划调整以利于产业集聚发展，并对入园企业的规模、性质、工艺进行明确规定，同时严格执行环保"三同时"制度——建设项目配套的环保设施必须与主体工程同时设计、同时施工、同时投入使用，从源头上控制污染，促进园区经济与环境协调健康发展。

（3）开展清洁生产，优化调整产业结构

祁东经济开发区的经济发展仍未完全摆脱粗放型增长方式，在构建生态园的同时，如何实现节能减排、节能降耗、优化产业结构，仍有较大压力。清洁生产是实现经济开发区生态化建设的重要途径，通过实施清洁生产，将产生的废物最大限度地消除在生产工艺中，减少污染物排放。经济开发区应严格按照《清洁生产促进法》的各项要求，制定园区清洁生产实施条例，并与区内企业签订清洁生产目标责任状，督促企业实行清洁生产。同时直接关停区内化工厂、水泥厂等重污染且改造无望的企业，鼓励发展符合产业规划的新能源和新材料企业，实施"绿色能源"工程，推动传统产业改造升级，优化产业结构，促进园区生态转型，争取达到环境和经济效益双赢。

（4）推行循环经济，完善生态工业网络

祁东经济开发区应通过政策引导、技术支持和资金扶持等手段，依托区内优势产业和龙头企业，大力发展循环经济，积极引进循环利用项目，弥补缺失产业链，形成资源循环利用良性发展格局。今后园区建设应坚持以循环经济理论和生态工业原理为指导，按照园区现有的家具、食品、设备制造产业链，积极引进与之相关联的产业和企业，寻求能利用园区副产品、废弃物的企业入驻，整体打造"减量化、再利用、再循环"的生态产业链。园区现有的龙头企业神龙矿业、开福家具和华泰食品，应发挥其辐射示范、信息扩散和销售网络的龙头作用，积极进行资源节约与替代、能源梯级使用、废物回收利用等循环经济技术开发，树立循环经济发展典范，带动附属产业的发展，协助关联企业与核心企业相衔接，达到培育、延伸、发展、壮大产业链的目的。

（资料来源：刘飞，刘迎云，张容芳，等，祁东经济开发区生态工业园建设探讨，《环境保护与循环经济》，2012年第1期）

思考题

1. 简述可持续发展理念产生的由来。
2. 可持续发展的定义与内涵是什么？
3. 什么是循环经济，循环经济的三个操作原则是指什么？
4. 如何实现清洁生产，清洁生产与末端治理有什么不同？

第9章 环境保护法律法规

环境法（environmental law）是指为了协调人类与自然环境之间的关系，保护和改善环境资源并进而保护人体健康和保障经济社会的持续发展，由国家制定或认可并由国家强制保证实施的，调整人们在开发、利用、保护和改善环境资源的活动中所产生的各种社会关系的法律规范的总称。区别于一般法律，环境法具有综合性、技术性、社会性和共同性等特征。随着环境问题日益加重，环境法引起了人们较为广泛的关注，世界各国均不断加大了环境保护立法的力度，并形成一体化的大趋势。

9.1 我国环境法制发展历程

抚今追昔，中国近代环境法的发展经历了一个比较曲折的过程，但总的趋势是，我国的环境法制建设越来越受到国家和全社会的重视，并且逐步发展，日臻完善。我国近现代环境法的发展历程大致分为 4 个阶段：

（1）第一阶段——孕育雏形

从新中国成立到 1978 年党的十一届三中全会是我国环境法制孕育时期。这一时期的环境保护规范主要侧重于自然资源的保护，特别是对关乎农业命脉的环境要素的保护。总体上，这一时期的前期环境保护立法重资源、轻污染，体系特征不明显，没有形成完整的环境保护概念。直到我国在 1972 年联合国召开的第一次人类环境会议影响下，于 1973 年 8 月召开了第一次全国环境保护会议，制定了《关于保护和改善环境的若干规定》，并由国务院予以颁发，该规定作为我国第一个综合性的环境保护行政法规，为环境法律体系的建立奠定了基础。

（2）第二阶段——开始建立

从 1979 年《环境保护法（试行）》的颁布实施到 1988 年是中国环境立法迅速发展的时期。自党的十一届三中全会以后，我国的政治、经济形势发生了巨大的变化，我国的环境保护法制建设蓬勃发展，初步建立了较为完整的环境法律体系。1979 年，作为环境保护基本法的《环境保护法（试行）》颁布实施，标志着我国的环境法律体系开始建立，也标志着我国的环保事业步入法制化轨道。在这一时期，我国的环境保护立法空前活跃，成为我国法律体系中发展最为迅速的一个部门法。一系列有关污染防治、自然环境和资源保护、环境管理等方面的单行法律法规和标准相继出台，宏观层面涉及海洋、水、空气、森林、草原、土地等领域环境和资源的保护；微观层面包括了海洋倾倒、煤烟、农药、噪声、固体废物等方面污染的防治。与此相配套，有关排污费征收、环境监测、环境标准、环境行政处罚等方面的管理办法也相继颁行。至此，我国的环境保护法制体系建设全面展开。

（3）第三阶段——框架构建

从 1989 年开始，我国的经济体制又经历了一次根本性的变革，即从先前的计划经济体制转向有计划的商品经济体制，进而全面转向社会主义市场经济体制。与这一新形势相适应，环境保护立法面临着前所未有的历史转型期。在这一时期，一批新的单行法规陆续颁行，涉及了一些环境保护的新领域，借鉴了国外环境资源法的不少新做法，环境资源法的范围不断扩展，如：《环境噪声污染防治法》、《防沙治沙法》、《清洁生产促进法》、《放射性污染防治法》、《可再生能源法》、《畜牧法》等。另外，一大批已颁行的法律法规已分别进行了修订或正在被修订。总之，这一时期的环境立法顺应了新的形势，通过立、改、废等途径对我国的环境立法体系进行进一步的整合与创新，我国环境资源法的大致框架已经搭就，使之能更有效地为我国的市场经济发展保驾护航。

（4）第四阶段——日臻完善

2005 年中共第十六届五中全会通过的《中共中央关于制定国民经济和社会发展第十一个五年规划的建议》明确提出了以科学发展观统领经济社会发展全局，"建设资源节约型、环境友好型社会"。在中共十七大上，胡锦涛总书记再次重申并进一步阐述了科学发展观的科学内涵，并明确提出建设生态文明的要求和内容。同时，在关于完善中国特色社会主义法律体系方面，十七大对环境法制建设提出了新的要求，即："完善有利于节约能源资源和保护生态环境的法律和政策，加快形成可持续发展体制机制。"这意味着我国环境法律体系已进入为适应新的形势而进一步完善的关键阶段。人民生活水平的提高和环境意识、民主意识、法治意识的增强，对环境保护提出了新的更高的要求，新的环境保护理念和生态文明思想也要求环境法律体系日臻完善。

9.2 我国环境法律体系

9.2.1 我国环境法律体系现状

环境法的体系是由各种环境法律规范所组成的相互联系的统一整体，它是国家法律体系的第二层次的部门法体系。我国环境法成为一个独立的法律部门并形成自己较为完备的体系，在时间上要比其他部门法晚得多。但是，由于它所调整的对象与社会关系十分广泛，因此，其立法的数量远远超过其他部门法，构成了一个庞大的二级部门法体系。目前，我国环境法体系大致由以下 6 个部分组成。

（1）宪法性规定

宪法中关于环境保护的规定是环境法体系的基础，是各种环境法律、法规、制度的立法依据。我国宪法中这类规定主要包括：国家环境保护职责、公民环境权利义务、环境保护的基本政策和原则。例如，我国宪法第 26 条规定"国家保护和改善生活环境和生态环境，防治污染和其他公害"；第 9 条规定"国家保障自然资源的合理利用，保护珍贵的动物和植物。禁止任何组织或个人用任何手段侵占或者破坏自然资源"；第 10 条规定"一切使用土地的组织和个人必须合理地利用土地"。

（2）综合性环境基本法

1989 年 12 月 26 日颁布实施的《中华人民共和国环境保护法》是我国环境保护的综合性基本法，该法对环境保护的重大问题作出了规定，如：规定了环境保护法的基本任务，环境保护的对象，环境保护的基本原则和要求，保护自然环境、防治环境污染的基本要求和相应的法律义务，环境管理机构对环境监督管理的权限、任务以及单位和个人保护环境的义务和法律责任等。

（3）环境与资源保护单行法

环境保护单行法是以宪法和环境保护基本法为依据，针对特定的保护对象或特定的污染防治对象而制定的单项法律法规。在效力层次上可分为法律、法规、部门规章、地方法规和规章。在内容上可分为以下几个组成部分：一是污染防治法，这类规定是在环境保护基本法之下的单行法，是传统的环境保护法中最重要的规范，在单行法中数量也最多，较重要的单行法包括《水污染防治法》、《大气污染防治法》、《环境噪声污染防治法》等；二是自然资源保护法，这类规定以保护某一环境要素为主要内容，也包括对自然资源管理和防治对该类自然资源污染和破坏的法律规范，比较重要的法律法规有《水法》、《土地管理法》、《渔业法》、《森林法》等；三是环境管理行政法规。这类法律规范主要是关于环境管理机构的设置、职权、行政管理程序和行政处罚程序等方面的规定。

（4）环境标准

传统意义上的环境标准主要指国内环境标准，是国家为了防治环境污染、保证环境质量、维护生态平衡、保护人群健康，在综合考虑国内自然环境特征、社会经济条件和现有科学技术的基础上，规定环境中污染物的允许含量和污染源排放物的数量、浓度、时间和速率及其他有关的技术规范。现代意义上的环境标准包括国内的和国家认可和推行的国际环境标准。这些环境标准是具有法律性的技术规范，是环境法中不可或缺的组成部分。

（5）其他部门法中的环境保护规范

由于环境保护的广泛性和复杂性，虽然专门的环境立法数目庞大，但仍然不能将涉及环境的所有社会关系纳入调整范围，而其他的部门法，如民法、刑法、行政法、经济法、劳动法、诉讼法等部门法中包含了关于环境保护的法律规范，可以从不同的角度对涉及环境的社会关系进行调整，因而丰富了环保法律法规的惩治与救济的内涵。这些法律规范也是我国环境法体系的组成部分。

（6）国际法中的环境保护规范

主要是指我国参加并已对我国生效的一般性国际条约中的环境保护规范和专门性国际环境保护条约中的环境保护规范，包括我国参加或缔结的有关环境资源保护的双边、多边协定和国际条约等。这些也是我国环境法体系的重要组成部分。

9.2.2　我国环境法律体系的完善

我国环境法律体系的特点是：重实体规定、程序规范相对欠缺，部门立法较丰富而地方和区域立法相对不足，不同部门和层次的环境立法协调性有待整合，一些空白领域亟待填补。环境法律体系自建立至今30年来，环境法在立法上并未实现实质性转型，依然是以环境污染防治法为核心的传统型环境法律体系，难以满足和适应新发展形势的需要。环境法律体系的完善是建设生态文明的基本要求和重要保障。

在宏观方面，以科学发展观为指导，贯彻党的十七大提出的建设生态文明的要求，改进和完善我国环境法律体系。2003年，胡锦涛总书记在十六届三中全会上提出了科学发展观。2005年中共第十六届五中全会通过的第十一个五年规划中明确提出了以科学发展观统领经济社会发展全局，"建设资源节约型、环境友好型社会"。在中共十七大上，胡锦涛总书记再次重申并进一步阐述了科学发展观的科学内涵，并明确提出建设生态文明的要求和内容。同时，在关于完善中国特色社会主义法律体系方面，十七大对环境法制建设提出了新的要求："完善有利于节约能源资源和保护生态环境的法律和政策，加快形成可持续发展体制机制。"显然，环境法制建设是建设生态文明的基本要求和重要保障。我们在改进我国环境法律体系的过程中，要始终坚持以科学发展观为总的指导思想，按照"有利于节约能源资源和保护生态环境"的思路确立改进我国环境法律体系的宗旨和原则，推动生态文明建设进程。

在中观方面，改进我国环境法律体系的宗旨和思路。我国目前的环境法律体系已经比较成功地实现了环境污染防治立法的跨越式发展，可称为第一步跨越；正面临着生态环境保护和建设立法的跨越式发展阶段，可称为第二步跨越。我国这两个跨越式立法阶段的结合表现为我国环境立法的历史转型。而要实现我国环境法律体系的历史转型，根本的是要以可持续发展思想作为改进我国环境法律体系的宗旨，只有建立以可持续发展为目标的统一法律体系，才有助于从根本上解决发展中的环境问题，对社会全面发展作出长远安排。总之，以追求生态文明为主旨的可持续发展法律体系是现代环境法的发展方向。而我国生态环境基本国情及环境立法结构的缺陷，决定了我国环境法制建设一定要从全局利益出发，切实贯彻可持续发展战略，发展综合性的法律法规，全面协调人口、资源、环境、经济和社会的关系，所以构建融合环境、资源和生态观的大环境法体系是必然选择。

在微观方面，采取具体改进措施。在我国环境法律体系具体改进方面，要坚持在修改《环境保护法》使之成为环境基本法的基础上，按照污染防治与生态保护建设并重的思路，修改和制定有关法律、法规，最终形成在基本法统领下的污染防治和生态保护建设两大体系。第一，修改《环境保护法》，使其发挥基本法的功能与作用。由于种种原因，我国现行《环境保护法》无论在其效力等级、立法思想、原则及内容等方面，都难以发挥统摄整个环境法律体系"母法"的作用，这种状况亟须改变，但在修改《环境保护法》时应注意，作为环境基本法，其规定应当保持适度的原则性、稳定性，同时应符合环境保护实践中预防、管制、整治和救济的逻辑顺序。第二，整合完善以污染防治和生态保护建设为主要内容的环境单行法律法规。按照生态文明的要求，以可持续发展思想为指导，整合完善环境单行法律法规是改进现有环境法律体系的主要途径。主要包括：整合完善作为传统环境法基本内容且在现代环境法中依然重要的污染防治法；整合生态环境建设法领域内的单行法律法规，还要着力解决目前相关立法各部门条块分割而不利于生态系统保护的问题；在涉外环境立法领域、融入WTO规则与国际环境公约要求。第三，加强协调性、整体性环境立法工作。一是加强环境立法规划工作。按照生态文明和可持续发展战略思想的要求，加强环境立法规划工作，对于建立科学的环境法律体系至关重要，有利于统一环境立法指导思想，避免立法的盲目性，也有利于缓解不同部门、不同地域、不同主体之间在环境保护方面的利益冲突。二是完善环境区域立法。我国目前的环境区域立法在内容上，地方性环境法规、规章既没有充分考虑本地区的生态环境特征，也没有考虑某个大的生态区域的生态环境特征的相同性。在改进我国环境法律体系的过程中，应该注意加强流域和区域环境立法。第四，修改完善其他部门法中有关污染防治和生态环境保护的法律规范。首先，要在宪法中明确规定公民环境权，作为公众参与环境管理的立法依据，并将环境民主与环境法治有机结合起来，以落实公民道德与自然权利相关的一项基本人权，推进环境法治进程。其次，要根据建设生态文明和贯彻可持续发展战略思想的要求，修改完善刑法、民法等部门法中关于污染防治和生态环境保护的内容。

以科学发展观为指导，贯彻生态文明和可持续发展思想的要求，我们一定可以创造出具有很强兼容性、开放性，随着经济社会的发展不断完善的中国特色社会主义环境法律体系，成为世界生态强国。

9.3　我国环境法律制度概要

9.3.1　综合性环境保护法律制度

1.《环境保护法》

《中华人民共和国环境保护法》是我国环境保护的基本法，在环境体系中占有核心地位，它对环境保护的重大问题作出了全面的原则性规定，基本内容包括：

☞ 关于立法目的的规定；

☞ 关于环境保护监督管理体制的制定；

☞ 关于环境保护监督管理制度的制定；

☞ 关于保护和改善环境的具体措施的制定；

☞ 关于防治环境污染和其他公害的具体措施的规定；

☞ 关于法律责任的规定。

2. 环境影响评价立法

我国的环境影响评价立法主要有《环境影响评价法》、《建设项目环境保护管理条例》、《规划环境影响评价条例》、《专项规划环境影响报告书审查办法》、《环境影响评价审查专家库管理办法》、《建设项目环境影响评价文件分级审批规定》、《环境影响评价公众参与暂行办法》等。基本内容包括：

☞ 关于环境影响评价对象与原则的规定；

☞ 关于规划环境影响评价的规定；

☞ 关于建设项目环境影响评价的规定；

☞ 关于法律责任的规定。

3. 清洁生产立法

我国的清洁生产立法主要有《清洁生产促进法》、《清洁生产审核暂行办法》、《关于加快推行清洁生产的意见》、《国家环境保护总局关于贯彻落实〈清洁生产促进法〉的若干意见》等。其中，《清洁生产促进法》的基本内容包括：

☞ 关于清洁生产促进工作的监督管理体制的规定；

☞ 关于国家推行清洁生产的措施的规定；

☞ 关于清洁生产实施措施的规定；

☞ 关于实施清洁生产的鼓励措施的规定；

☞ 关于法律责任的规定。

4. 循环经济立法

我国的循环经济立法主要有《循环经济促进法》、《再生资源回收管理办法》、《国务院关于加快发展循环经济的若干意见》、《废弃电器电子产品回收处理管理条例》等，基本内容包括：

☞ 关于循环经济促进工作管理体制的规定；

☞ 关于循环经济的基本管理制度的规定；

☞ 关于减量化、再利用和资源化的规定；

☞ 关于发展循环经济的激励措施的规定；

☞ 关于法律责任的规定。

9.3.2　污染防治法律制度

1. 大气污染防治立法

我国的大气污染防治立法主要有《大气污染防治法》、《城市烟尘控制区管理办法》、《关于发展民用型煤的暂行办法》、《汽车排气污染监督管理办法》等，基本内容包括：

☞ 关于国务院和地方各级人民政府防治大气污染职责的规定；

☞ 关于大气污染防治监督管理体制的规定；

☞ 关于排污单位的责任和公民权利义务的规定；

☞ 关于大气环境保护标准制定机关及其权限的规定；

☞ 关于通过合理的规划和布局防治大气污染的规定；

☞ 关于对严重污染大气环境的落后生产工艺和落后生产设备实行淘汰制度的规定；

☞ 关于大气污染防治监督管理制度的规定；

☞ 关于防治烟尘污染的规定；

☞ 关于防治废气、粉尘和恶臭污染的规定；

☞ 关于法律责任的规定。

2. 水污染防治立法

我国的水污染防治立法主要有《水污染防治法》、《淮河流域水污染防治暂行条例》、《饮用水源保护区污染防治管理规定》等，基本内容包括：

☞ 关于水污染防治标准和规划的规定；

☞ 关于水污染防治监督管理体制与基本制度的规定；

☞ 关于水污染防治的一般措施以及工业水污染、城镇水污染、农业和农村水污染、船舶水污染防治措施的规定；

☞ 关于饮用水水源和其他特殊水体保护的规定；

☞ 关于水污染事故处置的规定；

☞ 关于法律责任的规定。

3. 噪声污染防治立法

我国的噪声污染立法主要是《环境噪声污染防治法》，基本内容包括：

☞ 关于噪声污染监督管理体制的规定；

☞ 关于环境噪声标准的规定；

☞ 关于防治噪声污染的综合性制度和措施的规定；

☞ 关于工业噪声污染防治措施的规定；

☞ 关于建筑施工噪声污染防治措施的规定；

☞ 关于交通运输噪声污染防治措施的规定；

☞ 关于社会生活噪声污染防治措施的规定；

☞ 关于法律责任的规定。

4. 固体废物污染防治立法

我国的固体废物污染防治立法主要是《固体废物污染环境防治法》，基本内容包括：

☞ 关于固体废物污染环境防治原则的规定；

☞ 关于固体废物污染环境防治监督管理体制的规定；

☞ 关于固体废物污染环境防治监督管理制度的规定；

☞ 关于工业固体废物污染环境防治措施的规定；

☞ 关于生活垃圾污染环境防治措施的规定；

☞ 关于危险废物污染环境防治的特别规定；

☞ 关于法律责任的规定。

5. 有毒有害物质污染控制立法

环境立法中的有毒有害物质主要有化学品、农药和放射性物质。我国目前已经制定了《放射性物质污染防治法》，但尚无综合性的化学品污染控制法，也没有单行的农药控制法，只有一些相关的行政法规的行政规章，如《危险化学品安全管理条例》、《监控化学品管理条例》、《新化学物质环境管理办法》、《农药管理条例》等。

其中，放射性污染防治立法的基本内容包括：

☞ 关于放射性污染防治监督管理体制的规定；

☞ 关于放射性污染防治监督管理制度的规定；

☞ 关于核设施的放射性污染防治的规定；

☞ 关于核技术利用的放射性污染防治的规定；

☞ 关于铀（钍）矿和伴生放射性矿开发利用的放射性污染防治的规定；

☞ 关于放射性废物管理的规定；

☞ 关于法律责任的规定。

化学品污染控制立法的基本内容包括：

☞ 关于对化学危险品的生产、使用、储存、经营、运输、装卸等实行严格管理的规定；

☞ 关于对监控化学品实行特殊管理的规定；

☞ 关于对铬、镉、汞、砷、铅等严重污染环境的化学物质的生产和使用采取严格的污染防治措施的规定；

☞ 关于对化学品的进出口实行严格管理的规定。

农药污染控制立法的基本内容包括：

☞ 关于农药登记制度的规定；

☞ 关于对购买、运输和保管农药的规定；

☞ 关于农药使用范围的规定；

☞ 关于安全使用农药的规定。

6. 海洋污染防治立法

我国的海洋污染防治立法主要有《海洋环境保护法》、《防止船舶污染海域管理条例》、《海洋石油勘探开发环境保护管理条例》、《海洋倾废管理条例》、《防治陆源污染物污染损害海洋环境管理条例》、《防治海岸工程建设项目污染损害海洋环境管理条例》等，基本内容包括：

☞ 关于海洋环境保护管理体制的规定；

☞ 关于防治海岸工程建设项目对海洋环境污染损害的规定；

☞ 关于防止海洋石油勘探开发污染损害海洋环境的规定；

☞ 关于防治陆源污染物污染损害海洋环境的规定；

☞ 关于防止船舶污染海洋环境的规定；

☞ 关于防止拆船污染海洋环境的规定；

☞ 关于防止倾废污染海洋环境的规定；

☞ 关于法律责任的规定。

9.3.3 自然资源保护法律制度

1. 土地资源立法

我国的土地资源立法主要有《土地管理办法》及其实施条例、《外商投资开发经营成片土地管理办法》、《水土保持法》及其实施条例、《土地复垦规定》、《基本农田保护条例》等，基本内容包括：

☞ 关于全面规划与合理利用土地的规定；

☞ 关于进行土地复垦、恢复土地功能的规定；

☞ 关于严格用地审批程序、避免乱占和浪费土地的规定；

☞ 关于建立基本农田保护区、严格控制占用耕地的规定；

☞ 关于防止土壤污染的规定；

☞ 关于防止水土流失、土壤沙化、盐渍化等土地破坏的规定；

☞ 关于法律责任的规定。

2. 矿产资源立法

我国的矿产资源立法主要有《矿产资源法》及其实施细则、《石油及天然气勘查、开采登记管理暂行办法》、《矿产资源补偿费征收管理规定》、《煤炭法》、《煤炭生产许可证管理办法》、《乡镇煤矿管理条例》等，基本内容包括：

☞ 关于矿产资源所有权、探矿权和开采权的规定；

☞ 关于矿产资源保护监督管理体制的规定；

☞ 关于矿产资源保护监督管理制度的规定；

☞ 关于矿产资源保护措施的规定；

☞ 关于集体和个体采矿的规定；

☞ 关于开采矿产资源活动中保护环境的规定；

☞ 关于法律责任的规定。

3. 水资源立法

我国的水资源立法主要有《水法》、《城市供水条例》、《取水许可和水资源费征收管理条例》、《河道管理规定》等，基本内容包括：

☞ 关于水资源规划的规定；

☞ 关于水资源开发利用的规定；

☞ 关于水资源监督管理体制的规定；

☞ 关于水资源、水域和水工程的保护的规定；

☞ 关于水资源配置和节约使用的规定；

☞ 关于水事纠纷处理与执法监督检查的规定；

☞ 关于法律责任的规定。

4. 森林资源立法

我国的森林资源立法主要有《森林法》及其实施细则、《森林和野生动物类型自然保护区管理办法》、《退耕还林条例》、《森林防火条例》、《森林病虫害防治条例》、《森林采伐更新管理办法》、《城市绿化条例》等，基本内容包括：

☞ 关于森林权属的规定；

☞ 关于森林经营管理的规定；

☞ 关于森林监督管理体制的规定；

☞ 关于植树造林的规定；

☞ 关于森林采伐管理的规定；

☞ 关于法律责任的规定。

5. 草原资源立法

我国的草原资源立法主要有《草原法》、《草原防火条例》等，基本内容包括：

☞ 关于草原所有权和使用权的规定；

☞ 关于草原规划的规定；

☞ 关于草原建设的规定；

☞ 关于合理利用草原的规定；

☞ 关于草原保护的规定；

☞ 关于草原建设、利用与保护的监督检查的规定；

☞ 关于法律责任的规定。

6. 渔业资源立法

我国的渔业资源立法主要有《渔业法》及其实施细则、《水生野生动物保护实施条例》、《水生资源繁殖保护条例》等，基本内容包括：

☞ 关于渔业生产实行"以养殖为主，养殖、捕捞、加工并举，因地制宜，各有侧重"的方针的规定；

☞ 关于发展养殖业的规定；

☞ 关于规范捕捞业的规定；

☞ 关于渔业资源增殖和保护的规定；

☞ 关于渔业资源保护管理体制的规定；

☞ 关于法律责任的规定。

7. 可再生能源立法

我国的生物多样性保护立法主要有《可再生能源法》、《可再生能源发展专项资金管理暂行办法》、《电网企业全额收购可再生能源电量监管办法》等，基本内容包括：

☞ 关于可再生能源资源调查与发展规划的规定；

☞ 关于可再生能源产业指导与技术支持的规定；

☞ 关于可再生能源推广与应用的规定；

☞ 关于可再生能源发电价格管理与费用分摊的规定；

☞ 关于促进可再生能源产业发展的经济激励措施与监督管理措施的规定；

☞ 关于法律责任的规定。

9.3.4　生态保护法律制度

1. 生物多样性保护立法

我国的生物多样性保护立法主要有《野生动物保护法》、《水生野生动物保护实施条例》、《陆生野生动物保护实施条例》、《水生资源繁殖保护条例》、《野生植物保护条例》、《野生药材资源保护管理条例》、《进出境动植物检疫法》、《植物检疫条例》等。

其中，野生植物保护立法的基本内容包括：

☞ 关于野生植物保护基本方针和综合性措施的规定；

☞ 关于野生植物保护的监督管理体制的规定；

☞ 关于野生植物保护的监督管理制度的规定；

☞ 关于通过建立自然保护区、控制野生植物的经营利用等措施保护野生植物生境的规定；

☞ 关于法律责任的规定。

野生动物保护立法的基本内容包括：

☞ 关于野生动物资源属于国家所有的规定；

☞ 关于保护野生动物生境的规定；

☞ 关于保护野生动物的监督管理体制的规定；

☞ 关于单位、个人保护野生动物的权利、义务的规定；

☞ 关于对珍贵、濒危野生动物实行重点保护的规定；

☞ 关于控制对野生动物的猎捕的规定；

☞ 关于鼓励驯养野生动物的规定；

☞ 关于对野生动物及其制品的经营利用和进出口活动实行严格管理的规定；

☞ 关于法律责任的规定。

动植物检疫立法的基本内容包括：

☞ 关于动植物检疫管理体制的规定；

☞ 关于动植物检疫范围的规定；

☞ 关于检疫对象和划定检疫区的规定；

☞ 关于防治检疫对象传入措施的规定；

☞ 关于对检疫不合格动植物处理办法的规定；

☞ 关于法律责任的规定。

2. 水土保持和荒漠化防治立法

我国的水土保持和荒漠化防治立法主要有《防沙治沙法》、《水土保持法》及其实施条例。此外，《环境保护法》、《土地管理法》、《农业法》、《水法》、《森林法》、《草原法》等法规中也有相应规定。基本内容包括：

☞ 关于水土保持工作实行"预防为主，全面规划，综合防治，因地制宜，加强管理，注重效益"的方针的规定；

☞ 关于水土保持管理制度的规定；

☞ 关于开展和鼓励有利于水土保持的活动的规定；

☞ 关于禁止可能造成水土流失和荒漠化的某些活动的规定；

☞ 关于修建铁路、公路、水利工程，开办大中型企业以及从事林业活动等可能造成水土流失的活动者采取水土保持措施的规定；

☞ 关于法律责任的规定。

3. 自然保护区立法

我国的自然保护区立法主要有《自然保护区条例》、《自然保护区土地管理办法》、《森林和野生动物类型自然保护区管理办法》等，基本内容包括：

☞ 关于自然保护区管理体制的规定；

☞ 关于自然保护区分级的规定；

☞ 关于建立自然保护区的条件和程序的规定；

☞ 关于自然保护区分区的规定；

☞ 关于自然保护区管理措施及其开发利用的规定；

☞ 关于法律责任的规定。

4. 风景名胜区和文化遗迹地保护立法

我国的风景名胜区和文化遗迹地保护立法主要有《文物保护法》及其实施细则、

《地质遗迹保护管理规定》、《风景名胜区条例》等。此外，《环境保护法》、《矿产资源法》、《城乡规划法》等法规中也有相应规定。基本内容包括：

☞ 关于制定规划、全面保护的规定；

☞ 关于划分风景名胜区和文物保护单位的级别、确定历史文化名城并对其实行重点保护的规定；

☞ 关于风景名胜区管理机构、管理体制的规定；

☞ 关于禁止侵占风景名胜区的土地及从事破坏环境景观的建设活动的规定；

☞ 关于采取划定建设控制地带、限制文化遗迹地内工程建设、控制文化遗址的迁移、拆除、改作他用等措施保护文化遗迹地的规定；

☞ 关于法律责任的规定。

阅读资料

日本环境法制建设

20 世纪五六十年代，日本在创造了一个经济高速增长奇迹的同时，也创造了一个名噪一时的"公害列岛"的奇迹。但他们又在比较短的时间里，把"公害列岛"这顶"品牌帽子"甩进太平洋，变为举世公认的生态环境优良之乡，使经济与环境得以协调发展。其成功的秘诀之一，在于他们在环境法制建设方面有很多独到之处。

1. 日本环境立法背景

环境立法一般起源于环境压力。日本的环境压力则与近现代经济与社会的畸形发展相关。20 世纪 30 年代，日本完全实现了军国主义体制，特别是全面侵华和太平洋战争以后，日本经济走上了以军需工业为主导的、以重化工业为重点的战时经济轨道。此时的社会生活也完全被"大东亚圣战"和"太平洋圣战"的舆论导向扭曲了。尽管此时的环境公害问题已经显露，但还没有引起政府和民间的广泛注意，因而也就没有提到通过立法来解决的程度。"二战"结束后，在美国的庇护和支持下，日本实行了重大的社会变革，迅速地恢复了经济。到 50 年代中期，提出了以产值、利润为中心的全面推进"经济高速成长"的发展战略。在这一战略指导下，朝野上下置生态环境于不顾，拼命发展重化工业。由此而带来各种污染物的排放量急剧增加，大气、水体等环境载体受到严重破坏。由于环境基础设施建设不能满足污染治理的需求，恶性公害问题的频频出现就是不可避免的了。众所周知的 4 大公害事件就在此时相继发生，由此而给日本戴上了"公害列岛"的帽子。此间，广大受害者纷纷向公害肇事者的各个企业提出损害赔偿的诉讼。一直到 70 年代初，4 大公害事件才做了最后判决，整个审理过程对环境立法起到了积极的推动作用，由此开始掀起了环境立法高潮。由于民法所能解决的只是公害的事后补偿和救济，并不能在事前有效地防止公害发生，所以，尽快设立防止环境污染和公害问题的专门法律法规，使政府和民众能够有法可依地限制企业生产活动对环境的破坏便是势在必行的了。

2. 日本环境立法机制

日本是单一立法体制国家，日本宪法规定"国会是国家最高权力机关，是国家唯一立法机关"。但从日本长期的立法实践上看，它并不完全等同于西方议会制国家由内阁主导议会立法，而在很大程度上是由执政的自民党的政策决策机构长期控制立法，或者说是由政府有关省厅与自民党政调会联手进行立法操作。从立法程序上看，日本环境立法实行的是从地方立法再过渡到国家立法，从单项立法再过渡到综合立法。

3. 日本环境立法原则

20世纪70年代以前，日本的环境立法原则是促进经济发展，在1967年制定的《公害对策基本法》中得到充分体现。1970年，日本在修改该法时做了重大改变，删除了"与经济调和"的规定，正式提出了"环境优先"的原则。根据这一原则，日本制定环境法主要是追求环境目标，不必考虑环境治理费用与经济利益的平衡。这是日本环境立法的第一原则。此外，日本在《基本环境法》中还确立了另外几个与其他国家比较相通的原则，即代际环境平等原则、最小环境负担原则、社会可持续发展原则等。再有，日本环境立法还遵循一个公平负担和相互合作的原则，这一原则规定了政府、企业、个人的不同环境责任，规定社会各界要通过公平负担和相互合作来解决社会环境问题。

4. 日本环境法体系

日本环境法体系是以环境基本法为基础架构起来的，大致可分为以下几个主要组成部分。

（1）基本环境法

该法规定了环境保护的基本政策，明确了社会各界的环境责任，规定了各个责任人应当通过公平负担、相互合作来保护环境。此外，该法还规定了落实环境政策的基本手段。

（2）污染防治法

在基本环境法之下，日本环境法体系中制定时间最早、数量最多的是各种污染防治法。它们基本是按各种环境介质而制定的一个法的系列。包括大气污染、水质污染、噪声与振动污染、恶臭污染、土壤污染和其他公害控制等各个方面。

（3）自然保护法

这是日本环境法体系中地位列第三、数量列第二的一个环境法分支系列。包括自然环境保护法、自然公园法、都市绿地法、野生鸟兽保护法和其他自然保护法等。

（4）有关环保费用负担和救济方面的法律

这是日本环境法体系中一个颇具特色的法律系列。这些法律对保证相关财政资金的有效落实，及时公正地对公害受害者进行补偿救济起到了不可替代的作用。

（5）与国际环境条约配套的法律

为了适应和履行国际环境条约，日本直接制定了一些与这些条约配套的国内环境法律。

（6）有关环境的行政立法

日本环境法体系中还包括一些有关的行政法规。如内阁制定的政令、政府各省和主管部门大臣发布的省令、府令和其他独立的行政机关发布的行政法规等。

（7）地方自治团体条例

日本宪法规定，地方自治团体在国家法律、政令允许的范围内，可以制定适合本地区的法令、条例。在日本环境法体系中，地方自治条例起着重要的补充作用。

5. 日本环境法实施机制

（1）设置了比较完善的环境管理组织体系

①它的最高行政机构是环境省，其主要职能是设计、制定和组织实施关于防止公害和保护环境的各项环境法律和环境政策。②政府内与环境保护相关的省、厅也从各自职能出发参与环境保护和公害防止工作。③自然保护方面的行政管理体系是分散的。原生态的自然保护区、一般自然保护区和都道府县的自然保护区，由环境省依据《自然环境保护法》组织实施。④森林、渔业、河川、海岸、文物等方面的法律分别由农林水产省、建设省、文化厅等组织实施。⑤地方政府也设有环境局或办公室一类的机构。

（2）实行有效的行政指导

以实行指导性计划为主轴来强化政府对企业的行政指导是战后日本市场经济的最大特点。与其相适应，实行有效的行政指导也是日本环境法实施机制中最具日本特色的一个方面。日本的行政指导有 3 种类型，即建议性指导、限制性指导和协调性指导。环境行政指导大多属于限制性指导。主要的运作机制是，地方自治团体以大纲的形式，制定一般性的环境指导基准，要求域内的企业一律遵守，或者以一定的强制力为保证进行事前劝告、改正劝告和撤回申请劝告等。

（3）发挥司法部门的作用

从处理四大著名公害事件时起，日本环境司法的作用就是举世瞩目的，这个传统一直保留下来。由于法院的判决大部分都有利于受害者，所以人们比较信任环境司法，出现问题时容易拿起法律诉讼的武器。

（4）充分发挥公众的环境影响力

日本环境保护运动的起步和后来的发展都与地方民众的自发推动密不可分，在环境法实施过程中，这一因素始终在起作用，而日本也比较注重发挥这种机制的作用。这是日本相对世界其他各国比较突出的有特色的优势。

（资料来源：汤天滋，中日环境法制建设比较述评，《现代日本经济》，2006 年第 6 期）

9.4　我国环境标准体系

9.4.1　概述

环境标准是为了保护人群健康、防治环境污染、促进生态良性循环，同时又合理利用资源、促进经济发展以获取最佳的环境效益和经济效益，依据环境保护法和相关政策，对环境和污染物排放源中有害因素规定的限量阈值及其配套措施所做的统一规定。环境标准是政策、法规的具体体现。

国家的环境政策是制定环境标准的依据。环境标准是制定环境规划、计划的重要手段，是科学管理环境的技术基础，也是执行环境法规的基本保证。具体来讲，环境标准的作用主要体现在：环境标准是制定环境保护规划和计划的依据，是环境保护的手段，也是环境保护的目标；环境标准是评价环境质量和环境保护工作成果的准绳；环境标准是环境执法部分执法的依据；环境标准是组织现代化生产的重要手段和条件，通过环境标准的实施，可以使资源和能源得到充分的利用，实现清洁生产。

环境标准是随着环境污染和环境科学的发展而产生和发展的。我国环境标准的形成和发展大体上经历了 3 个阶段：

（1）萌芽阶段

新中国成立到 1973 年。这一阶段，我国制定的环境标准基本上都是以保护人体健康为目的的局部性环境卫生标准。如《工业企业设计暂行卫生标准》（1956 年）、《生活饮用水卫生规范》（1959 年）等，这些标准对城市规划、工业企业设计和卫生监督的环境保护工作起到了指导和促进作用。

（2）发展阶段

1973—1979 年。这是我国环境保护史上具有特殊意义的一段时期。1973 年，召开了第一次全国环境保护会议，确定了"全面规划、合理布局、综合利用、化害为利、依靠群众、大家动手、保护环境、造福人类"的环境保护工作方针。1979 年颁布了《中华人民共和国环境保护法》，标志着我国环境保护工作开始走向法制的轨道。这一阶段，在修订一些标准的同时，制定了一批新的标准，如《放射防护规定》、《工业"三废"排放试行标准》等。

（3）完善阶段

1979 年至今。随着改革开放和经济建设的飞速发展，我国一方面对原有的环境标准进行修订、充实和完善，另一方面，相继颁布了一系列新的环境标准。主要有：将《大气环境质量标准》修改后更名为《环境空气质量标准》，修订了《地面水环境质量标准》，颁布了《污水综合排放标准》、《大气污染综合排放标准》等。

9.4.2 环境标准的制订原则

环境标准体现了一个国家环境管理的水平，也体现了一个国家的技术经济政策。环境标准的制订应综合考虑现实性和科学性的统一，才能达到既保护环境，又促进经济技术发展的目的。制订环境标准主要遵循以下几条原则。

（1）保护人体健康和生态系统免遭破坏

保护人体健康和生态系统是环境保护工作的出发点和最终目的，因此，制订环境标准时，首先要调查环境中污染物质的种类、含量及对人体和环境的危害程度等环境基准资料，并以此作为依据，制订出相应的环境标准。

（2）综合考虑科学性和技术性的统一

环境标准的制订，既要与经济发展和技术水平相适应，也不能以牺牲人体健康和生态环境为代价，过分迁就经济、技术水平。即既要技术先进，也要经济合理。

（3）考虑地域差异性

我国地域辽阔，不同地区生态系统的差异性决定了各地的环境容量、环境自净能力的差异性。在制订环境标准，尤其是制订地方环境标准时，要充分利用这种差异性，因地制宜制订出合理的环境标准。

（4）考虑与相关标准、制度的配套性

环境标准要与收费标准、国际标准等相关标准、制度相互协调，才能贯彻执行。

（5）与国际接轨

环境标准要逐步与国际接轨，这对提高环境质量、强化环境管理工作具有重要意义。

9.4.3 环境标准的分类

环境标准可以按照不同方法进行分类。

1. 根据性质分类

根据性质分类，我国的环境标准可以分为：环境质量标准、污染物排放标准、环境基础标准和污染方法标准、污染警报标准，详细情况请见表9－1。

表 9－1 我国环境标准根据性质分类

种 类	目 的	作 用	依 据	分 类	形 式
环境质量标准	保护人体健康和正常生活环境	为环保管理部门的工作和监督提供依据	环境质量基准及技术经济条件	空气、水、土壤等	环境中污染物浓度
污染物排放标准	保证环境质量标准的实现，控制排放	直接控制污染源，便于设计规划	环境质量标准及技术经济条件	废气、废水、废渣	污染物排放浓度或质量排放率

种　类	目　的	作　用	依　据	分　类	形　式
环境基础标准和污染方法标准	促进排放标准的实施、控制排放	直接控制污染源，便于设计规划	污染物排放标准或环境质量标准	燃料、原料、净化设备、排气筒、卫生防护带等	含硫量、净化效率、烟囱高度、防护带、距离等
污染警报标准	防止污染事故的发生、减少损害	便于环保部门和社会公众采取必要行动	环境质量标准	警戒、警告、危险、紧急	环境中污染物浓度

2. 根据使用范围分类

我国环境标准按照其使用的范围分为国家环境标准和地方环境标准两级。环境质量标准和污染物排放标准既有国家标准，也有地方标准，而环境基础标准和环境方法标准只有国家标准。

国家环境标准是在全国范围（或特定地区）内统一的环境保护技术要求；地方环境标准是根据当地的环境功能、污染状况和地理、气候、生态特点，并结合经济、技术条件，在省、自治区、直辖市范围（或特定地区）内统一的环境保护计划要求。地方标准的主要作用是：①根据地方特点，对国家标准中没有的项目给予规定；②地方标准比国家标准严格，对国家标准进行完善和补充。

3. 根据限制的对象分类

我国环境标准根据所限制的对象不同可分为以下几类。

（1）水环境质量标准

见第三章3.1.5。

（2）大气环境质量标准

见第二章2.1.6

（3）噪声环境质量标准

噪声环境质量标准包括《城市区域环境噪声标准》（GB3096—93）、《城市区域环境振动标准》（GB10070—88）等。

（4）土壤环境质量标准

土壤环境质量标准包括《土壤环境质量标准》（GB15618—1995）、《工业企业土壤环境质量风险评价基准》（HJ/T25—1999）。

（5）固体废物污染控制标准

见第四章4.5。

（6）其他标准

各种环境监测方法与技术标准。

9.4.4 环境标准物质

环境样品基体复杂、污染物质浓度低、待测组分浓度范围广、稳定性差，与单一组分的样品有显著差异。因此，常用的相对分析方法中采用的单一组分的标准溶液将带来较大的误差。为了解决这种由于基体效应而产生的误差，从 20 世纪 70 年代开始，美、日等发达国家开始研制环境标准物质。环境标准物质是指基体组成复杂，与环境样品组成接近，具有良好的均匀性、稳定性和长期保存性，能以足够准确的方法测定，组分含量已知的物质。环境标准物质的作用主要体现在以下 4 点。

①标准物质作为组成和含量已知的样品，可用作实验室之间和实验室内部的监测质量控制；

②由于组成相似，环境标准物质作为环境监测的标准，可以消除基体效应；

③环境标准物质可以用于校正分析仪器、评价监测方法的准确性和精密度；

④环境标准物质可以用于检验新方法的可靠性。

目前国际上有代表性的环境标准物质有国际标准化组织的"有证参考物质"、以美国国家标准局的"标准参考物质"为代表的发达国家标准物质等。我国目前已有气体、水和固体的多种环境标准物质。我国国家标准局规定以 BM 作为国家标准物质的代号，分为国家一级标准物质和部颁二级标准物质，已有的环境标准物质包括标准水样、固体标准物质和标准气体等。国家一级标准物质需要具备以下条件。

①应具有国家统一编号的标准物质证书；

②定值的准确度应具有国内最高水平；

③用绝对测量法或两种以上不同原理的准确、可靠的测量方法进行定值；

④稳定时间应在一年以上；

⑤应保证其均匀度在定值的精确度范围内；

⑥应具有规定的合格的包装形式。

阅读资料

我国环境标准制度存在的问题

环境标准的制定和实施是环境行政的起点和环境管理的重要依据。我国一向重视环境标准工作，截至 2010 年 11 月 23 日，我国已累计颁布各类国家级环境标准 1 397 项，其中含现行国家环境标准 1 286 项及废止的各类标准 111 项。然而，数量的繁荣并不意味着环境标准的科学与合理。我国现行《环境空气质量标准》与世界卫生组织 2005 年全球更新版《关于颗粒物、臭氧、二氧化氮和二氧化硫的空气质量准则》在数值上有很大差别，而 $PM_{2.5}$ 更迟迟未纳入我国的标准项目。直到《环境空气质量标准（二次征求意见稿）》（2011 年）出台，才首次在一般项目中增加 $PM_{2.5}$。其实 $PM_{2.5}$ 的问题并不是什么新鲜的话题，却一直以来争议不断。然而，制定 $PM_{2.5}$ 标准为何困难重重？背后的理由却是："如果制定实施 $PM_{2.5}$ 环境空气质量标准，将大范围超标。"一般认为，环境质量标准除以环境基准为主要科学依据外，还要考察国家在经济和技术上的可行性，既遵循自然规律，又遵循社会经济规律。但"纳入的都是必须能控制，还要有办法解决"的制定思路显然过于主观和不科学。

我国环境标准制度主要存在以下问题：

1. 环境标准的科学性不强

（1）部分标准已经过时

环境标准作为一种技术规范，必须紧跟科技和社会的发展，才能达到最佳的实施效果。我国许多比较重要的环境标准都制定于 20 世纪八九十年代，实施后长期没有进行修订。如果仍沿用当时控制水平较低的环境标准已经无法满足目前环境保护的需要。目前正在修订的《环境空气质量标准》（GB3095—1996）在 2000 年局部修改后也已 10 年未予修改。

（2）新型环境损害缺乏判定标准

我国已形成"两级五类"环境标准体系，标准分类细，涉及范围广，但在很多领域仍然缺乏标准管制。例如光、热、土壤等污染类型及其损害尚未出台相应标准。而已出台的环境标准中也未见诸如重金属，持久有机污染物等物质的标准项目。这可能也反映出与 $PM_{2.5}$ 一样"难以控制，无法解决"的困惑。

（3）总量控制标准较少

我国污染物排放（控制）标准中，浓度控制标准多，关于总量控制的标准少。环境污染的产生主要是排放的污染物质超过了环境的自净能力，从而造成生态系统的失调。因此在浓度控制标准下，即使每个污染源达标排放，也会因污染源过多而造成严重的环境污染。由于污染物排放（控制）标准决定着污染源管理的途径方法和环境立法的思路及制度构建，因此必须加强对总量控制标准的制定和完善。

（4）标准数值的确定与修改依据不明

我国许多环境标准具体数值设定的科学性令人质疑。2000 年 1 月 6 日，原国家环境保护总局发布关于《环境空气质量标准》（GB3095—1996）的修改通知，对二氧化氮（NO_2），臭氧（O_3）的相应指标数值进行了修改。此次修订的数值，相对于 1996 年标准的浓度限值反而有所放宽，与世界卫生组织标准更是存在较大差距，而发布机关却未给出任何解释。《环境空气质量标准（征求意见稿）》也未提高相应限值要求。在大气污染日趋严重、公众环境空气质量要求日益增高的背景下，修订标准反而出现放宽的结果令人匪夷所思。

（5）标准项目中污染防治指标与公众健康指标混同不分

公众最为关注、环境保护行政最为关切的就是环境污染对人体健康的影响和危害。然而，我国绝大多数环境标准中未专门针对公众健康设定指标，难以区分污染防治与公众健康指标的界限。例如，《环境空气质量标准》（GB3095—1996）以空间区域为依据分为3级标准，《环境空气质量标准（二次征求意见稿）》（2011年）分为2级标准，但未针对公众健康设定指标。而美国国家环境空气质量标准明确规定了公众健康指标，环境空气质量限值与保护人体健康目标相统一。美国国会在制定《清洁空气法》时，目的是要"确立公共利益所要求保护人们健康的质量标准"。虽然美国联邦环境保护署在制定环境质量标准的实践中或多或少也考虑了成本和其他相关因素，同时美国也制定了大量基于技术和经济可行性的排放标准，但这些标准仍需要以基于健康和环境影响的质量标准作为补充，优先考虑公众健康和公共福利。

（6）不同标准对同一环境要素（因子）在数值上呈现交叉

除国务院环境保护部门外，其他部门主持编制的各类标准中也有大量涉及环境保护的内容。但在制定相关标准时，部门之间缺乏应有的协调和沟通，致使标准的项目和数值交叉重叠，不同部门制定的标准之间存在冲突。例如，原国家环境保护总局颁布的《电磁辐射防护规定》（GB8702—88）规定的电磁波辐射安全限值为40v/m，而卫生部制定的《环境电磁波卫生标准》将电磁波辐射安全限值规定为10v/m。同是国家标准，电磁波辐射的最高限值竟相差30v/m。现存标准规定之间的冲突，给具体个案的选择适用带来了困难。

2. 环境标准的法律性质不明确

环境标准是由相关领域专家在科学认知基础上进行判断制定而成的，由一系列符号、代码、编号和其他技术规定组成的技术性规范，本身并不属于法的规范，具体适用需要依附于法定环境行政决定，即公法上的判断。然而，对标准法律性质的研究不属于科学家研究的范畴，相关立法及政策也未给出明确答案，以至于出现纠纷时在司法适用上出现争议。环境标准模糊不清的性质和效力正是阻碍我国环境标准制度顺利实施的根源所在，也造成了实践中标准制定不规范，适用随意等一系列问题。

3. 环境标准的编制程序正当性不足

（1）草案编制机构不中立

国务院环境保护部门是国家环境标准的制定机关。通常环境标准草案通过下达课题的方式，在主管部门的主持下由各大科研院所、大学以及相关企业起草。专家、学者依据科学、定量的方法起草标准草案本应是客观、科学的，但在标准制定中常会出现以科学的名义隐含价值判断的现象。在我国，专家、学者不同程度地存在着理性不足和独立性不强的弊端。在经济开发与决策领域，基于政府和部门的管理需要，在考虑环境保护和人体健康的同时，环境标准的制定有时会更加顾及企业发展和经济利益的需要。如果标准制定得较严，将会直接影响地方政府的经济和环境保护成果，而新指标如$PM_{2.5}$的加入，不仅会增加监测成本，而且会使原本治理PM_{10}取得的成绩"前功尽弃"，同时还会影响汽车工业发展。这必然给各级政府和环境保护部门带来更大的压力。目前环境标准的制定主要以经济、技术条件为依据而非人体健康。专家在政治压力和经济发展的迫切需求下制定的环境标准，其科学性值得怀疑。

（2）编制程序不完善

《环境标准管理办法》（1999 年）第 11 条对环境标准的编制程序作出了规定，但看似全面的规定仅在形式上要求对环境标准草案征求意见，对征求意见的内容、对象、具体程序，都没有作出进一步的配套规定。《国家环境保护标准制修订工作管理办法》（2006 年）进一步作出了规定，但对于编制组的成立和如何征求意见等关键问题仍然语焉不详，这为环境标准编制程序的正当实施埋下了隐患。此外，这些办法本属于《立法法》规定的环境保护部门规章，它们对其他部门主持制定的相关行业环境标准并无任何约束力。

环境标准的制定必须经专家论证。但实践中，受标准制定经费短缺等因素的限制，标准的立项基础论证不足，通过各部门上报后按照部门意志进行简单平衡，缺乏整体协调性。只能按照惯例分配标准的编制任务，仅征求个别专家意见，缺乏广泛性。尤其是在标准正文后注明由某几个人起草，足见某个标准其实只是几个人的劳动成果，未能展现凝聚全社会的智慧。

而即使广泛征求意见，意见也未必会被采纳。《〈环境空气质量标准（征求意见稿）〉编制说明》提及，2009 年环境保护部就修订环境空气质量标准（GB3095—1996）的有关问题，以环办函〔2009〕956 号文件的形式向中国科学院、中国工程院等共计 193 家单位、部门以及环境保护部网站征集意见。据统计，建议污染物项目应增加 $PM_{2.5}$ 的单位比例高达 92.6%。而征求意见后，环境保护部科技标准司只针对标准修改组织少数单位的人员进行了三次研讨，讨论的结果却是制定实施 $PM_{2.5}$ 环境空气质量标准时机不成熟。《环境空气质量标准（征求意见稿）》（2010 年）最终还是仅规定了 $PM_{2.5}$ 的参考限值。

（3）公众参与不足与不能

我国在法律和行政法规的制定中加大了公众参与力度，许多法规和规章草案在通过和颁布之前都引入了公众参与讨论和评价的机制，然而，由于专家和利益集团主导了环境标准制定的过程，公众意见在编制过程中没有渠道充分反映，更无法提前参与其中。这样，依据某些标准进行环评等决策并不能真实反映项目的环境风险。由于环境标准的编制与发布属于抽象行政行为，根据我国现行法律它们不具有可诉性。这使得环境标准即使缺乏科学性，公众也难以通过诉讼方式改变不合理的环境标准的规定。

4. 环境标准的适用问题突出

（1）环境标准滞后时如何适用不明

由于部分标准已经过时，在实践中常出现企业排放的某种物质符合当时的排放标准，但新近科学研究却表明即使符合原排放标准仍然会对接触人群造成健康损害。由于强制性环境标准本身不属于法律规范，当能够证实这种物质在符合原排放标准仍会对接触人群造成健康损害时，环境保护部门有权立即命令企业停止排放该物质。但是由于对环境标准的依赖，环境标准的滞后常常阻滞了环境保护执法的开展。

（2）参照适用环境标准缺乏依据

对于环境标准选择问题，我国法律法规未作出明确规定，实践中难以正确把握。如围绕厦门 PX 事件中的"醋酸指标"，中国环境科学院的报告认为，因我国相关环境标准均未列出醋酸指标，所以按照标准适用参考国外相关标准的原则，在比较俄罗斯和加拿大有关环境空气质量目标值的基础上，报告引用了较严的标准。而在"西上六输电工程"和"上海磁悬浮案"中，专家未选用较为严格的瑞士电磁感应强度标准，而是选择了连国际辐射保护协会（ICNIRP）自己都认为存在局限的限值标准。对于环境标准未作规定的项目，参考选用国外相关标准时，时宽时严的做法，显得过于随意，缺乏参考依据。

（3）标准存在冲突时缺乏适用规则

由于针对同一种环境要素，不同部门制定的标准可能出现交叉与冲突，导致了标准适用上的混乱。例如与居民住宅噪声有关的标准，就包括环境保护部与质检总局颁布的《声环境质量标准》（GB3096—2008）、原建设部颁布的《住宅设计规范》（GB50096—1999）与《民用建筑隔声设计规范》（GBJ118—88）3 种不同的标准。在这种情况下，由于缺乏环境标准的适用规则，无法确定究竟应当适用哪一个标准，随意性很大。

（4）司法裁判过分倚重环境标准

我国法院在民事责任判断上对环境标准过分依赖，常常将是否超标作为判断损害是否存在的依据。在没有相关标准的情况下，环境污染侵害的受害人往往因为没有具体标准参照而败诉。既然环境标准是综合考虑环境保护要求、人体健康福利、企业发展需要等因素后制定的，在确定人体健康损害时，用协调各方利益后制定的环境标准作为判断依据，对于受害人来说是不公平的。但遗憾的是，由于缺乏对环境标准性质和效力的研究，法院误解了环境标准的实质，导致受害人的合法权益很难得到法律保护。

（资料来源：张晏，汪劲，我国环境标准制度存在的问题及对策，《中国环境科学》，2012 年第 32 期）

思考题

1. 简述我国环境保护法律体系。
2. 简述我国环境标准体系。

附录　中华人民共和国环境保护法

《中华人民共和国环境保护法》1989 年 12 月 26 日第七届全国人民代表大会常务委员会第十一次会议通过，1989 年 12 月 26 日中华人民共和国主席令第二十二号公布。

第 一 章　总　则

第一条　为保护和改善生活环境与生态环境，防治污染和其他公害，保障人体健康，促社会主义现代化建设的发展，制定本法。

第二条　本法所称环境，是指影响人类生存和发展的各种天然的和经过人工改造的自然因素的总体，包括大气、水、海洋、土地、矿藏、森林、草原、野生生物、自然遗迹、人文遗迹、自然保护区、风景名胜区、城市和乡村等。

第三条　本法适用于中华人民共和国领域和中华人民共和国管辖的其他海域。

第四条　国家制定的环境保护规划必须纳入国民经济和社会发展计划，国家采取有利于环境保护的经济、技术政策和措施，使环境保护工作同经济建设和社会发展相协调。

第五条　国家鼓励环境保护科学教育事业的发展，加强环境保护科学技术的研究和开发，提高环境保护科学技术水平，普及环境保护的科学知识。

第六条　一切单位和个人都有保护环境的义务，并有权对污染和破坏环境的单位和个人进行检举和控告。

第七条　国务院环境保护行政主管部门，对全国环境保护工作实施统一监督管理。县级以上地方人民政府环境保护行政主管部门，对本辖区的环境保护工作实施统一监督管理。国家海洋行政主管部门、港务监督、渔政渔港监督、军队环境保护部门和各级公安、交通、铁道、民航管理部门，依照有关法律的规定对环境污染防治实施监督管理。县级以上人民政府的土地、矿产、林业、农业、水利行政主管部门，依照有关法律的规定对资源的保护实施监督管理。

第八条　对保护和改善环境有显著成绩的单位和个人，由人民政府给予奖励。

第 二 章　环 境 监 督 管 理

第九条　国务院环境保护行政主管部门制定国家环境质量标准。省、自治区、直辖市人民政府对国家环境质量标准中未作规定的项目，可以制定地方环境质量标准，并报国务院环境保护行政主管部门备案。

第十条　国务院环境保护行政主管部门根据国家环境质量标准和国家经济、技术条件，制定国家污染物排放标准。省、自治区、直辖市人民政府对国家污染物排放标准中未作规定的项目，可以制定地方污染物排放标准；对国家污染物排放标准中已作规定的项目，可以制定严于国家污染物排放标准的地方污染物排放标准。地方污染物排放标准须报国务院环境保护行政主管部门备案。凡是向已有地方污染物排放标准的区域排放污染物的，应当执行地方污染物排放标准。

第十一条　国务院环境保护行政主管部门建立监测制度，制定监测规范，会同有关部门组织监测网络，加强对环境监测的管理。国务院和省、自治区、直辖市人民政府的环境保护行政主管部门，应当定期发布环境状况公报。

第十二条　县级以上人民政府环境保护行政主管部门，应当会同有关部门对管辖范围内的环境状况进行调查和评价，拟订环境保护规划，经计划部门综合平衡后，报同级人民政府批准实施。

第十三条　建设污染环境的项目，必须遵守国家有关建设项目环境保护管理的规定。建设项目的环境影响报告书，必须对建设项目产生的污染和对环境的影响作出评价，规定防治措施，经项目主管部门预审并依照规定的程序报环境保护行政主管部门批准。环境影响报告书经批准后，计划部门方可批准建设项目设计任务书。

第十四条　县级以上人民政府环境保护行政主管部门或者其他依照法律规定行使环境监督管理权的部门，有权对管辖范围内的排污单位进行现场检查。被检查的单位应当如实反映情况，提供必要的资料。检察机关应当为被检查的单位保守技术秘密和业务秘密。

第十五条　跨行政区的环境污染和环境破坏的防治工作，由有关地方人民政府协商解决，或者由上级人民政府协调解决，作出决定。

第三章　保护和改善环境

第十六条　地方各级人民政府，应当对本辖区的环境质量负责，采取措施改善环境质量。

第十七条　各级人民政府对具有代表性的各种类型的自然生态系统区域，珍稀、濒危的野生动植物自然分布区域，重要的水源涵养区域，具有重大科学文化价值的地质构造、著名溶洞和化石分布区、冰川、火山、温泉等自然遗迹，以及人文遗迹、古树名木，应当采取措施加以保护，严禁破坏。

第十八条　在国务院、国务院有关主管部门和省、自治区、直辖市人民政府划定的风景名胜区、自然保护区和其他需要特别保护的区域内，不得建设污染环境的工业生产设施；建设其他设施，其污染物排放不得超过规定的排放标准。已经建成的设施，其污染物排放超过规定的排放标准的，限期治理。

第十九条　开发利用自然资源，必须采取措施保护生态环境。

第二十条　各级人民政府应当加强对农业环境的保护，防治土壤污染、土地沙化、盐渍化、贫瘠化、沼泽化、地面沉降化和防治植被破坏、水土流失、水源枯竭、种源灭绝以及其他生态失调现象的发生和发展，推广植物病虫害的综合防治，合理使用化肥、农药及植物生产激素。

第二十一条　国务院和沿海地方各级人民政府应当加强对海洋环境的保护。向海洋排放污染物、倾倒废弃物，进行海岸工程建设和海洋石油勘探开发，必须依照法律的规定，防止对海洋环境的污染损害。

第二十二条　制定城市规划，应当确定保护和改善环境的目标和任务。

第二十三条　城乡建设应当结合当地自然环境的特点，保护植被、水域和自然景观，加强城市园林、绿地和风景名胜区的建设。

第四章　防治环境污染和其他公害

第二十四条　产生环境污染和其他公害的单位，必须把环境保护工作纳入计划，建立环境保护责任制度；采取有效措施，防治在生产建设或者其他活动中产生的废气、废水、废渣、粉尘、恶臭气体、放射性物质以及噪声、振动、电磁波辐射等对环境的污染和危害。

第二十五条　新建工业企业和现有工业企业的技术改造，应当采用资源利用率高、污染物排放量少的设备和工艺，采用经济合理的废弃物综合利用技术和污染物处理技术。

第二十六条　建设项目中防治污染的设施，必须与主体工程同时设计、同时施工、同时投产使用。防治污染的设施必须经原审批环境影响报告书的环境保护行政主管部门验收合格后，该建设项目方可投入生产或者使用。防治污染的设施不得擅自拆除或者闲置，确有必要拆除或者闲置的，必须征得所在地的环境保护行政主管部门同意。

第二十七条　排放污染物的企业事业单位，必须依照国务院环境保护行政主管部门的规定申报登记。

第二十八条　排放污染物超过国家或者地方规定的污染物排放标准的企业事业单位，依照国家规定缴纳超标准排污费，并负责治理。水污染防治法另有规定的，依照水污染防治法的规定执行。征收的超标准排污费必须用于污染的防治，不得挪作他用，具体使用办法由国务院规定。

第二十九条　对造成环境严重污染的企业事业单位，限期治理。中央或者省、自治区、直辖市人民政府直接管辖的企业事业单位的限期治理，由省、自治区、直辖市人民政府决定。市、县或者市、县以下人民政府管辖的企业事业单位的限期治理，由市、县人民政府决定。被限期治理的企业事业单位必须如期完成治理任务。

第三十条 禁止引进不符合我国环境保护规定要求的技术和设备。

第三十一条 因发生事故或者其他突然性事件，造成或者可能造成污染事故的单位，必须立即采取措施处理，及时通报可能受到污染危害的单位和居民，并向当地环境保护行政主管部门和有关部门报告，接受调查处理。可能发生重大污染事故的企业事业单位，应当采取措施，加强防范。

第三十二条 县级以上地方人民政府环境保护行政主管部门，在环境受到严重污染威胁居民生命财产安全时，必须立即向当地人民政府报告，由人民政府采取有效措施，解除或者减轻危害。

第三十三条 生产、储存、运输、销售、使用有毒化学物品和含有放射性物质的物品，必须遵守国家有关规定，防止污染环境。

第三十四条 任何单位不得将产生严重污染的生产设备转移给没有污染防治能力的单位使用。

第五章 法律责任

第三十五条 违反本法规定，有下列行为之一的，环境保护行政主管部门或者其他依照法律规定行使环境监督管理权的部门可以根据不同情节，给予警告或者处以罚款；

（一）拒绝环境保护行政主管部门或者其他依照法律规定行使环境监督管理权的部门现场检查或者在被检查时弄虚作假的。

（二）拒报或者谎报国务院环境保护行政主管部门规定的有关污染物排放申报事项的。

（三）不按国家规定缴纳超标准排污费的。

（四）引进不符合我国环境保护规定要求的技术和设备的。

（五）将产生严重污染的生产设备转移给没有污染防治能力的单位使用的。

第三十六条 建设项目的防治污染设施没有建成或者没有达到国家规定的要求，投入生产或者使用的，由批准该建设项目的环境影响报告书的环境保护行政主管部门责令停止生产或者使用，可以并处罚款。

第三十七条 未经环境保护行政主管部门同意，擅自拆除或者闲置防治污染的设施，污染物排放超过规定的排放标准的，由环境保护行政主管部门责令重新安装使用，并处罚款。

第三十八条 对违反本法规定，造成环境污染事故的企业事业单位，由环境保护行政主管部门或者其他依照法律规定行使环境监督管理权的部门根据所造成的危害后果处以罚款；情节较重的，对有关责任人员由其所在单位或者政府主管机关给予行政处分。

第三十九条　对经限期治理逾期未完成治理任务的企业事业单位，除依照国家规定加收超标准排污费外，可以根据所造成的危害后果处以罚款，或者责令停业、关闭。前款规定的罚款由环境保护行政主管部门决定。责令停业、关闭，由作出限期治理决定的人民政府决定；责令中央直接管辖的企业事业单位停业、关闭，须报国务院批准。

第四十条　当事人对行政处罚决定不服的，可以在接到处罚通知之日起十五日内，向作出处罚决定的机关的上一级机关申请复议；对复议决定不服的，可以在接到复议决定之日起十五日内，向人民法院起诉。当事人也可以在接到处罚通知之日起十五日内，直接向人民法院起诉。当事人逾期不申请复议、也不向人民法院起诉、又不履行处罚决定的，由作出处罚决定的机关申请人民法院强制执行。

第四十一条　造成环境污染危害的，有责任排除危害，并对直接受到损害的单位或者个人赔偿损失。赔偿责任和赔偿金额的纠纷，可以根据当事人的请求，由环境保护行政主管部门或者其他依照法律规定行使环境监督管理权的部门处理；当事人对处理决定不服的，可以向人民法院起诉。当事人也可以直接向人民法院起诉。完全由于不可抗拒的自然灾害，并经及时采取合理措施，仍然不能避免造成环境污染损害的，免予承担责任。

第四十二条　因环境污染损害赔偿提起诉讼的时效期间为三年，从当事人知道或者应当知道受到污染损害时起计算。

第四十三条　违反本法规的，造成重大环境污染事故，导致公私财产重大损失或者人身伤亡的严重后果的，对直接责任人员依法追究刑事责任。

第四十四条　违反本法规定，造成土地、森林、草原、水、矿产、渔业、野生动植物等资源的破坏的，依照有关法律的规定承担法律责任。

第四十五条　环境保护监督管理人员滥用职权、玩忽职守、徇私舞弊的，由其所在单位或者上级主管机关给予行政处分；构成犯罪的，依法追究刑事责任。

第六章　附　则

第四十六条　中华人民共和国缔结或者参加的与环境保护有关的国际条约，同中华人民共和国的法律有不同规定的，适用国际条约的规定，但中华人民共和国声明保留的条款除外。

第四十七条　本法自公布之日起施行。《中华人民共和国环境保护法（试行）》同时废止。

参考文献

［1］赵刚. "城市病"英译探究［J］. 中国科技术语，2011（1）：22－24.

［2］汤家礼. 北极上空的区域性温室效应［J］. 海洋世界，2009（3）：1.

［3］吴敏，卜晓阳，李卉卉，等. 持久性有机污染物（POPs）对基因遗传毒性的研究［J］. 化工时刊，2010，24（5）：23－26.

［4］石碧清，李桂玲. 持久性有机污染物（POPs）及其危害［J］. 中国环境管理干部学院学报，2005，15（1）：42－44.

［5］MINIERO R，IAMICELI A L. Persistent organic pollutants［J］. Encyclopedia of Ecology，2008，2672－2682.

［6］杜谭，温源远，张晶. 二十年环境变化有多大？［N］. 中国环境报，2011-12-20（004）.

［7］李本纲，冷疏影. 二十一世纪的环境科学——应对复杂环境系统的挑战［J］. 环境科学学报，2011，31（6）：1121－1132.

［8］曹凤中. 国外臭氧层空洞研究的进展与对策［J］. 国外环境科学技术，1990（4）：15－18.

［9］方如康. 环境科学的特点与研究方法［J］. 环境科学，1989，10（4）：82－85.

［10］王绍武，罗勇，唐国利，等. 近10年全球变暖停滞了吗？［J］. 气候变化研究进展，2010，6（2）：95－99.

［11］唐宇红. 联合国环境规划署（UNEP）的角色演进［J］. 环境科学与管理，2008，33（5）：186－190.

［12］王卓雅，赵跃民，高淑玲. 论中国燃煤污染及其防治［J］. 煤炭技术，2004，23（7）：4－6.

［13］黄勇. 全球环境问题依然严重［N］. 中国环境报，2007-11-2（005）.

［14］韩彦军. 全球气候变暖对农业的影响及成因分析与对策探讨［J］. 安徽农业科学，2011，39（16）：9884－9885.

［15］世界环境污染最著名的"八大公害"和"十大事件"［J］. 管理与财富，2007（1）：14－15.

［16］胡敏哲. 酸雨对人体健康的危害及气象学预防措施［J］. 中国科技信息，2011（20）：41.

［17］王文香. 温室效应对生物多样性的影响及对策［J］. 中国民营科技与经济，2007（11）：88，95－96.

［18］张峥，张涛，郭海涛，等. 温室效应及其生态影响综述［J］. 环境保护科学，2000，26（3）：36－38.

［19］陈其针，牛润萍，王强，等. 室内空气污染及防治措施［J］. 建筑热能通风空调，2007，26（3）：25－27.

［20］徐金球，贾金平，王景伟，等. 酸化—萃取法处理丁辛醇废水［J］. 化工环保，2006，26（5）：413－416.

［21］李杰，钟成华，邓春光. 厌氧池/人工湿地/生物塘系统处理奶牛养殖场废水［J］. 中国给水

排水，2008，24（9）：83-85.

［22］赫荣富，田盛兰，张磊. 水环境容量的研究［J］. 农业科技与装备，2012（3）：81-83.

［23］谢淑娟，匡耀求，黄宁生. 我国中水回用农业的困境与对策［J］. 中国人口·资源与环境，2011，21（专刊）：299-301.

［24］李彦平. 浅谈城市污水处理厂污泥资源化的利用［J］. 中国石油和化工标准与质量，2011（12）：276-277.

［25］卫凯，王震. 电镀废水危害与处理［J］. 北方环境，2011，23（9）：124.

［26］黄小洋. 城市生活垃圾分类现状及对策建议［J］. 绿色科技，2012（4）：218-220.

［27］中国环境保护产业协会固体废物处理利用委员会. 我国工业固体废物污染治理行业2009年发展综述［J］. 中国环保产业，2010（11）：46-53.

［28］侯云峰. 我国城市生活垃圾处理技术现状［J］. 中国资源综合利用，2012，30（2）：50-52.

［29］郭敦纯，杨仁斌，钟陶陶. 长沙县城市生活垃圾卫生填埋场工程实例［J］. 市政技术，2008，26（2）：114-117.

［30］余昆朋，张进锋. 生活垃圾焚烧处理技术的发展分析与建议［J］. 环境卫生工程，2009，17（3）：12-16.

［31］SCHECTER A J, COLACINO J A, BIRNBAUM L S. Dioxins：health effects［J］. Encyclopedia of Environmental Health，2011，93-101.

［32］张竹青，谭德军. 城市垃圾堆肥技术及研究概况［J］. 湖北农学院学报，2003，23（2）：146-149.

［33］李艳霞，王敏健，王菊思，等. 固体废弃物的堆肥化处理技术［J］. 环境污染治理技术与设备，2000，1（4）：39-45.

［34］黄世文，江世强，黎海红，等. 4家现代大型水泥厂生产工人职业噪声暴露分析［J］. 中国职业医学，2012，39（1）：82-84.

［35］周全之. 浅析日本福岛核电事故原因及影响［J］. 大众用电，2012（1）：37-39.

［36］关振，褚敏. 浅议光污染的危害与防治［J］. 辽宁经济职业技术学院学报，2011（3）：47-48.

［37］汪志国. 国家环境监测网［J］. 中国环境年鉴，2010，289-290.

［38］刘秋妹，朱坦. 欧盟环境影响评价法律体系初探——兼论我国环境影响评价法律体系的完善［J］. 未来与发展，2010（3）：83-88.

［39］龙昊，赵健仲，郭海涛. 城市矿产——静海子牙循环经济产业区［N］. 中国经济时报，2011-8-12（26）.

［40］付志新，陈志强，崔少杰. 发展循环经济——企业发展的必由之路——青岛碱业股份天柱化肥分公司发展循环经济的调查［C］. 中国环境保护优秀论文精选，2006.

［41］刘飞，刘迎云，张容芳，等. 祁东经济开发区生态工业园建设探讨［J］. 环境保护与循环经济，2012（1）：46-49.

［42］李海杰，张明聪. 浅析纺织生产企业的清洁生产措施［J］. 环境保护与循环经济，2010（8）：40-42.

［43］周珂，梁文婷. 中国环境法制建设30年［J］. 环境保护，2008（11）：17-19.

［44］汤天滋. 中日环境法制建设比较述评［J］. 现代日本经济，2006（6）：32-36.

［45］张晏，汪劲. 我国环境标准制度存在的问题及对策［J］. 中国环境科学，2012，32（1）：187－192.

［46］左玉辉. 环境学［M］. 北京：高等教育出版社，2002.

［47］桂和荣，刘志斌，齐永安，等. 环境保护概论［M］. 北京：煤炭工业出版社，2002.

［48］鞠美庭，池勇志，李洪远. 环境学基础［M］. 北京：化学工业出版社，2004.

［49］王岩，陈宜良. 环境科学概论［M］. 北京：化学工业出版社，2003.

［50］黄显智. 环境保护实用教程［M］. 北京：化学工业出版社，2004.

［51］乔玮. 环境保护基础［M］. 北京：北京大学出版社，2005.

［52］朱蓓丽. 环境工程概论［M］. 北京：科学出版社，2005.

［53］郝吉明，马广大，王书肖. 大气污染控制工程（第三版）［M］. 北京：高等教育出版社，2010.

［54］张小平. 固体废物污染控制工程［M］. 北京：化学工业出版社，2004.

［55］钱易，唐孝炎. 环境保护与可持续发展（第二版）［M］. 北京：高等教育出版社，2010.

［56］中华人民共和国环境保护部 http：//www. zhb. gov. cn.